生态畜牧业发展背景下贵州畜禽养殖户养殖污染治理对策研究

田文勇 吴卓霖 毛 昆 著

U0336091

中国农业出版社

北 京

图书在版编目（CIP）数据

生态畜牧业发展背景下贵州畜禽养殖户养殖污染治理对策研究 / 田文勇，吴卓霖，毛昆著. —北京：中国农业出版社，2023.11
ISBN 978-7-109-31314-9

Ⅰ.①生… Ⅱ.①田… ②吴… ③毛… Ⅲ.①畜禽—养殖—污染防治—贵州 Ⅳ.①X713

中国国家版本馆 CIP 数据核字（2023）第 209734 号

中国农业出版社出版
地址：北京市朝阳区麦子店街 18 号楼
邮编：100125
责任编辑：王秀田
责任校对：周丽芳
印刷：北京中兴印刷有限公司
版次：2023 年 11 月第 1 版
印次：2023 年 11 月北京第 1 次印刷
发行：新华书店北京发行所
开本：700mm×1000mm 1/16
印张：16.5
字数：265 千字
定价：78.00 元

基 金 项 目

本著作为贵州省高校哲学社会科学实验室"黔东农业（村）发展与生态治理实验室（黔教哲〔2023〕07号试点建设）"、贵州省高等学校山地国土空间智能监测与政策仿真工程研究中心（黔教技〔2023045〕号）、铜仁学院乡村振兴研究中心、2021年度贵州省哲学社会科学"十大创新团队"研究成果。

受到贵州省2022年度哲学社会科学规划项目"贵州提升生猪生产标准化、规模化、品牌化水平研究（22GZYB62）"、国家民委人文社会科学项目"铜仁市蜂蜜产业发展研究（RWJDZB－2022－03）"、贵州省教育厅高校人文社会科学研究项目"贵州特色优势农业产业链供应链安全水平的路径与政策体系研究（2023GZGXRW080）"、贵州省教育厅高校人文社科青年项目"贵州畜禽养殖污染量估算与负荷预警研究（2019qn005）"、贵州省教育厅人文社科青年项目"贵州生猪养殖恢复与污染治理协调机制研究（2021QN004）"、贵州省教育厅青年科技人才成长项目"贵州省畜禽养殖污染资源开发利用研究（黔教合KY字〔2022〕073号）"、铜仁市科技计划项目"环梵净山区域畜禽养殖污染量估算及技术处理（铜仁市科研〔2019〕88号）"、中共铜仁市委2022年度重大决策问题研究课题"铜仁市生态产品价值实现机制研究"、铜仁学院博士科研启动基金项目"环境规制约束下贵州畜禽养殖污染治理及政策优化研究（trxyDH1811）"、"武陵山区山地经济发展研究（trxyDF1402）"、铜仁学院2023年度重点项目"探索构建铜仁市生态系统生产总值（GEP）核算应用体系"、铜仁学院硕士点及学科建设研究项目"贵州省生猪产业高质量发展路径研究（Trxyxwdxm－042）"、贵州财经大学在校研究生科研项目"贵州生猪规模化养殖影响因素及提升策略研究〔2022ZXSY127〕"资助出版。

　　本著作以贵州畜禽养殖户为研究对象，以有限理性理论、行为决策理论、农户技术采用行为理论、环境规制理论、外部性理论、公共政策执行理论、循环经济理论、计划行为理论为支撑，运用问卷调查方法，获取贵州省畜禽养殖户第一手数据。首先，运用描述性统计分析方法，分别对贵州省与环梵净山区域畜禽养殖现状、治理意愿与投入意愿、治理方式、治理行为、治理效果、治理技术采用、治理政策等现状及存在的问题进行描述性统计分析，揭示贵州畜禽养殖污染治理存在的现实困境；其次，运用排污系数法与土地承载方法、二元 Logistic 模型、无序多分类 Logistic 模型、多元有序 Logistic 模型分别对贵州及环梵净山区域畜禽养殖污染量进行估算并对其污染负荷进行预警，实证分析生态治理意愿与投入意愿、治理方式、治理行为、治理效果、治理技术采用、治理政策方面的影响因素，揭示影响贵州畜禽养殖户治理养殖污染的关键因素；最后，运用案例分析法，分别选取生猪、蛋鸡、黄牛养殖企业和合作社典型案例进行案例剖析，验证研究结论。具体研究结论及对策建议如下：

　　（1）贵州省与环梵净山区域畜禽养殖污染量估算与负荷预警研究结论分别是：各市州畜禽粪尿总量为 100 248.79 千吨，其中牛产生的粪尿最多，其次分别为猪、羊、家禽；各市州畜禽粪便排放的污染物总量为 5 184.87 千吨，其中化学需氧量（COD）、生化需氧量（BOD）的排放量较大，而总磷（TP）、总氮（TN）、氨氮化合物（$NH_3 - N$）的排放量偏小；畜禽粪便污染物排放的流失总量为 630.41 千吨，其中 COD 的排放占比最高，接近工业废水 COD 的排放总量，对贵州水体污染存在威胁；除贵阳市以外，各市州猪粪当量、N、P 负荷均已超标，畜禽养殖对贵州农业耕地造成较大污染风险，污染严重程度依次为安顺市＞

黔南州＞铜仁市＞黔西南州＞黔东南州＞六盘水市＞遵义市＞毕节市。基于研究结论提出合理布局畜禽养殖规模、加强排污制度监管、落实补贴政策、推动畜禽清洁养殖、提高饲料转化比等建议。

环梵净山区域畜禽粪尿、TP、TN污染物排放量总体呈上升趋势，其中粪尿排放量依次是牛＞猪＞家禽＞羊，TP排放量趋于平稳，TN变化趋势较大，各乡镇畜禽粪尿、TP、TN排放量差异较大，其中德旺乡的排放量最多，太平镇最少，其余乡镇变化不大；区域猪粪当量、N、P负荷总体处于上升态势，N、P最大负荷量均未超过欧盟标准，各乡镇负荷变化趋势差异较大，部分乡镇的负荷值已经超过区域均值，污染负荷问题较为严重；区域内畜禽污染预警等级存在上升趋势，污染风险逐渐增大，除太平镇无污染外，其余乡镇在不同时间段均存在污染，负荷预警问题严峻。基于研究结果，提出调整畜禽养殖结构，合理控制畜禽饲养规模，严格落实保护区规定，精准实施污染治理政策，加大养殖主体技能培训，拓宽养殖主体就业渠道等对策建议。

（2）贵州畜禽养殖户养殖污染生态治理意愿与投入意愿研究结论分别是：身份属性、养殖收入占比、生态治理养殖污染年费用在1％水平上对养殖户生态治理意愿产生显著负向影响；年龄、周边污染程度认知在10％水平上对养殖户生态治理意愿产生显著负向影响；污染影响畜禽健康认知、是否有养殖污染物排泄规章制度在1％水平上对养殖户生态治理意愿产生显著正向影响；是否获得畜禽养殖污染治理相关政策补贴在5％水平上对养殖户生态治理意愿产生显著正向影响；畜禽养殖污染控制认知、养殖污染治理培训在10％水平上对养殖户生态治理意愿产生显著正向影响；承担养殖污染治理责任认知、污染影响人体健康认知与是否清楚减少养殖污染物的方法、饲养数量、年均总收入对生态治理意愿的影响不显著。基于此，提出增加养殖污染治理培训，提高污染认知水平；完善相关规章管理制度，约束污染行为；增加污染治理政策补贴，提高污染治理的积极性；优化养殖主体结构，引导养殖主体转型发展等对策建议。

影响畜禽养殖户养殖污染治理投入的因素较多，其中文化程度、污染对畜禽健康影响、畜禽污染控制、如何处理病死畜禽负向显著影响，养殖收入占比、周边污染程度、最希望采用哪种方式治理养殖污染、治理养殖污染意愿、是否有养殖污染物排泄规章制度、是否获得了畜禽污染治理相关的政策补贴正向显著影响。基于此，提出加大宣传力度，加强农户对环境污染程度的认知感，强化农户对保护当地生态环境所承担义务的认知、提供污染治理成本补贴、结合实际适度养殖等建议。

（3）贵州畜禽养殖户养殖污染治理方式研究结论分别是：贵州畜禽养殖户的污染治理意愿较高，且对于源头和末端治理方式也比较科学，但是在治理过程中绝大部分人还是采用深埋或丢弃的方式进行治理；源头上使用最多的是净化处理，养殖户的文化程度、身份属性、饲养规模对其正向显著影响，饲养种类和畜禽污染治理培训对其有反向影响；在过程中使用最多的方式是深埋或丢弃，身份属性、饲养规模、畜禽污染治理培训、有无排污规章制度对病死畜禽治理有正向显著影响，文化程度对其有反向影响；在末端使用最多的方式是堆肥，并且性别、文化程度、身份属性、养殖收入占比、饲养规模、距水源距离、养殖污染治理培训、有无排污规章制度对末端治理具有显著影响。基于研究结论提出了源头控制、过程减量、末端保障等建议。

养殖户的环境认知程度总体偏低，制沼气是当地最常用的处理养殖污染的方式，而且环境认知和养殖规模都能影响养殖户的处理方式选择，其中环境认知对选择沼气处理畜禽养殖污染有正向影响，对选择废弃、还田处理畜禽养殖污染有负向影响；养殖规模对选择沼气、出售和做有机肥处理畜禽养殖污染有正向影响，对选择废弃和还田处理畜禽养殖污染有负向影响。文化程度、养殖年限、养猪收入占比对其还具有调控作用。基于研究结论提出了加大宣传力度，提高养殖户环保意识、提高养殖户文化水平，增强养殖户治理能力、合理地扩大养殖规模，实现专业化养殖等对策建议。

（4）贵州畜禽养殖户养殖污染治理行为研究结论分别是：环境规制对畜禽养殖户亲环境行为采纳具有显著的正向影响。其中引导型环境规制和激励型环境规制影响显著。组织模式对畜禽养殖户亲环境行为采纳具有显著的正向影响。环境规制在组织模式与畜禽养殖户采纳亲环境行为上具有调节作用。环境规制通过对组织的约束力从而对组织化的畜禽养殖户亲环境行为影响显著。据此提出建议：政府应因地制宜、"因户制宜"建立合理明晰的环境规制并大力宣传，提高养殖户环境规制认知；适度加大对组织化养殖户的支持力度，提高组织对农户的利益分配，引导并协助养殖户组织化，提升养殖户养殖技术和养殖管理能力，对不同规模的养殖户针对性予以合适的指导，促使畜禽养殖户向亲环境行为转变。

约束型环境规制政策和激励型环境规制政策对养殖户养殖行为变化具有一定的调节效应。年龄、受教育程度、养殖收入占比和养殖规模同样是影响养殖户养殖行为的因素，同一政策对不同年龄、不同受教育程度和养殖规模大小不同的养殖户产生的影响各有不同。环境规制中各规制因素均不同程度对养殖户的养殖行为具有显著影响，在各类型的规制中，规制强度各不相同，命令型规制强度最高，自愿型规制最低。养殖户在一定程度规制力度内会对治理行为进行投入，当规制力度超过养殖户的资源禀赋时会影响养殖户对养殖行业的期望。激励型规制是养殖户最期待出台的政策，能对养殖户的养殖行为起到很好的正向影响。基于此，提出政府在制定政策时，需要将年龄、受教育程度和养殖规模等因素纳入考量，制定差异化政策；通过不同类型的规制组合，保证政策执行的连贯性和稳定性；引入市场机制，引导养殖户做出有利于环境的理性决策；政策落地要充分结合目标区域的养殖现状，以保证政策的执行效果，保障养殖行业的可持续发展。

（5）贵州畜禽养殖户养殖污染治理效果与治理技术采用研究结论分别是：养殖污染治理培训、畜禽污染控制、是否清楚减少养殖污染物的方法、治理养殖污染意愿、治理养殖污染增加投入意愿、是否有养殖污染物排泄规章制度、新《中华人民共和国环境保护法》《畜禽污染防治条例》的了解程度对畜禽养殖户养殖污染治理效果存在正向显著影响；文化程度、周边污染程度对畜禽养殖户养殖污染治理效果存在负向显著影响。基于此研究结论，提出的对策建议是：建立畜禽养殖污染防治环境变化监测预警机制、提高畜禽养殖污染防治相关技术服务的覆盖率、加大畜禽养殖户畜禽养殖污染防治资金的投入。

粪尿治理方面，采用最多的是种养结合技术。养殖户的年龄、文化程度、对相关法律的了解程度、有无参加养殖污染培训对采用技术含量更高的治理技术有正向显著影响，而养殖收入占比和是否有养殖污染物排泄规章制度具有反向显著影响。污水治理方面，采用最多的是净化治理技术。养殖户的身份属性、饲养种类、对相关法律的了解程度、污染对畜禽健康的影响程度、污染能不能被控制、有无排污制度对采用净化后再治理有正向显著影响。病死畜禽治理方面，采用最多的是深埋技术。养殖户的文化程度、饲养规模、对相关法律的了解程度、有无参加养殖污染培训对采用技术含量更高的治理技术有正向影响，而养殖户的年龄、养殖年限和养殖收入占比具有反向影响。提出的对策建议是：积极开展粪尿资源化利用、严格监测养殖户的污水排放、扎实推进病死畜禽无害化治理工作。

（6）贵州畜禽养殖户养殖污染治理政策认知与补贴政策优化研究结论分别是：普遍存在畜禽养殖污染治理政策制定不足、畜禽养殖户对污染治理政策了解不足、畜禽养殖户污染治理政策实施效果不好、畜禽养殖户污染治理影响力不够等问题；文化程度、养殖场距水源、养殖污染治理培训、周边环境的污染程度认知、个体健康的影响认知度、养殖户政策法规认知度变量系数对禽畜养殖户政策补贴效果显著正向影响；畜禽养殖收入所占比重变量系数对畜禽养殖污染治理政策效果显著负向影响；其他变量不显著或影响较小。提出的针对性建议是：制定养殖污染物排泄管理规章制度，明晰各方的污染治理责任；扩大补贴政策普惠群体，加强对养殖户的技术指导；提升养殖户的政策认知水平，制定差异化的政策实施标准。

养殖户是否清楚减少畜禽污染物治理方法受到性别、养殖年限、污染治理培训、缴纳排污费与罚款、养殖地是否有管理畜禽排泄物规章制度、污染认知等因素显著影响，其中只有养殖年限影响为负向影响，其余都为正向影响。提出的建议分别是：调整畜禽养殖布局和选择合理的养殖地点；推动畜禽养殖规模化发展；相关部门提升对畜禽污染治理文化教育及专业知识宣传，提升养殖户污染认知，加强治理技术推广；各地方出台畜禽污染管理规章制度，明晰周边环境产权；维护畜禽市场，保障养殖户的畜禽养殖收入。

本著作的创新之处有三点，分别是：

（1）拓展了畜禽养殖污染治理研究的边界，丰富了畜禽养殖户养殖污染治理方面理论研究成果。首先对所用到的理论进行梳理，为后续内容展开研究提供理论支撑，回答了"贵州畜禽养殖污染治理应遵循的理论基础有哪些"；其次运用上述理论对各章节研究内容进行理论分析，回答了"贵州畜禽养殖户养殖污染治理的一般逻辑是什么"。

（2）多视角多角度展开研究，提高了研究结论的可信性。首先对贵州省与环梵净山区域畜禽养殖污染量估算与负荷预警进行研究，回答了"贵州畜禽养殖污染是否需要治理"；其次从生态治理意愿与投入意愿、治理方式、治理行为、治理效果、治理技术采用、治理政策认知与优化、环境规制影响等多视角多角度展开研究，回答了"贵州畜禽养殖户如何治理养殖污染"，提高了研究的科学性，增加了研究结论的可信性与全面性。

（3）规范分析法与多学科理论交叉，实现了研究方法的突破。本著作在多个学科理论交叉基础上，对贵州畜禽养殖户如何治理养殖污染问题进行规范性的理论分析；运用排污系数法与土地承载方法分别对贵州及环梵净山区域畜禽养殖污染量进行估算并对其污染负荷进行预警；运用二元 Logistic 模型实证分析生态治理意愿与投入意愿、采纳亲环境行为的影响因素；选择无序多分类 Logistic 模型实证分析污染治理方式的影响因素；选择多元有序 Logistic 模型分别探讨养殖污染治理政策认知、养殖污染治理补贴政策效果的影响因素，补充完善了支撑方法。

CONTENTS 目 录

前言

第1章 导　　论

1.1　研究背景与意义

1.1.1　研究背景

随着经济的快速发展，人民生活水平不断提高，各种畜禽产品成为人们餐桌上不可或缺的美食。人们享用美食的背后是广大农村地区以及城市郊区不断扩大的畜禽养殖规模。畜禽养殖业在提高广大农民的收入和丰富人们餐桌饮食的同时，也造成了一定程度的负面影响，其中畜禽养殖业造成的生态环境问题已经是全球性的热点话题，引起了广泛关注和重视。据估计，我国改革开放以来，畜禽废弃物排放量增长了3.3倍。畜禽养殖业的不断发展，带来了畜禽污染量逐年增加，但养殖企业及养殖户对于养殖废弃物污染治理认知不足，重视程度不够，造成畜禽粪尿、废水、病死畜禽无害化处理程度不高，加上畜禽养殖污染预防治理政策相对滞后，污染问题日趋严重。目前畜禽养殖造成的污染主要有三类：一是随意排放或未经处理直接堆放畜禽粪便，造成大气污染；二是粪尿污水渗入地下造成水体污染或土壤污染；三是不经处理粪便和病畜尸体滋生蚊蝇、有害病菌和寄生虫，危害人体及畜禽健康。《第二次全国污染源普查公报》显示，畜禽养殖产生的化学需氧量（COD）、总氮（TN）、总磷（TP）分别为1 000.53万吨、59.63万吨、11.97万吨，占农业面源污染的比重分别为94%、42%、56%，畜禽养殖已经成为我国最主要的农业面源污染源。

对此，国家和贵州省已积极开展畜禽污染治理，不断调整现有治理政策。国家层面最早关于控制畜禽养殖污染的法律是2001年国家环境保护总局颁布的《畜禽养殖污染防治管理办法》（国家环境保护总局令第9号），但是这部法律主要针对的是畜禽养殖过程中养殖场排放的废渣及清洗畜禽体、饲养场地、器具产生的污水和恶臭，缺乏针对畜禽粪便污染的管理办法。2013年国务院在此法的基础上颁布了《畜禽规模养殖污染防治条例》（国务院令第643号，自2014年1月1日起施行），弥补了《畜禽养殖污染防治管理办法》的不足之处。环保部、农业部根据全国养殖实际情况颁布了《全国畜禽养殖污染防治"十二五"规划》，主要规划了"十二五"期间如何使环境质量和畜牧业健康发展达到双赢的原则；国务院颁布了《水污染防治行动计划》（国发〔2015〕17号），要求对未按照规定对染疫畜禽和病害畜禽养殖废弃物进行无害化处理的，除由动物卫生监督机构处罚外，其他均由县级以上环境保护部门进行处罚；环境保护部、农业部颁布了《畜禽养殖禁养区划定技术指南》（环办水体〔2016〕99号），对畜禽养殖区域做出了明确规定；2017年出台的《国务院办公厅关于加快推进畜禽养殖废弃物资源化利用的意见》（国办发〔2017〕48号）明确提出要推进畜禽养殖废弃物资源化利用；2018年国务院副总理强调加快推进畜禽养殖废弃物资源化利用是改善农村人居环境的重要任务，要严格落实畜禽规模养殖环评制度，强化污染监管，落实养殖场主体责任，加快构建种养结合、农牧循环的可持续发展新格局；此后的中央1号文件，均明确提出了要加快落实畜禽污染治理措施。对此，贵州省也相应出台实施了《贵州省畜禽养殖废弃物资源化利用工作推进行动方案（2018—2020年）》《关于进一步做好规范畜禽养殖禁养区划定和管理促进生猪生产发展工作的通知》（黔环通〔2019〕169号）、《贵州省2018年畜牧业健康养殖项目实施方案》（黔农委函〔2018〕151号）、《贵州省生态环境保护条例》等地方性文件以促进规范畜禽养殖业发展。

贵州地貌属于高原山地，素有"八山一水一分田"之说，其中92.5%的面积为山地和丘陵，属于亚热带季风性湿润气候，气温变化小，冬暖夏凉，气候宜人。农户素来就有养殖畜禽的历史和习惯。贵州畜禽养殖业主要以生猪养殖为主，牛、羊及家禽养殖为辅，畜禽养殖规模化程度相对较低，其中以家庭经营的中小规模养殖场和农户散养为主，因此贵州省过半的畜禽养殖废弃物来源各区县中小规模企业和广大农村散养户，对这些规模小、数量多、涉及面宽的养殖群体，政府部门对其很难做到有效监督和管理，致使目前的治理措施无法满足实际需求。在农村地区畜禽粪便无处理堆放和排放的现象经常发生，在河流纵横的贵州山区，一方面很容易导致水体富营养化影响水生环境，同时地表会滋生大量的蚊虫苍蝇增加了传染病的传播风险；另一方面裸露无处理的粪便产生严重的恶臭气味，不仅影响了和美乡村的建设和生活环境，而且不利于贵州省畜禽业的可持续发展。

党的十九大把践行绿水青山就是金山银山写入党章，为全国生态文明建设提供了行动指南，因此，畜禽养殖向环保、绿色的生态畜牧业发展已经成为必然趋势，在此背景下，本著作首先围绕"贵州畜禽养殖污染是否需要治理及治理应遵循的理论基础"展开研究，一方面对贵州畜禽养殖户养殖污染治理的相关概念与理论基础进行界定与梳理，为全书研究提供理论支撑；另一方面对贵州省及环梵净山区域畜禽养殖污染量估算与负荷预警进行研究，从宏观层面回答了"贵州省及环梵净山区域畜禽养殖污染是否需要治理"；其次围绕"贵州畜禽养殖户养殖污染如何治理、治理效果、治理政策优化等"问题展开研究，分别对贵州畜禽养殖户养殖污染生态治理意愿与投入意愿、治理方式、治理行为、治理效果、治理技术采用、治理政策认知与补贴政策优化展开研究；最后选取与贵州畜禽养殖污染治理相关的三个典型案例进行剖析，做到点与面、宏观与微观、理论与实证相结合，增加研究结论的科学性与可信性。

1.1.2 研究意义

（1）理论意义。以有限理性理论、行为决策理论、农户技术采用行为理论、环境规制理论、外部性理论、循环经济理论、计划行为理论等为支撑，分别对贵州畜禽养殖户养殖污染生态治理意愿、生态治理投入意愿、污染治理方式、污染处理方式选择、亲环境行为采纳、环境规制影响、污染治理效果与治理技术采用、治理政策认知与补贴政策优化进行理论分析，弥补现有养殖户养殖污染治理研究理论分析方面的缺失和不足，丰富该领域研究成果，拓宽上述理论的应用范围。

（2）实践意义。本著作以贵州畜禽养殖户为研究对象，以有限理性理论、行为决策理论、农户技术采用行为理论、环境规制理论、外部性理论、循环经济理论、计划行为理论等为支撑，围绕"贵州畜禽养殖是否需要治理、贵州畜禽养殖户养殖污染如何治理、贵州畜禽养殖户养殖污染治理形成了哪些经验"等问题展开研究，所得结论与提出的建议一方面为政策制定部门提供决策参考，另一方面为引导养殖户生态治理养殖污染提供指导，对促进畜禽规模养殖和环境保护协调发展、助推贵州生态畜牧业的实现具有重要的现实意义。

1.2 相关文献综述回顾

1.2.1 相关文献综述

经查阅文献可知，目前相关研究大致集中在以下方面：

（1）畜禽养殖污染现状方面。畜禽养殖污染相对传统工业污染表现出独特的排放特点，呈现出点源与面源污染共性、可利用性强以及处理繁杂等特性（李冉等，2015）。畜禽养殖污染作为农业面源污染的主要来源，表现在对水体、土壤以及空气造成污染，引发生物疾病以及影响农作物生长等方面（张从，2001）。根据测算，剔除政府政策影响因素，到 2020 年，我国畜禽养殖污染物产生量达 2.98 亿吨，污染程度呈现出东部地区高、中西部地区相对较低的特征（仇焕广等，2013）。孟祥海等（2014）运用 EKC 模型对畜禽养殖污染与经济增长之间关系进行了验证，研究结果显示，我国畜禽养殖对环境的污染程度与人均国内生产总值之间存在倒 U 形关系。张绪美等（2007）对全国不同地区畜禽粪便农田负荷量进行了分析，结果显示我国畜禽粪便氮（N）污染负荷现状表现为西北内陆高，东南沿海低，畜禽养殖污染状况与当地经济发展水平密切相关，且经济发达地区的畜禽养殖污染具有明显的扩散效应。蔡安娟等（2011）的研究表明处理后所排放的污染物，与畜禽养殖污染排放标准相比还存在很大的差距。梁友德等（2014）研究发现猪粪尿对桂平市环境污染的程度越来越严重，政府通过加大资金投入、加强相关政策宣传、技术培训、业务指导等措施，养殖业污染有所改善。符伟民和邢志厚（2014）指出畜禽养殖虽呈规模化发展，但对污染物的处理研究相对落后，以致治理结果不佳。孔祥才和王桂霞（2017）基于对畜牧业引发的水体、农田土壤污染和畜牧业温室效应的考察，发现命令控制型政策和经济激励型政策，对畜牧业环境污染治理效果不明显。姜亚松（2019）研究发现随着畜禽养殖业不断规模化、集约化，畜禽养殖污染问题日益严重。张庆国（2019）指出要不断探索新的污染治理技术及方法，才能解决污染问题，实现我国养殖业的可持续发展。袁斌（2020）从治理角度，对畜禽养殖污染问题进行分析，发现我国主要采取的治污方式是沼气工程、堆肥、粪肥还田等，但污染治理效果甚微。高岩等（2020）指出规模化畜禽养殖治理现状是其中的小规模畜禽养殖企业实力薄弱，治污成本较高，政府力量不足，治理难度大，污染防治技术推广难、落实难。李玉卡（2020）指出传统的处理方法没有顾及畜禽粪便的细菌和有毒物质的含量，处理方式简单，对土壤、水系统等自然环境造成了严重污染。

（2）畜禽废弃物资源化利用及影响因素方面。仇焕广等（2012）的研究发现，虽然以"还田"方式治理畜禽污染的比例呈明显的下降态势，但"还田"仍是治理畜禽养殖粪便的主要方式。潘磊和徐园红（2016）提出现代大型的养殖企业基本上采用的工艺是以干清粪为主，辅之以固体或者液体的方式进一步处理，最大程度实现对养殖产业形成的废弃物的二次利用。耿维等（2018）研究了安徽省畜牧业粪便的氮磷钾养分资源及其对环境的影响，发现畜禽粪便资源的化肥替代潜力大，且家禽粪便的化肥替代潜力排第一。冯淑怡等（2013）运用 Probit 模型对太湖上游流域 40 户养殖企业畜禽粪尿治理方式进行分析研究，发现不同规模养殖企业对畜禽粪尿治理方法的选择存在差异。小规模养殖场更倾向于采用销售方式治理畜禽粪便，而大型养殖场或畜牧企业更倾向于采用沼气方式治理畜禽粪便。董红敏等（2019）研究发现种养结合循环发展是畜禽养殖废弃物资源化利用和破解农业面源污染的最优途径。影响养殖户选择废弃物资源化利用的因素较多，通过查阅相关文献（何如海等，2013；邬兰娅等，2014；潘丹和孔凡斌，2015；陈菲菲等，2017；金书秦等，2018）发现，大致分为四类：一类是养殖户特征和认知方面，如年龄、性别、受教育程度、环境污染认知等；二类是家庭特征方面，如劳动力数量、家庭收入、是否兼业等；三类是污染治理特征方面，如粪便处理的成本收益、粪尿处理方式等；四类是政策方面，如当前我国出台的促进畜禽粪便资源化利用政策中的污染防治约束规制过大，而激励性规制措施不足，严重阻碍了畜禽粪便的综合利用，监管力度不够、生态补偿政策覆盖面窄、国家养猪补贴政策未兼顾散养户和小规模养殖户及补贴额度低等。

（3）畜禽养殖污染对环境影响方面。畜禽养殖对环境的影响主要表现在水体污染、空气污染、土壤污染三方面。水体污染方面，庄夕栋和陈明生（2018）研究发现畜禽尿污中含有许多肉眼看不到的病原微生物和寄生虫卵，流入水源会污染水体生态环境并且滋生蚊蝇，进而对人类的健康造成严重威胁。杨晓佳（2018）也发现一些养殖户缺少环保意识，喜欢将病死畜禽随意丢向河流，导致病死畜禽的病原微生物传播到河流，造成水质恶化。空气污染方面，刘洪银和刘烨南（2017）研究发现养殖场臭味的主要来源是饲料中蛋白质代谢产物和粪尿分解产物。土壤污染方面，卢明娟（2010）针对畜禽养殖对农田土壤污染开展了研究，发现粪便还田可以提供土壤所需的养料，有利于土壤改良，但土壤吸收畜禽粪便的数量是有限的，如果在土壤中施用高浓度的畜禽粪便，土壤的空隙就会被堵塞，从而影响土壤的透气性和透水性，进而降低土壤的质量。刘玉莹和范静（2018）的研究也发现，过度施用畜禽粪便会导致土壤富营养化、孔隙堵塞，透气性和透水性降低，形成土地硬化。孔祥才（2017）的研究发现我国畜禽养殖规模与畜禽污染之间呈倒 U 形关系，现在正处于倒 U 形的左半段，未来将会随着规模养殖的扩大导致污染加重。

（4）畜禽养殖污染环境承载力负荷风险评估方面。畜禽养殖污染环境承载力负荷风险评估是衡量当地畜禽养殖污染是否严重的一种指标，冯爱萍等（2015）以东北三省为例运用了排泄系数法、土地承载法，计算出畜禽粪便量、耕地负荷，并评价了 3 年不同尺度下的环境风险，发现随着时代的变迁，畜禽养殖业造成的环境污染问题逐渐得到了解决。武深树（2009）、郝守宁（2019）、王滢（2017）、董晓霞等（2014）也针对当地畜禽养殖污染，采用排污系数法、农田负荷估算出当地预警值分级，并进行了风险评估，发现畜禽污染风险的大小取决于当地畜禽饲养量多少及当地农田面积是否能够消纳。另外潘瑜春（2015）、王晓燕（2005）、黎运红（2015）、易秀（2016）基于当地的农业土地是否能够消纳畜禽养殖污染问题，进行了总氮、总磷的计算，估算出畜禽粪便对农业土地的污染指数及农业土地氮磷的环境承载容量，发现氮、磷流失量的增加会造成污染指数增加，对农业土地造成环境压力。前者基本都是用排泄系数法、农田负荷这两种方法进行了分析，但是也有部分学者运用了不同的方法对畜禽污染造成的风险评估做了不同的分析。

例如陈天宝等（2012）以四川农区为例，运用畜牧生产学及线性规划的理论与方法，以排泄当量作为参数，建立了关于畜禽粪便农业土地承载模型，对畜禽养殖污染所带来的环境压力风险进行评估。如安林丽等（2018）利用环境库兹列兹曲线的经济释义对畜禽养殖污染进行了风险评估，得出的结论是曲线呈倒 U 形，并且认为饲养规模是导致环境存在负面压力的原因。刘晓永（2018）通过对中国各省市畜禽粪尿还田率进行分析，计算了氮负荷量，评估了中国畜禽粪便含氮污染的环境污染风险。郭姗姗（2019）、王平（2016）采用排污系数法、农田负荷法对耕地承载力的畜禽养殖污染负荷及环境风险进行了研究。李鹏程（2020）基于种养平衡视角定义了"粪尿污染风险指数"，并运用系统力学进行分析，认为资源化模式、达标排放模式搭配才可以减轻畜禽粪尿带来的污染风险。焦隽（2008）计算了江苏省氮磷污染物负荷，并进行了风险评估，研究表明江苏省主要污染源是农田化肥污染、其次才是水体污染。

（5）养殖规模对畜禽养殖污染影响方面。如兰勇（2015）、潘丹（2015）、赵丽莉等（2011）通过对自己当地的农场养殖数量、种养比例、养殖结构的调查构建了计量模型和数据统计，发现畜禽养殖规模的扩大对当地农业土地的生态环境已经造成了不小的污染风险，而不合理的畜禽粪便处理同时也是造成污染指数持续增加的原因，因此要减轻畜禽养殖所带来的环境压力，需要对当地畜禽养殖业的规模总量进行控制。狄继芳等（2009）采用排污系数法对当地的氮、磷、COD 进行了计算，并由此分析了当地畜禽养殖业造成的污染面源和畜禽养殖业带来的环境压力，发现氮磷的污染指数并不高，而畜禽养殖密度过高是造成环境压力变大的原因，认为只有对畜禽养殖密度进行控制才可以降低污染风险。又如刘实（2017）、王忙生（2018）采用了排污系数法计算了畜禽粪便量，并对农田负荷进行了估算，发现养殖规模较大是造成污染的主要原因。朱建春（2014）在分析畜禽养殖污染时，发现近几年大部分地区的畜禽养殖总量已经超过 50％的环境容量。侯国庆等（2017）通过面板分位数回归方法对畜禽养殖规模的关系问题进行了研究，发现由于各个农户的个人、家庭、经营规模特征不同，环境规制对其的影响存在差异，指出当前农户应积极配合国家颁布的政策才能使畜禽养殖与环境规制达到"互利双赢"的目的。张绪美（2007）分析了当地畜禽粪便农田负荷的时空分布与变化趋势。

（6）畜禽养殖污染对经济发展影响方面。畜禽养殖污染不仅影响养殖业的发展，同时也影响种植业的发展。方杏村（2015）、孔凡斌等（2018）在对当地畜禽养殖污染负荷进行研究时，分别分析了畜禽养殖污染对未来经济增长和环境污染的影响、农户是否愿意对畜禽养殖污染无害化处理，为此建立了数据面板模型、运用二元 Logistic 模型对畜禽养殖带来的污染进行了分析，预测了畜禽养殖未来发展的趋势，发现在不久的将来，由于城镇化的持续推进，我国的农业土地面积会持续减少，而大部分的畜禽粪便多数是施于农田进行消纳溶解，养殖业的产业集聚将会造成更大的污染。景栋林（2012）、周祖光（2012）、陈丽虹等（2018）运用排污系数法、农田负荷法对当地畜禽养殖污染进行了风险预测，发现畜禽养殖业产生的污染不仅阻碍了自身的发展，而且由于过多的畜禽粪污排入农田，耕地面积有限无法消纳多余的污染物，导致农作物的产量下降，当地的农业经济发展受到了阻碍。周力（2011）对畜禽养殖产生的污染对于养殖业经济发展的影响也做了实证分析，运用面板数据模型对畜禽养殖是否存在半点源污染现象进行了实证分析，研究发现半点源污染主要来源牛、鸡，认为处理这些污染需要巨大的人力、财力、科学设备支持，还有农田的消纳能力，农田面积会随着生活水平的提高越来越少，又因大部分的畜禽粪便以还田为主，因此养殖收益会下降。杨世琦等（2016）在省域尺度下通过构建模型对畜禽养殖污染农田是否能消纳进行了分析，发现畜禽粪便污染最好的处理方式还是还田，认为要想农业经济与畜牧业经济不受影响，需提倡种养结合、农牧循环发展。

（7）畜禽养殖污染治理意愿及影响因素方面。相关研究表明养殖户的个体特征、养殖行为特征、心理认知与社会因素等对养殖户的污染治理意愿产生影响。宾慕容等（2016）研究指出政府部门的监督与宣传、获得银行贷款的难易程度、村镇是否有村容管理规章等对养殖户养殖污染治理意愿有直接影响，而影响治理意愿的深层根源是养殖规模。孔祥才（2017）研究发现政府补贴政策是影响养殖户进行环境治理的主要因素，刘铮和周静（2018）研究指出养殖户的环境风险感知与信息能力对采纳亲环境行为有显著影响。朱润等（2021）分析了引导型环境规制、约束型环境规制及激励型环境规制对养殖户资源化利用决策的促进作用，结果发现三者都能显著促进养殖户资源化利用决策，并且引导型环境规制的促进作用最大。在美国和欧洲，大规模的养猪和家禽生产会导致慢性污染，这种污染会危害人类健康与生态系统，因此农户对健康的关心程度是影响农户治理意愿的直接因素（Michael，2015）。所有养殖者都或多或少意识到了畜禽养殖造成的污染问题，但其环保态度并不积极，处在中性与积极之间，原因是畜禽养殖带来的利润不及其他产业，污染治理设施的引进需要花费较高的成本，因此大部分养殖户不愿意承担治理成本（刘忆兰，2018）。贾亚娟等（2019）研究发现农户参与污染治理的意愿与对农村生活垃圾治理相关法律制度的信任程度呈正相关。Vanslembrouck I 等（2002）研究表明对农业生产的预期影响和农民的环境态度是参与环境治理的重要决定性因素。新西兰政府鼓励农民生产时减少对环境的伤害，希望农民积极参与环境保护，而 Browna P 等（2019）的研究发现年龄越大的农民参与环保的积极性越低。

（8）畜禽养殖户治理行为方面。金书秦（2018）研究发现政府部门存在对畜禽养殖污染治理相关政策落实不到位、激励措施不能完全实施等情况，从而导致养殖户对政策理解存在偏差，认为畜禽养殖污染的治理不是很重要的事。姜海等（2018）指出在开展畜禽养殖污染治理的过程中，政府必须实现自身的监督管理职能，从各利益主体出发制定合理的政策制度。林武阳等（2014）认为养殖户个体认知度、养殖场所处地理位置、养殖场规模、无害化设施补贴情况显著影响养殖户无害化治理意愿。于婷等（2019）研究发现畜禽养殖户对水体污染认知、环境保护政策认知、财政补贴政策认知能够显著正向影响养殖户参与畜禽养殖废弃物资源化利用的意愿。肖杏芳（2017）研究了农户废弃物资源化利用行为，分析发现农户的受教育水平、经营特征、对废弃物资源化利用的认知与意愿都会正向影响农户行为。吴琼（2018）研究发现养殖户在治理畜禽养殖污染的过程中会使自身的养殖成本增加，从而导致大部分养殖户不愿意参与畜禽养殖污染治理。张柳（2019）指出导致畜禽污染治理失败的重要原因是政府对保护环境的重视程度不够，未能提高养殖户的环境保护意识，导致畜禽养殖的布局不合理、粪便处理不科学、治理不彻底。

（9）畜禽养殖污染治理投入方面。杨雯清（2018）研究发现政府相关职能部门定位认识不足会导致畜禽养殖企业因没有较好的指导与管理从而导致企业对于畜禽养殖污染治理不够重视，对职能部门的环境政策执行力度不强，养殖污染治理政策执行力度与协作机制弱化。宾幕容（2016）研究发现建立合理的养殖规模、提高养殖户文化水平和综合素质、完善畜禽养殖污染防治体系，对提高养殖户控制生猪养殖污染的意愿具有显著的积极作用。蔡颖萍（2020）研究发现种养结合、农场主所掌握的相关知识、农场实际面积、农场畜禽产品年销售收入等因素对农场进行畜禽粪污资源化利用具有显著的正向影响。吴青蔓（2017）研究发现技术、受教育程度、政府的畜禽粪便治理政策等因素对农村养殖户畜禽养殖污染治理意愿有着积极的影响。董金朋（2021）发现提高养殖场（户）污染治理认知、政府相关政策的支持力度、树立养殖典范及保障养殖场（户）收益是推动养殖场（户）实施规范生态生产行为的有效途径。张晖（2011）发现农户养殖规模与政府的补贴力度对农户畜禽污染治理投入意愿具有显著影响。张晓华（2018）和张维平（2018）研究发现受教育程度、风险偏好程度、纯收入、养殖规模、养殖投资、农户环保意识、养殖场离河距离、加入合作社等因素对养殖户环境污染防治意愿有显著影响。宾幕容和周发明（2015）研究发现从畜禽养殖户总体来看，养殖生态污染治理资源投入意愿较低，这与养殖户文化程度、养殖规模大小、村镇生态管理规章制度、国家治污整治政策等有显著关系。杨皓天和马骥（2020）研究发现规制强度、环境污染认知、投入能力对环境投入行为有显著的正向促进作用，但规制成本认知对环境投入行为呈倒 U 形影响。对策方面，孔祥才和王桂霞（2017）建议针对不同类型养殖户进行研究，潘丹（2015）研究发现促进中等规模养殖户以合适规模思维进行转换、合理制定生猪养殖组织规模、加强畜禽生态污染治理生产技术培训以及完善畜禽污染治理激励政策是促进我国规模养殖与环境协调发展的主要方向。姜海（2018）发现畜禽养殖业污染治理需要充分发挥政府的监督、指导、协调、服务等综合职能，构建畜禽养殖业污染治理的多元化合作机制，同时根据区域治理需要，补充公益性污染收集处理体系，选择高附加值、高效率的废弃物资源化利用模式。崔春玲（2017）研究发现造成畜禽养殖污染迟迟得不到有效控制的原因，不仅有畜禽养殖规模大、污染减排的技术需进一步发展等客观因素，也有政府部门环保主体责任缺失、理性农民环保行动不力、弱势村民环保话语权缺失、环保组织权力难以发挥等主观可控原因。孙平风

（2010）指出畜禽养殖污染及生态防治，对于调整和优化畜禽养殖布局，建设生态畜牧小区，具有重要的现实意义。耿言虎（2017）研究发现规模化养殖业的生态治理困境是由于养殖企业的短期经济性、政府管理部门的监管力度不高、污染企业与居民的污染意识较低等原因造成的。张柳（2019）提出了规模化畜牧业污染防治的五项原则，提出了规模化畜牧业污染防治对策，为畜牧业绿色健康发展和畜禽粪便资源化利用提供参考。苏新莉和李安萍（2006）对畜禽养殖污染的外部性进行分析，并提出可以通过政府税收、产权界定、政府管控等手段促使外部性内部化。

（10）畜禽养殖污染治理政策方面。张丽军（2009）研究发现补贴政策和政策变量对引导规模养殖户能源化利用畜禽粪便有显著作用。张郁等（2015）探讨了家庭资源禀赋对养猪户建立粪污处理设施及粪污资源化利用等环境行为的影响，指出生态补偿政策对养猪户资源禀赋—环境行为关系有正向显著影响。舒畅和乔娟（2016）分析了购买养殖保险对养殖场（户）病死畜禽处理方式选择的影响，指出无论是否购买了养殖保险，绝大多数养殖场（户）均能无害化处理病死畜禽。王建华等（2016）探究养殖户在现有无害化处理政策认知状况下的病死猪不当处理行为风险，发现养殖户对病死猪无害化处理政策认知水平直接影响其病死猪处理行为选择。孔祥才和王桂霞（2017）分析了畜禽养殖户的个体、家庭、养殖、心理认知变量以及政策变量的特征，结果表明命令控制型政策和经济激励型政策实施效率不高、效果不理想。张荣斌（2017）探讨了多种补贴政策对我国养殖规模化生产的影响，研究发现由于政府宣传工作缺失及政策落实不到位，养殖规模化生产效率低。金书秦等（2018）通过对畜禽养殖污染治理相关政策进行深入分析，发现政策的约束性管控措施偏离政策目标、激励措施落实不到位。张宇和张沁岚（2019）探讨了废弃物排放权交易制度与减排奖励补贴对废弃物减排产生的影响，得出排放权交易价格和减排奖励金额与废弃物排放量呈负相关关系。李小刚和熊涛（2019）分析中国生猪补贴政策实施前后的生猪养殖效率，研究表明生猪补贴政策整体上降低了生猪养殖的规模化效率。姚文捷（2016）研究发现畜禽业污染已经成了目前农业污染的主要方面，随着近几年畜禽业规模不断地扩大，污染程度也越来越严重，但是目前关于此方面的相关治理还存在严重的不足，不仅缺乏完整的环境管理体制，现有的环境保护政策也存在严重的偏差，尤其是缺少对养殖户的关注，并针对这种情况提出了相关改善意见；孔祥才（2017）研究发现现有的相关防控政策还存在严重的不足，急需进行改善，并针对其中的不足之处提出了相关改善意见；谢美雅（2020）研究发现畜禽业污染治理补贴政策实施效果并不好，其中主要原因为畜禽养殖户对于相关补贴政策了解不足和政策不能很好地适应当地实际情况；宾幕容和周发明（2017）研究发现现有的相关政策实施情况不乐观，还存在很多不足，急需进行改善。

（11）畜禽养殖户对相关政策认知方面。于婷和于法稳（2019）研究发现山东、河南、四川这 3 个地方的畜禽养殖废弃物资源化利用效果并不好，造成这种现象的主要原因是畜禽养殖户对于污染治理补贴政策的认知度、认可度存在明显的不足；曾勇（2019）研究发现我国如今的相关污染处理措施还比较落后，畜禽养殖户对治理政策认知度不够健全，并分析了造成畜禽养殖污染的主要原因；张陆彪和陈艳丽（2003）研究发现我国畜禽养殖法律法规管理体制尚不完善，养殖户对政策补贴的认知度欠佳，应加强有关法律法规和政策体系的建设和完善，规定要细化，管理措施要有所改进；宋嘉（2019）从养殖污染整治情况、养殖污染整治方法和措施、畜禽资源化利用情况、病死畜禽无害化处理情况方面对畜禽养殖环境污染整治进行了全面研究。

（12）畜禽养殖补贴政策效果方面。黄文明（2019）研究发现由于我国畜禽业污染治理工作起步较晚，无论是在硬件上还是在软件上都存在着较多的不足之处，这也造成了如今关于畜禽业污染政策的实施情况与效果各地参差不齐，两极分化十分严重的现状，因此急需进行改善；宾幕容等（2020）研究结果显示养殖户对于补贴政策的整体满意度较高但是对增加养殖户收入方面满意度则较低，居民对于补贴政策的了解程度也较低，并提出了相关改善建议；潘亚茹（2018）研究发现政策补贴实施不到位导致很多大型养殖场配套的大型污水净化设施由于运维成本高，成为养殖企业的巨额负担；张飞等（2016）研究发现畜禽养殖业污染防治涉及的具体工作包括很多方面，涵盖了广泛的配套政策，从畜禽养殖业发展规划到环保设施建设补贴、沼气发电入网、有机肥补贴等都需要有力的扶持政策，政府部门在支持规模化养殖的同时，更需要加大对农村分散养殖污染防治的财政支持力度，各级政府需开辟各种渠道，设立专项资金，以确保养殖户参与畜禽养殖污染防治；刘艳丰等（2010）研究发现畜禽养殖户微利经营，无力承担环境污染治理成本；刘忆兰（2018）研究发现山西省的畜禽养殖户并不愿意接受国家的污染治理补贴，因此还需对现有补贴政策进行改善，并提出相关改进措施；孔祥才和王桂霞（2017）通过对吉林省 148 户畜禽养殖户的调研发现，目前吉林省的畜禽养殖污染治理补贴政策实施现状并不乐观，其主要原因就是该政策的制定不能很好地适应当地畜禽业的发展，当地养殖户也不愿意进行污染治理。林武阳等（2014）研究发现养殖户个体认知度和养殖场所处地理位置以及养殖场规模与无害化设施补贴情况显著影响养殖户无害化处理意愿；肖杏芳（2017）研究发现养殖户的受教育水平、经营特征、对废弃物资源化利用的认知与意愿都会正向影响养殖户行为；吴琼（2018）研究发现养殖户在治理的过程中，付出的成本过大，导致养殖户不愿意参与治理由此来减少成本的增加；张柳（2019）研究发现在养殖业快速发展的同时没有提高养殖户的环境意识，对保护环境的重视程度不够，导致畜禽养殖的布局不合理、粪便处理不科学等，是导致污染治理失败的重要原因。

　　（13）养殖户亲环境行为方面。亲环境行为（PEB）是 21 世纪以来国内外学术研究较多的一个术语。Hines 等（2010）首次提出亲环境行为的概念，认为亲环境行为是建立在个人道德价值观和社会责任感基础上的，是一种有意识的生态环境保护行为。Stern（1999）将亲环境行为定义为具有环境意义的行为，是人们为了保护生态环境，避免遭到破坏或阻止环境持续恶化而采取的方式，能够给生态环境改善带来积极正向影响。Onwezen 和Han（2013）的研究结果显示亲环境行为是典型的亲社会行为，对维护个体和组织基本利益具有重要作用，是一种有利于社会发展和环境保护的行为。国内亲环境行为早期研究主要是继承和借鉴国外学者对亲环境行为的研究。盛光华等（2020）认为亲环境行为是指能够尽可能降低对环境伤害或能够对环境有益的行为。王华与李兰（2018）将环境友好行为定义为人们有主观意识地采取了减少对环境的不利影响或促进环境保护的行为，是一种有意识的社会行为。龚文娟（2008）认为个体通过各种途径保护生态环境或在社会实践中表现出有益于生态环境的行为就是环境友好行为。虽然国内外学者对亲环境行为这一概念的理解和阐述有所不同，但是分析其相似成分可以将亲环境行为解释为"所有对生态环境治理保护产生正向影响的行为"。

目前国内学者重点关注农户亲环境行为的农户亲环境意愿及行为的影响因素、福利效应、意愿和行为的影响等。农户实施亲环境行为不仅可以在一定程度上增加农业产出，还可以创造巨大的生态效益。为有效促进农户向亲环境行为转变，将养殖户采纳亲环境意愿和行为的影响因素作为研究的焦点。许多学者研究农户自身特征对农户亲环境行为的影响，包括年龄、人口数量、文化程度、风险偏好、村干部身份、是否加入合作社、作物种类、农业收入比例、地块数量、经营规模等，外部条件中农户所处政策、社会环境等均对农户亲环境意愿及行为起到不同程度的影响。腾玉华等（2017）认为经济激励与宣传教育政策、清洁能源产品属性、农户行为主动性等情景因素以农户感知为中介正向影响农户清洁能源使用行为，相对于经济激励政策，农户自愿活动对提升农户生态价值观会更加有效。对于农户亲环境意愿和行为之间，多数学者研究认为农户亲环境意愿与行为具有正相关关系，意愿与行为之间存在整体一致性，意愿和行为的分歧在于当地资源、环境的特殊性，年龄、性别、受教育程度、家中常住人口、距离集贸市场的远近、收入占比、农户对周边环境感知、有无环境规制等都是造成农户亲环境意愿与行为差异的主要原因（韩枫，2016）。但也有一些研究指出农户亲环境意愿与行为之间存在背离，既存在部分农户具备亲环境意愿却未能做出实际行动的情况，也存在部分农户不具备亲环境意愿却最终表现出亲环境行为的现象，健康状况、家庭人均纯收入、付出成本高低、环境改善效果认知、社会网络等因素均对意愿和行为的差异产生显著影响（许增巍，2016）。除此之外，郭利京等（2014）研究发现行为成本、社会约束和法规、产业状况等情境因素也会对农户亲环境意愿和行为之间关系的强度和方向产生影响。

（14）环境规制对农户亲环境行为影响方面。赵玉民和朱方明（2009）认为环境规制是指政府对环境资源进行直接干预或利用市场机制对环境资源进行间接干预的行政法规。薛伟贤和刘静（2010）提出目前环境规制不仅仅指对污染行为的惩罚，也包括对绿色养殖的扶持以及对居民生态环境保护意识的引导。国外学者对政府规制与农户亲环境行为关系的研究取得了许多有价值的研究成果。Mbagasemgalawe 与 Folmer（2000）实证分析发现政府通过激励政策对采纳环境友好型技术的农户进行补贴奖励，在一定程度上降低了农户生产成本、信息收集成本和学习成本，提高了农户采纳亲环境农业技术的积极性。Li（2009）指出在信息不对称条件下，与惩罚型规制相比，激励型规制更能够激发养殖户选择负责任的环境行为，减少逆向选择与道德风险的发生。李乾与王玉斌（2018）研究发现由于畜禽养殖废弃物不处理的负外部性及资源化利用的正外部性，政府介入畜禽养殖废弃物资源化利用尤为必要，政府同时采取惩罚与补贴双项规制措施优于单独实施惩罚或补贴措施，混合型政策工具更有利于多途径促进养殖户进行养殖废弃物资源化利用。夏佳奇等（2019）将环境规制划分为约束型环境规制、激励型环境规制和引导型环境规制，其中约束型环境规制主要包括政府监管、制定相关法律法规，激励型环境规制主要包括政府实施的补贴政策与优惠减免政策，引导型环境规制主要包括政府宣传教育、提供技术服务，约束型环境规制和激励型环境规制对农户绿色生产意愿影响更为显著。陈卫平与王笑丛（2018）研究发现规制型制度、规范型制度和认知型制度通过影响农户的环境意识、效率意识和健康意识进而影响农户生产绿色转型意愿。

（15）组织模式对农户亲环境行为影响方面。国内外研究学者对产业合作组织与农户亲环境行为的关系进行了深入研究。Evelyne 与 Steven（2019）研究发现农业合作组织对农户进行可持续农业生产发挥重要作用，农业合作组织与农户签订生产订单，农户需要遵照相关标准进行农业生产，农业合作组织会为农户提供农业信息咨询服务和技术指导，降低农户进行可持续农业生产的不确定性和潜在风险。Julia 与 Charles（2018）指出技术培训能够增加农户生态农业知识、提高农户对生态农业的认知水平，加强农户对生态农业生产的认同感，激发农户从事生态农业生产的积极性和持续性。汪凤桂与林建峰（2015）实证分析发现农业龙头企业通过提供统一的农业投入品、技术培训、现场指导、标准化生产规程、农产品销售合同等措施加强与农户的联系，充分发挥激励与约束作用，通过改善农户的生产环境和资源禀赋影响农户生产行为。刘静等（2016）实证分析发现合作经济组织在农业生产过程中不仅关注经济效益，还关注生态效益和社会效益，加入合作经济组织的农户需要按照合作经济组织的生产准则进行亲环境生产，同时合作经济组织会根据实际生产需要向农户提供技术培训、信息服务和基础设施。毛慧等（2019）的研究结果表明"龙头企业＋农户"模式会按照相关标准对畜禽养殖户生产行为进行监管，对未达到生产标准的畜禽养殖户进行处罚。薛荦绮（2014）研究发现加入合作组织能够降低养殖户选择环境友好型畜禽粪便及病死猪处理方式的成本，合作组织提供的技术培训能够降低养殖户选择环境友好型畜禽粪便及病死猪处理方式的技术门槛，违规处理畜禽粪便及病死猪会受到合作组织的经济惩罚。徐立峰与金卫东（2021）认为养殖规模越大，畜禽养殖户采纳亲环境行为的概率越大，外部约束对畜禽养殖户亲环境行为采纳具有显著的正向影响，其中环境规制对大规模畜禽养殖户的亲环境行为采纳影响显著，社会规范对小规模畜禽养殖户亲环境行为采纳影响显著。

1.2.2　相关文献评述

综上所述，国内外学者在畜禽污染治理方面有了较深入的研究，形成了基本的研究思路、研究方法、治理措施，为本研究提供了很好的借鉴，但现有研究也存在不足，具体是：①关于畜禽养殖污染量估算与负荷预警研究方面存在养殖污染负荷预警研究不系统、研究细化不足等缺陷，且现有研究主要集中在养殖业或畜牧业占比等较大区域，缺少对特殊地理区域如自然保护区的研究；②养殖污染生态治理意愿与投入意愿研究方面存在研究观点不同，且缺少对贵州省畜禽养殖污染治理方面的研究，尚未对畜禽养殖户生态治理投入及其影响因素进行实证分析；③养殖污染治理方式研究方面存在研究内容不全面，更多的是停留在污染现状和污染治理分析层面，特别是对污染产生的源头—过程—末端缺少全面研究，缺乏对农户作为畜禽养殖生产主体和畜禽养殖污染防治直接参与者的深入挖掘；④养殖污染治理行为研究方面对畜禽养殖污染发生及影响发生的原因研究较少，研究角度不全面，多因素交互影响研究较少；鲜有学者考察环境规制对养殖户养殖行为的综合影响，理论分析和定性研究较多，对环境规制因素和行为主导因素的定量和实证研究相对薄弱，研究不够深入和系统；⑤养殖污染治理效果与治理技术采用研究方面现有研究主要以中型或大型的养殖户为研究对象，基于个体养殖户视角下对养殖污染治理效果及影响因素进行研究的还不多；现有研究主要针对经济水平相对较高的大中城市和规模较大的农场及合作社，对经济相对落后的偏远省份及规模化程度较小的家庭农场及散养农户的研究相对较少，现有研究偏向污染治理技术选择方面，评价方面鲜有研究成果；⑥养殖污染治理政策认知与补贴政策优化研究方面存在现有研究侧重强制型政策方面，研究激励型政策较少，而且没有研究贵州的补贴政策；对养殖户畜禽污染认知与影响因素的研究相对较少，而且研究所选取的数据、案例主要来源较发达的地区城市或规模化程度较高的地方，导致研究结论不能很好地指导中西部地区。

　　针对现有研究之不足，本著作力求在多学科理论交叉、研究角度、研究方法等方面进行创新。本著作选择贵州畜禽养殖户为研究对象，以有限理性理论、行为决策理论、农户技术采用行为理论、环境规制理论、外部性理论、公共政策执行理论、循环经济理论、计划行为理论为支撑，运用问卷调查方法，获取贵州省畜禽养殖户第一手数据，首先运用描述性统计分析方法，分别对贵州省与环梵净山区域畜禽养殖现状、治理意愿与投入意愿、治理方式、治理行为、治理效果、治理技术采用、治理政策等现状及存在的问题进行描述性统计分析，揭示贵州畜禽养殖污染治理存在的现实困境；其次运用排污系数法与土地承载方法、二元 Logistic 模型、无序多分类 Logistic 模型、多元有序 Logistic 模型分别对贵州及环梵净山区域畜禽养殖污染量进行估算并对其污染负荷进行预警，实证分析生态治理意愿与投入意愿、治理方式、治理行为、治理效果、治理技术采用、治理政策方面的影响因素，揭示影响贵州畜禽养殖户治理养殖污染的关键因素；最后运用案例分析法，分别选取生猪、蛋鸡、黄牛养殖企业和合作社典型案例进行案例剖析，验证研究结论。

1.3　研究思路与内容

1.3.1　研究思路

　　本著作选择贵州畜禽养殖户为研究对象，基于农业经济学、农业政策学、畜牧业经济学等相关学科，立足贵州省生态畜牧业发展现状，以贵州省畜禽养殖户养殖污染治理为切入点，将历史文献回顾、定性分析、定量分析、微观问卷调查与案例分析相结合，按照"立足实际—厘清问题—破除障碍—寻找对策"的基本思路展开。研究主体包括三个层面，其一是现实分析层面，解决"贵州畜禽养殖污染是否需要治理"和"贵州畜禽养殖户如何治理养殖污染"的现实问题；其二是理论分析层面，解决"贵州畜禽养殖污染治理应遵循的理论基础有哪些"和"贵州畜禽养殖户养殖污染治理的一般逻辑是什么"的问题；其三是政策探讨层面，主要解决"贵州畜禽养殖户养殖污染治理效果如何及如何优化治理政策"问题，按照层层递进的逻辑关系串联设计构成七个研究内容，深入探讨贵州畜禽养殖户养殖污染治理问题，研究思路见图 1-1。

1.3.2　研究内容

（1）相关概念界定与理论基础。首先，对本著作相关概念进行界定，如生态畜牧业、饲养规模、养殖户、畜禽养殖污染、畜禽污染治理等；其次，对所用到的有限理性理论、行为决策理论、农户技术采用行为理论、环境规制理论、外部性理论、公共政策执行理论、循环经济理论、计划行为理论进行梳理，为后续内容研究提供理论支撑。

（2）贵州与环梵净山区域畜禽养殖污染量估算与负荷预警研究。运用描述性统计分析法、排污系数法、土地承载方法，首先分别对贵州畜禽养殖宏观现状进行分析，对贵州畜禽养殖污染量进行估算并对其污染负荷进行预警分析，其次对环梵净山区域畜禽养殖现状进行宏观分析，估算了该区域畜禽养殖污染量并对其污染负荷进行预警分析，最后基于研究结论掏出了相关对策建议。

（3）贵州畜禽养殖户养殖污染生态治理意愿与投入意愿研究。本章以贵州畜禽养殖户为研究对象，以有限理性理论与行为决策理论为支撑，提出研究假说，运用问卷调查方法，获取贵州畜禽养殖户第一手数据，运用二元 Logistic 模型等计量分析方法分别实证分析贵州畜禽养殖户养殖污染生态治理意愿与投入意愿的影响因素，基于研究结论提出了相关对策建议。

（4）贵州畜禽养殖户养殖污染治理方式研究。首先，本章以贵州畜禽养殖户为研究对象，以行为决策理论为支撑，利用贵州省 1 028 个畜禽养殖户问卷调查数据，分别选择二元 Logistic、无序多分类 Logistic 回归模型，从

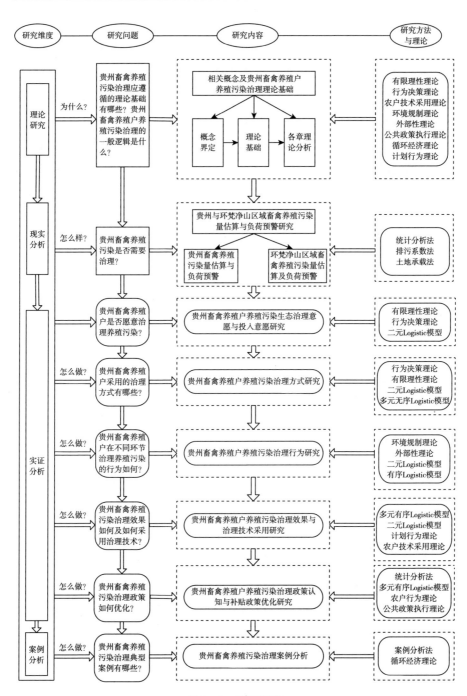

图 1-1 研究思路

源头—过程—末端视角对养殖户养殖污染治理方式的影响因素进行实证分析；其次，本章以有限理性理论与行为决策理论为支撑，提出研究假说，利用贵州省709个畜禽养殖户问卷调查数据，运用多元无序Logistic回归模型实证分析养殖户环境认知、养殖规模与污染处理方式选择之间的关系；最后，基于研究结论提出相关对策建议。

（5）贵州畜禽养殖户养殖污染治理行为研究。本章以贵州畜禽养殖户为研究对象，以环境规制理论与外部性理论为支撑，分别利用贵州省1 023个、1 003个畜禽养殖户问卷调查数据，分别选择二元Logistic、有序Logistic模型探讨环境规制、组织模式及二者交互作用对畜禽养殖户采纳亲环境行为的影响、环境规制对贵州畜禽养殖户养殖行为的影响，最后基于研究结论提出相关应对策略。

（6）贵州畜禽养殖户养殖污染治理效果与治理技术采用研究。首先，利用贵州省870个畜禽养殖户的调查数据，以计划行为理论为支撑，基于养殖污染治理效果视角，运用多元有序Logistic回归模型，实证分析贵州畜禽养殖户养殖污染治理效果的影响因素；其次，以农户技术采用行为理论为支撑，提出研究假说，利用贵州省841个畜禽养殖户问卷调查数据，分别运用有序Logistic和二元Logistic回归模型，对环梵净山区域畜禽养殖户养殖产生的污水、粪尿、病死畜禽治理技术采用的影响因素进行实证分析；最后，基于研究结论提出相关对策。

（7）贵州畜禽养殖户养殖污染治理政策认知与补贴政策优化研究。首先，以841个贵州畜禽养殖户为研究对象，以农户行为理论为支撑，运用多元有序Logistic模型对养殖污染治理政策认知的影响因素进行实证分析；其次，基于公共政策执行理论，以贵州省1 023个畜禽养殖户为研究对象，运用描述性统计分析方法分析贵州畜禽养殖户养殖污染治理补贴政策现状，并采用有序Logistic模型实证分析污染治理补贴政策效果的影响因素；最后，基于研究结论提出对策建议。

（8）贵州畜禽养殖污染治理案例分析。以循环经济理论为支撑，分别选取生猪、蛋鸡、黄牛养殖企业和合作社典型案例，剖析不同畜禽养殖户畜禽养殖污染治理技术及粪尿废弃物资源利用现状、存在的问题及积累的经验。

1.4　研究方法与数据来源

1.4.1　研究方法

本著作综合运用定性和定量、规范研究和实证研究相结合的研究方法，具体研究方法如下：

（1）文献研究法。运用此方法，查阅畜禽养殖污染量估算与负荷预警、生态治理意愿与投入意愿、治理方式、治理行为、治理效果、治理技术采用、治理政策等方面已有研究文献，归纳已有研究之不足，在此基础上提出研究问题、拟创新之处、研究假说、变量设置等，为本研究提供理论借鉴与支撑。

（2）问卷调查法。运用此方法，对贵州各地区畜禽养殖户进行随机抽样实地问卷调查，获得其个人基本现状、养殖诱因、畜禽污染控制、养殖污染生态治理意愿与投入意愿、治理方式、治理行为、治理效果、治理技术采用、治理政策认知与优化、环境规制影响等方面数据，为现状与实证分析提供数据支持。

（3）描述性统计分析法。运用该方法，分别对贵州与环梵净山区域畜禽养殖现状、贵州畜禽养殖户养殖污染生态治理意愿与投入意愿、治理方式、治理行为、治理效果、治理技术采用、治理政策等现状及存在的问题进行描述性统计分析，揭示贵州畜禽养殖污染治理存在的现实困境。

（4）计量经济分析法。运用排污系数法与土地承载方法分别对贵州及环梵净山区域畜禽养殖污染量进行估算并对其污染负荷进行预警；运用二元 Logistic 模型分别实证分析贵州畜禽养殖户养殖污染生态治理意愿与投入意愿的影响因素及环境认知、养殖规模与污染处理方式选择之间的关系、环境规制与组织模式及二者交互作用对畜禽养殖户采纳亲环境行为的影响；选择二元 Logistic 模型、无序多分类 Logistic 模型实证分析养殖户养殖污染治理方式的影响因素；选择多元有序 Logistic 模型分别探讨环境规制对贵州畜禽养殖户养殖行为的影响、养殖污染治理政策认知、养殖污染治理补贴政策效果及环梵净山区域畜禽养殖户养殖污染治理技术采用的影响因素，揭示影响贵州畜禽养殖户治理养殖污染的关键因素。

（5）案例分析法。运用该方法，分别选取生猪、蛋鸡、黄牛养殖企业和合作社典型案例，剖析不同畜禽养殖户养殖污染治理技术及粪尿废弃物资源化利用现状、存在的问题及积累的经验，从微观视角验证所得的研究结论。

1.4.2　数据来源

（1）统计年鉴数据。本书部分数据主要来自 2007—2021 年《贵州省统计年鉴》《贵阳市统计年鉴》《遵义市统计年鉴》《六盘水市统计年鉴》《安顺市统计年鉴》《毕节市国民经济与社会发展统计公报》《铜仁市年鉴》《印江县统计年鉴》《松桃县统计年鉴》《江口县统计年鉴》《黔西南州国民经济与社会发展统计公报》《黔东南统计年鉴》《黔南州国民经济与社会发展统计公报》的相关统计年鉴及国民经济与社会发展统计公报。

（2）问卷调查数据。数据来自 2020 年 7 月—2021 年 3 月课题组对贵州省畜禽养殖户实地问卷调查，问卷样本涉及贵州省 9 个市、地、州 40 个县（区）80 个乡镇 176 个村寨，其中遵义县、威宁县、习水县、开阳县为国家级畜牧养殖大县。由于贵州生猪产业占畜牧业比重大，因此生猪养殖户问卷调查占主要部分。本次调查问卷主要运用分层抽样方法，采用问答形式对样本区畜禽养殖户进行实地问卷调查获得第一手数据，其中国家级畜牧养殖大县问卷调查由项目组老师完成，其余问卷调查由样本选取点附近的铜仁学院学生利用寒暑假期完成。共发放调查问卷 1 100 份，由于问卷部分数据存在缺失现象，如某张问卷的某个问题缺失对某章研究影响很大，该张问卷只能废弃，但这个问题的缺失可能对某章的研究并无影响，又能算做这章节的有效问卷，因此根据研究内容不同，各章节剔除关键数据缺失及无效问卷后，收回的具体有效问卷见各章节的"数据来源"。

1.5　主要创新点

（1）拓展了畜禽养殖污染治理研究的边界，丰富了畜禽养殖户养殖污染治理方面理论研究成果。首先对所用到的有限理性理论、行为决策理论、农户技术采用行为理论、环境规制理论、外部性理论、公共政策执行理论、循环经济理论、计划行为理论进行梳理，为后续研究提供理论支撑，回答了

"贵州畜禽养殖污染治理应遵循的理论基础有哪些"，其次运用上述理论对各章节研究内容进行理论分析，回答了"贵州畜禽养殖户养殖污染治理的一般逻辑是什么"。

（2）多视角多角度展开研究，提高了研究结论的可信性。首先对贵州与环梵净山区域畜禽养殖污染量估算与负荷预警进行研究，回答了"贵州畜禽养殖污染是否需要治理"，其次从生态治理意愿与投入意愿、治理方式、治理行为、治理效果、治理技术采用、治理政策认知与优化、环境规制影响等多视角多角度展开研究，回答"贵州畜禽养殖户如何治理养殖污染"，提高了研究的科学性，增加了研究结论的可信性与全面性。

（3）规范分析法与多学科理论交叉，实现研究方法突破。本著作在多个学科理论交叉基础上，对贵州畜禽养殖户如何治理养殖污染问题进行规范性的理论分析；运用排污系数法与土地承载方法分别对贵州及环梵净山区域畜禽养殖污染量进行估算并对其污染负荷进行预警；运用二元 Logistic 模型实证分析生态治理意愿与投入意愿、采纳亲环境行为的影响因素；选择无序多分类 Logistic 模型实证分析污染治理方式的影响因素；选择多元有序 Logistic 模型分别探讨养殖污染治理政策认知、养殖污染治理补贴政策效果的影响因素，补充完善了方法支撑。

第 2 章　相关概念及贵州畜禽养殖户养殖污染治理理论基础

本章首先对本著作涉及的相关概念及其内涵进行界定，如生态畜牧业、饲养规模、养殖户、畜禽养殖污染、畜禽污染治理；其次对本著作展开研究涉及的理论基础，如有限理性理论、行为决策理论、农户技术采用行为理论、环境规制理论、外部性理论、循环经济理论、计划行为理论进行梳理，为本著作后续内容研究提供理论依据与支撑。

2.1　概念界定

2.1.1　生态畜牧业

生态畜牧业又称可持续发展畜牧业，是运用生态学原理和系统科学的方法，将现代科技成果与传统畜牧技术精华相结合而建立起来的具有生态合理性、功能良性循环的一种现代生产体系。生态畜牧业是现代畜牧业的高级技术阶段，是应用生态系统原理和先进的畜牧技术，在保护资源的情况下，合理开发利用资源，是现代畜牧业发展的必由之路，是现代畜牧业的延续和发展，是真正意义上的现代畜牧业。在这个体系中生产资料、劳动力和生产环境合理组合、运转，在保持生态系统稳定的同时，保持系统内若干组分的非成熟状态，加强系统内部各组分之间的耦合，以提高该系统的生态生产力。强调农业高额生产力的基础是对生态环境的保护和建设，而生态保护和建设有助于提高生态系统的潜在生产力。

生态畜牧业是协调我国人口、资源和环境关系，解决群众需求与经济发展之间矛盾的有效途径，是发展畜牧业、发展农村经济的指导原则；生态畜牧业是对农业和农村发展做整体和长远考虑的一项系统工程；生态畜牧业是一套按照生态农业工程原理组装起来的，促进生态与经济良性循环的实用技术体系。我国政府历来十分重视生态畜牧业建设，先后制定了一系列促进生态畜牧业发展的方针和政策。生态畜牧业模式多种多样，如"畜—沼—粮""畜—沼—果""畜—沼—菜"等科学的生态饲养模式就是依照自然的生态发展规律，努力实施"畜牧业循环经济"的战略。具体做法就是利用丰富的秸秆资源，实现秸秆生态喂养；再把动物的粪便等排泄物送入沼气池进行发酵，产生的沼气用来做饭、照明等；然后把沼气池所剩下的"残渣"作为肥料提高地力，实现粮食、水果、蔬菜的高产丰收；而粮食作物等的秸秆又可以用来喂养奶牛、肉羊和肉牛等，这样就实现了一个良好的养殖动态循环。

生态畜牧业是由资源浪费的粗放经营向资源节约的集约经营转化的成功模式，是由破坏生态环境的掠夺式经营走向资源开发利用和资源保护相结合的有效途径，将成为我国畜牧业和农村经济可持续发展的必然选择。树立和落实科学发展观，推动生态畜牧业发展，是改善畜牧业生产条件和人类生活环境的重要内容，也是确保畜产品安全和人民身体健康的重要途径，对建设现代畜牧业、实现农村小康社会、增加农民收入具有重要作用（王松需，2013）。

2.1.2　饲养规模

饲养规模指在具有一定规模畜禽饲养量和生产能力的条件下所经营的畜牧养殖业，是小规模、大群体和工厂化养殖的综合称谓。关于饲养规模的具体划分，全国没有统一标准，本书参考《全国农产品成本收益分析资料汇编》的规定，定义生猪 30 头以下为散养，30～100 头为小规模，100～1 000 头为中规模，1 000 头以上为大规模；家禽 100 只以下为散养，100～1 000 只为小规模，1 000～10 000 只为中规模，10 000 只以上为大规模，其他类畜禽可按猪当量折算。

2.1.3　养殖户

养殖户是指人工饲养被人类驯化的动物或野生动物，并以此为经济来源的生产专业户，包括家畜养殖、家禽养殖、水产养殖和特种养殖等。关于养殖数量与养殖标准不同省份有不同的划分标准，以贵州省为例，畜禽养殖场

（小区）备案条件需要达到以下标准。猪：年出栏 500 头以上；牛：常年存栏 100 头以上；羊：常年存栏 100 只以上；肉禽：常年存栏 3 000 羽以上；蛋禽：常年存栏 2 000 羽以上；兔：常年存栏 1 000 只以上；蜂：常年养殖30 箱以上。

2.1.4　畜禽养殖污染

畜禽养殖污染是指在畜禽养殖过程中产生的畜禽病死、粪便、尿液、废水等处理不彻底或处理不当对生态环境造成的破坏，具体体现在三个方面：

（1）水体污染。畜禽粪便中含有大量的有机物、氮（N）、磷（P）等物质，排入水域会导致水中藻类快速生长，水中溶解氧含量下降，导致水生生物死亡。同时，死去的水生生物的腐烂会导致厌氧菌大量生长，使水中的细菌指数超标，甚至造成河流生态功能的丧失。

（2）空气污染。畜禽养殖产生的空气污染物主要有硫醇类、氨、硫化氢及粪臭素。在养殖过程中积累的畜禽粪便会分解产生硫化氢、甲烷等大量有毒有害气体，容易引起人的一些病毒感染，严重威胁人们的生活环境和健康。

（3）土壤污染。畜禽排放的粪便中含有的大量氮、磷和有机物，合适的用量对土壤的改善是有积极作用的。但当畜禽粪便排放量超过土壤承载能力时，土壤中的氮、磷、钾（K）含量就会严重超标，土壤的结构也会失衡，农作物的生长也会受到负面影响。此外，由于部分饲料中含有抗生素等添加剂，畜禽吃下后排出的粪便流入土壤会导致大量有害成分被农作物吸收，进而严重威胁到人们的食品安全。

2.1.5　畜禽污染治理

畜禽污染治理指的是对养殖过程中畜禽所产生的排泄物，如粪便、尿液、污水、病死畜禽以及臭气等进行治理。由于这些排泄物中含有大量的 N 和 P 等物质，在长时间的堆积过程中，逐渐对养殖场周边的水源、土壤以及空气造成严重的污染，严重的水源污染会造成周边居民及生物体的用水卫生无法保障，严重的土壤污染会造成土壤结构的破坏以及土壤肥力的降低，严重的空气污染会造成空气中存在让人难以接受的气味，会导致有呼吸困难的人群引发相应的疾病，以及会加重温室效应。因此要加快对这些污染进行治理及防护，以免因时间累积对环境造成过度破坏。

2.2　理论基础

2.2.1　有限理性理论

有限理性理论的提出者赫伯特·亚历山大·西蒙（Herbert Alexander Simon）认为，人的决策行为会受到外部诸多因素和人自身许多条件的限制，无法实现个人效用最大化，属于有限理性决策行为。李莉（2007）指出，研究证实决策者在做出决策时，往往受到外部因素和内部因素的影响，比如信息、时间、技术以及自身的认知、人格、态度等。行为决策理论也指出决策者的理性介于完全理性与非理性之间，决策者在做决策时，往往会受到决策者自身个体因素、相关环境因素等综合影响（李兵水等，2012）。Afroz R 等（2009）的研究表明养殖户的环保行为是受制度、政策、个体态度等因素共同作用的结果。其他相关研究也表明环境规制会影响养殖户的行为决策，养殖户的认知、风险态度、资源禀赋条件、政府监管处罚力度以及补贴政策也会对养殖户的决策产生或多或少的影响（李鸟鸟等，2021）。综上可知，养殖户作为理性"经济人"，其是否愿意进行生态治理养殖污染是综合考虑自身因素以及外部环境因素后做出的符合其利益最大化的有限理性选择。

2.2.2　行为决策理论

行为决策理论是从经济学和心理学的角度研究理性人面对经济活动如何做出反应的理论。顾名思义，农户行为决策理论研究的是农户如何做出抉择、采取何种行动的理论。农户行为决策理论的研究是建立在农户能够独立决策的基础之上的，但是理论界对于农户是否能够被看成理性人从而做出独立决策尚存在分歧。西奥多·W. 舒尔茨（Thodore W. Schults）是最早研究农户行为的学者，他认为小农和企业家一样都是"经济人"，其在生产过程中所进行的抉择行为符合帕累托最优原则，即为追求最大生产利益而做出合理抉择，在《改造传统农业》一书中，他提出的"理性小农"概念被人们普遍认同。波普金（S. Popkin）在《理性的小农》中也提出农户是"理性的人"的观点，他也认为农户在农业生产过程中会根据他们自己的偏好以及价值观来评估接下来的选择，然后做出认为能够为自己带来最大利益化的选择。由于舒尔茨和波普金的观点相似，其特点都是强调了小农的理性动机，因此学术界普遍将此观点归纳为舒尔茨—波普金命题。因此农户行为是指农户为满足自身物质需要或精神需要，达到一定目标而进行的一系列理性经济活动。但是这种理性行为并非全受利益驱动，而是个体因素和相关环境因素共同作用的结果。畜禽养殖业属于周期性产业，畜禽养殖污染也并非只是发生在某一个环节，而是贯穿整个养殖过程。因此，很有必要在行为决策理论基础上对污染治理的源头—过程—末端环节进行分析。

2.2.3 农户技术采用行为理论

技术采用行为是指技术使用者对某项技术从认识到实施具体措施的过程，它是农业技术推广过程中的一个主要环节（高启杰，1997）。农户技术采用受到来自农户自身特性（唐永金等，2000）、技术的收益状况（陈继宁，1998）、所处基层组织环境（赵龙群，1997）、对技术的需求情况（邢大伟，2001）和政策环境（吕玲丽，2000）等各类因素的影响。当前大部分的学者都是从心理学和行为学的角度出发，对农户技术采用行为进行分析，其中以蒙德尔的研究最为著名，他将农户技术采用过程划分为五个阶段：一是了解阶段。指农户对某项新技术的初次接触；二是感兴趣阶段。当农户对某项新技术有初步了解后有进一步对该技术了解的打算，该阶段是推广者能否促进新技术进一步推广下去的关键阶段；三是评价阶段。农户作为"经济人"会对当前的技术能否为自己带来利益做出自己的评价；四是试验阶段。农户为规避风险选择尝试性采用新技术；五是采用阶段。指农户真正采用新技术的阶段（朱进，2004）。

2.2.4 环境规制理论

规制一词来源英文"Regulation"或"Regulatory Constraint"，国内也有译著将其译为"管制"。20 世纪 70 年代，美国经济学家 A. E. Kahn（1970）《规制经济学：原理与制度》的出版，标志着规制经济学作为一门学科的诞生，Kahn（1970）认为，规制的实质是政府命令对竞争的明显取代，作为一种基本的制度安排，它企图维护良好的经济绩效。Kahn 之后，Stigler（1971）、植草益（1992）、Spulber 等（1999）众多经济学家从不同角度对规制进行了界定。环境规制是指政府对农户行为进行直接或间接干预的有关政策，旨在实现环境保护和农业发展的"双赢"，可分为引导规制、激励规制、约束规制和自愿规制。在引导规制层面，政府组织开展农业面源污染治理政策宣传使农户意识到农业面源污染治理的多重价值，并通过技术培训指导农户绿色生态耕种技术，从而提高其参与意愿；在激励规制层面，政府通过发放治污补贴、物质奖励等，某种程度上直接减少农户参与面源污染治理的交易成本，促使其形成稳定的经济预期，从而调动其参与积极性；在约束规制层面，政府通过制定法律法规政策改变农户对农业面源污染治理的预期收益和预期成本，若农户背离规制目标则会面临罚款、拘留等惩罚，当农户认为违规成本高于违规收益后，理性农户会主动遵守规制，逐渐倾向于参与面源污染治理；在自愿规制层面，理性农户会通过与组织或者个人书面协商或承诺等形式，在平衡各方利益的基础上，主动向规制目标靠拢，实施污染治理等。

2.2.5　外部性理论

外部性是指那些生产或消费对其他团体强征了不可补偿的成本或给予了无需补偿的收益的情形，是用来表示"当一个行动的某些效益或成本不在决策者的考虑范围内的时候所产生的一些低效率现象，也就是某些效益被给予，或某些成本被强加给没有参加这一决策的人"。用数学语言来表述，所谓外部效应就是某经济主体福利函数的自变量中包含了他人的行为，而该经济主体又没有向他人提供报酬或索取补偿。外部性是某个经济主体对另一个经济主体产生一种外部影响，而这种外部影响又不能通过市场价格进行买卖。

2.2.6　循环经济理论

循环经济理论其实就是生态经济理论。生态经济学是以生态学原理为基础，以经济学原理为主导，以人类经济活动为中心，运用系统工程方法，从最广泛的范围研究生态和经济的结合，从整体上研究生态系统和生产力系统的相互影响、相互制约和相互作用，揭示自然和社会之间的本质联系和规律，改变生产和消费方式，高效合理利用一切可用资源。简言之，生态经济就是一种尊重生态原理和经济规律的经济。它要求把人类经济社会发展与其依托的生态环境作为一个统一体，经济社会发展一定要遵循生态学理论。生态经济所强调的就是要把经济系统与生态系统的多种组成要素联系起来进行综合考察与实施，要求经济社会与生态发展全面协调，达到生态经济的最优目标。它的要求就是让一个经济活动的流程，成功变成一个"资源—产品—再生资源"这种反馈式的流程，它的特点就是利用率比较高，开采比较低，排放合适，要让所有的能源和物质可以源源不断地在经济循环中得到利用，就需要让经济活动对生态环境的影响降到一个比较低的阈值。

2.2.7　计划行为理论

计划行为理论经过漫长的发展及延伸，发现一个人是否采取某种行动，会受到多种因素的影响（图2-1），将其归纳为：个人态度，即一个人对是否要做这件事所怀有的态度；主观规范，即别人的决策行动对于这个人的影响程度；知觉行为控制，即一个人对做这件事的把控程度，把控程度越高，对行为选择的概率越大；行为意向，即一个人对于做这件事的采取意愿；行为，即一个人做某件事情所实际付诸的行动（朱宁，2014）。

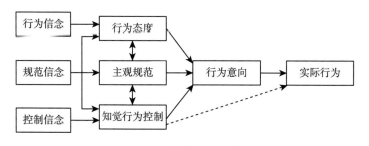

图2-1　计划行为理论模型

计划行为理论一般以三个阶段来分析行为的形成过程：一是行为决定于个人的行为意图；二是行为意图受到行为的态度、行为主观规范和行为控制认知三个内生心理因素的影响；三是对行为的态度、主观规范及行为控制认知，决定于人口变数、人格特质、对事物的信念、对事物的态度、工作特性、情境等外生变量。这些都是能够改变养殖户治理意愿、行为的重要因素，所以采用此理论对养殖户的不同行为做出的结果进行解释，用公式表示为：

$$A \sim AI = \gamma_1 \sum b_i c_i + \gamma_2 \sum d_i e_i + \gamma_3 \sum f_i g_i = \gamma_4 x + \gamma_5 y + \gamma_6 z + e$$

$$(2-1)$$

其中，A 为行为；AI 为执行行为的意向；x 为行为态度；y 为主观规范；z 为行为控制认知；b 为信念的强度；c 为对结果的评价；d 为规范性信念；e 为对信念的遵从程度；f 为控制信念；g 为控制信念的强度，i 表示第 i 养殖户（$i=1$，2，3，……）。

第3章 贵州与环梵净山区域畜禽养殖污染量估算与负荷预警研究

本章首先对贵州与环梵净山区域畜禽养殖污染量进行估算，并对其负荷预警进行研究，并基于研究结论提出了相关对策建议；其次分别运用排污系数法与土地承载法估算了 2014—2021 年环梵净山区域畜禽养殖污染量并对其负荷预警进行分析，明晰了环梵净山区域畜禽养殖污染与环境保护之间是否存在现实矛盾。

3.1 贵州畜禽养殖污染量估算与负荷预警研究

本节基于 2007—2020 年贵州各市州畜禽饲养量、常用耕地面积统计数据，采用排污系数法、土地承载方法对贵州畜禽养殖污染与耕地负荷预警进行研究，并基于研究结论提出了相关对策建议。

3.1.1 贵州畜禽养殖污染负荷估算数据来源及指标选取

3.1.1.1 畜禽饲养量及饲养周期

本章选取的畜禽养殖饲养量数据来源 2007—2021 年《贵州统计年鉴》《贵阳市统计年鉴》《遵义市统计年鉴》《六盘水市统计年鉴》《安顺市统计年鉴》《毕节市国民经济和社会发展统计公报》《铜仁市统计年鉴》《黔西南州国民经济和社会发展统计公报》《黔东南统计年鉴》《黔南州国民经济和社会发展统计公报》。

由于大部分学者对畜禽养殖饲养周期、存/出栏量数据选取有较大差异，本章将根据贵州实况，参考刘晓永（2018）的研究确定贵州畜禽饲养周期，分别是：①贵州的猪饲养周期一般小于 1 年，且在养殖期间猪也会产生污染物，因此饲养周期估算为 180 天，饲养量为存栏量；②牛相对于其他家畜而言饲养周期较长，饲养周期估算为 365 天，饲养量为当年存栏量；③羊的饲养周期 1 年以上，饲养周期估算为 365 天，饲养量为当年存栏量；④家禽由于贵州各市州年鉴中基本以出栏量为基准，且家禽包含种类较多，故本章对于家禽的饲养周期估算为 68 天，饲养量为出栏量。2007—2020 年贵州各市州畜禽饲养量见表 3-1。

表 3-1　2007—2020 年贵州各市州畜禽饲养量

市（州）	存栏量猪（万头）	存栏量牛（万头）	存栏量羊（万只）	出栏量家禽（万只）
贵阳市	85.09	20.52	4.05	1 673.08
六盘水市	104.50	33.20	21.68	620.33
遵义市	341.40	91.24	76.92	1 840.32
安顺市	107.29	47.99	7.96	1 086.01
毕节市	309.55	84.70	60.87	1 546.66
铜仁市	197.76	58.10	69.20	884.48
黔西南州	125.15	55.72	45.62	925.17
黔东南州	140.43	60.33	27.92	1 271.57
黔南州	166.12	62.92	23.83	961.96
合计	1 577.29	514.72	338.05	10 809.58

资料来源：2007—2021 年贵州统计年鉴、各市州统计年鉴。

3.1.1.2　农业土地基本情况

贵州的地形地貌以山地、丘陵为主，平原地区较少，一直以来被称为"八山一水一分田"，贵州农业土地面积主要由旱地、林地、园地、水田、菜地等组成，其中旱地、水田、菜地在《贵州统计年鉴》中被划分为常用耕地面积，且主要种植的是人们日常食用的粮食作物，种植时会使用粪尿灌溉，这不仅可以减少化肥的使用，降低成本，还可以消纳溶解畜禽所带来的粪尿污染，由此表明畜禽养殖污染对旱地、水田、菜地存在污染风险，而园地、林地基本不用粪尿灌溉，所以园地、林地面积将予计算，因此本章所采用的农业土地数据为《贵州统计年鉴》及各市州统计年鉴公布的农业常用耕地面积。

在对《贵州统计年鉴》数据进行分析时，发现贵州 2007—2020 年各市州农业常用耕地面积变化基本不大，故本章涉及的各市州农业常用耕地面积数据取其历年均值，见表 3-2。

表 3-2　贵州各市州农业常用耕地面积平均值

市（州）	常用耕地面积（公顷）
贵阳市	269 601.75
六盘水市	107 528.57
遵义市	390 663.50
安顺市	106 000.54
毕节市	365 924.29
铜仁市	177 482.86
黔西南州	160 073.21
黔东南州	178 401.07
黔南州	174 730.36

资料来源：2007—2021 年贵州统计年鉴、各市州统计年鉴。

3.1.1.3　畜禽污染排泄系数及污染物含量

（1）畜禽粪便排泄系数。畜禽粪便排泄系数主要是根据猪、牛、羊、家禽饲养方式来确定的，由于种类、生理结构、所喂食的饲料、体型的轻重不同，其排泄系数也不同。因此本书涉及的畜禽养殖口排泄系数采用《全国畜禽养殖业粪便污染监测核算方法与产排污系数手册》以及景栋林等（2012）相关文献推荐的估算系数，并基于贵州的实际情况估算，具体见表 3-3。

表 3-3　贵州畜禽粪便污染排泄系数

畜禽种类	粪污日排污系数（千克/天）	
	粪便	尿液
猪	2.17	3.5
牛	29.04	13.42
羊	1.50	0.50
家禽	0.26	—

（2）畜禽污染物含量。在进行文献梳理时发现畜禽粪便所含有的污染物 N、P、K 等污染元素含量较稳定，本章以国家环保总局推荐的数据为主，并参考景栋林等（2012）推荐的畜禽粪便污染物含量及其流失率百分比，具体见表 3-4。

表 3-4　畜禽粪便污染物含量及其流失率

畜禽粪便	污染物含量（千克/吨）					流失率（%）				
	COD	BOD	NH₃-N	TP	TN	COD	BOD	NH₃-N	TP	TN
猪粪	52	57	3.1	3.4	5.9	5.6	6.1	3	5.3	5.3
猪尿	9	5	1.4	0.5	3.3	50	50	50	50	50
牛粪	31	24.5	1.7	1.2	4.4	6.2	4.9	2.2	5.5	5.7
牛尿	6	4	3.5	0.4	8	50	50	50	50	50
羊粪	4.6	4.1	0.8	2.6	7.5	5.5	6.1	3	5.3	5.3
羊尿	4.6	4.1	0.8	1.96	14	50	50	50	50	50
家禽	45	47.9	4.8	5.4	9.8	8.6	6.8	4.2	8.4	8.5

3.1.2　贵州畜禽养殖污染估算与负荷预警研究方法

3.1.2.1　畜禽粪便量及含量、流失量计算方法

在参考郭姗姗（2019）、陈丽红等（2018）的研究方法基础上对贵州畜禽污染物进行估算，计算公式为：

$$Q = N \times T \times P \times 10^{-3} \qquad (3-1)$$

$$L_p = Q \times L_e \times 10^{-3} \qquad (3-2)$$

$$V_q = L_p \times V_r \qquad (3-3)$$

式中，Q 为总的畜禽粪便产生量，吨；N 为各类畜禽饲养量，头/只；T 为饲养周期数，天；P 为日排泄系数，千克/天；L_p 为畜禽粪便污染物产生量，吨；L_e 为畜禽粪便污染物含量，千克/吨；V_q 为污染物流失量，吨；V_r 为污染物流失率，%。

3.1.2.2　土地承载方法

（1）猪粪当量土地承载负荷计算方法。土地承载负荷是反映各市州土地

所能承载的畜禽粪便污染负荷的一种基本方法，由于本章研究的对象是猪、牛、羊、家禽，其粪便作为有机肥施入土地时，产生的效果存在差异，故借鉴黄美玲（2017）、王忙生等（2018）的研究方法，将各类畜禽粪便换算成以猪粪当量进行计算，计算公式如下：

$$q = \frac{Q}{S} = \sum X \times \frac{T}{S} \qquad (3-4)$$

式中，q 为畜禽粪便以猪粪当量的土地承载负荷，吨/公顷；Q 为各类畜禽粪便以猪粪当量，吨；S 为农业常用耕地面积，公顷；X 为畜禽粪尿量，吨；T 为各类畜禽粪尿以猪粪换算的猪粪当量的换算系数；换算系数见表 3-5。

表 3-5　畜禽粪便猪粪当量换算系数表

畜禽粪便	N 含量（%）	猪粪当量换算系数
猪粪	0.59	1
猪尿	0.33	0.56
牛粪	0.43	0.74
牛尿	0.80	1.36
羊粪	0.75	1.28
羊尿	1.40	2.40
家禽	0.98	1.70

（2）N、P 负荷计算方法。N、P 负荷主要是计算出猪粪当量在 1 公顷农业常用耕地面积中的 N、P 负荷量，进而衡量贵州土地污染情况。本章将参考郭姗姗等（2019）的研究方法，计算猪粪当量中的 N、P 负荷量，其中猪粪中 N 占 0.65%、P 占 0.165%，计算公式如下：

$$q_N = \frac{Q \times 0.65\% \times 1\,000}{S} \qquad (3-5)$$

$$q_P = \frac{Q \times 0.165\% \times 1\,000}{S} \qquad (3-6)$$

式中，q_N 为单位耕地面积 N 负荷量，千克/公顷；q_P 为单位耕地面积 P 负荷量，千克/公顷；S 为农业常用耕地面积，公顷。

3.1.2.3　负荷预警值计算方法

对于畜禽养殖污染的土地承载计算在理论上只是为了反映出一个地方的

土地面积污染负荷量，并不能完全反馈出畜禽所产生的污染是否对环境存在威胁性。因此在计算畜禽粪便土地承载负荷时，需要进行预警值分级，计算公式如下：

$$r = \frac{q}{p} \tag{3-7}$$

式中，r 为各地畜禽粪便量承受程度有关的预警值；q 为畜禽粪便以猪粪当量的土地承载负荷，吨/公顷；p 为单位农业常用耕地面积畜禽粪便最大施肥适宜量，吨/公顷。当 p 不变时，随着 q 的增大，r 警戒值越大，表明污染环境风险越高，预警值分级见表 3-6。

表 3-6　畜禽养殖污染预警值分级

预警值	$r \leqslant 0.4$	$0.4 < r \leqslant 0.7$	$0.7 < r \leqslant 1.0$	$1.0 < r \leqslant 1.5$	$1.5 < r \leqslant 2.5$	> 2.5
级别	Ⅰ	Ⅱ	Ⅲ	Ⅳ	Ⅴ	Ⅵ
污染情况	无污染	稍有污染	有污染	污染较大	污染严重	污染很严重

关于单位常用耕地面积畜禽粪便最大施肥适宜量，国家环保总局推荐的是1公顷农业土地畜禽粪便负荷为30～50吨，当超过这一范围时，会导致土壤肥沃力下降，农作物产量降低，通过对贵州各市州统计年鉴数据分析，本书将选取平均值40吨为本区域单位农业常用耕地面积畜禽最大有机肥适宜量。

3.1.3　贵州畜禽养殖污染估算与负荷预警结果分析

3.1.3.1　畜禽养殖粪便量分析

通过对上述公式（3-1）、表3-1、表3-3数据计算出贵州各市州畜禽粪便量，计算结果见表3-7。由表3-7可知，2007—2020年贵州各市州畜禽平均饲养量所产生的畜禽粪便量分别为粪合计 64 482.38 千吨、尿合计 35 766.40 千吨、粪尿合计 100 248.78 千吨，统计年鉴显示 2007—2020 年贵州的工业固体废弃物平均产量为 8 126.75 万吨，对比之下贵州畜禽平均饲养量所产生的畜禽粪尿总量是工业固体废弃物的 12.33 倍。表中猪、牛、羊、家禽的粪尿总量分别为 16 097.82 千吨、79 770.79 千吨、2 467.76 千吨、1 912.41 千吨，占总量百分比分别为 16.06%、79.57%、2.46%、1.91%，从分析结果来看牛所产生的粪尿最多，其次为猪、羊、家禽，羊由于饲养量较少，故粪便排放量较少，而家禽虽然饲养量最多但是产生的粪便污染最小，表明各类畜禽由于生理结构、饲养方式存在差异，导致了畜禽所产粪便量不同，且造成环境污染的程度也不同。

表 3-7　贵州各市州各类畜禽粪便量（千吨）

市（州）	猪粪	猪尿	牛粪	牛尿	羊粪	羊尿	家禽
贵阳市	332.36	536.07	2 175.04	1 005.13	22.17	7.39	295.80
六盘水市	408.18	658.35	3 519.07	1 626.24	118.70	39.57	109.67
遵义市	1 333.51	2 150.82	9 671.08	4 469.21	421.14	140.38	325.37
安顺市	419.07	675.93	5 086.75	2 350.69	43.58	14.53	192.01
毕节市	1 209.10	1 950.17	8 977.86	4 148.86	333.26	111.09	273.45
铜仁市	772.45	1 245.89	6 158.37	2 845.91	378.87	126.29	156.38
黔西南州	488.84	788.45	5 906.10	2 729.33	249.77	83.26	163.57
黔东南州	548.52	884.71	6 394.74	2 955.14	152.86	50.95	224.81
黔南州	648.86	1 046.56	6 669.27	3 082.01	130.47	43.49	171.35
合计	6 160.89	9 936.93	54 558.26	25 212.53	1 850.82	616.94	1 912.41

3.1.3.2　畜禽粪便所含污染物分析

通过对公式（3-2）、公式（3-3）、表 3-4、表 3-7 数据计算得出畜禽粪便所含污染物产量及流失量，见表 3-8。畜禽粪便污染物 COD、BOD、NH_3-N、TP、TN 的排放直接影响着贵州土地质量和水体污染情况，由表 3-8 可知，贵州各市州畜禽粪便排放的污染物总量为 5 184.87 千吨，其中 COD、BOD、NH_3-N、TP、TN 排放总量分别为 2 349.73 千吨、1 940.04 千吨、225.15 千吨、117.81 千吨、552.14 千吨，占总量百分比分别为 45.32%、37.42%、4.34%、2.27%、10.65%；从分析结果看，COD、BOD 的平均排放总量占比最大，表明其污染负荷量最高，而 TP、TN、NH_3-N 平均排放总量偏小，表明污染负荷量较小。

贵州畜禽粪便污染物排放的流失总量为 630.41 千吨，其中 COD、BOD、NH_3-N、TP、TN 排放流失总量分别为 252.44 千吨、170.14 千吨、

54.37 千吨、13.96 千吨、139.50 千吨，占流失总量的百分比分别为 40.04％、26.99％、8.62％、2.22％、22.13％，其中 COD 的流失量最多，是该区域排放主体。在对 2007—2021 年《贵州统计年鉴》数据进行整理时，发现贵州产生的工业废水 COD 的平均排放总量为 288 千吨，表明贵州畜禽粪便排放的污染物流失量 COD 虽然还未达到贵州的工业废水 COD 的平均排放总量，但是数值已经基本接近。而贵州年降水量为 850～1 600 毫米，属于湿润地区，尤其 6—7 月份的降水量较大，若不对畜禽粪便污染物采取有效控制很容易对贵州水体造成污染。

表 3-8　畜禽粪污所含污染物产量及流失量（千吨）

畜禽 粪便	COD		BOD		NH₃-N		TP		TN	
	产量	流失量	产量	流失量	产量	流失量	产量	流失量	产量	流失量
猪粪	320.37	17.94	351.17	21.42	19.10	0.57	20.95	1.11	36.35	1.93
猪尿	89.43	44.72	49.68	24.84	13.91	6.96	4.97	2.48	32.79	16.40
牛粪	1 691.31	104.86	1 336.68	65.50	92.75	2.04	65.47	3.60	240.06	13.68
牛尿	151.28	75.64	100.85	50.43	88.24	44.12	10.09	5.04	201.70	100.85
羊粪	8.51	0.47	7.59	0.46	1.48	0.04	4.81	0.26	13.88	0.74
羊尿	2.84	1.42	2.53	1.26	0.49	0.25	1.21	0.60	8.64	4.32
家禽	86.00	7.40	91.54	6.22	9.17	0.39	10.32	0.87	18.73	1.59
合计	2 349.73	252.44	1 940.04	170.14	225.15	54.37	117.81	13.96	552.14	139.50

3.1.3.3　土地承载力负荷预警分析

通过上述公式（3-4）、公式（3-5）、公式（3-6）、表 3-2、表 3-5、表 3-7 数据计算出贵州各市州畜禽粪便土地承载负荷，具体见表 3-9。由表 3-9 可知，贵州各市州猪粪当量土地负荷的均值为 53.33 吨/公顷，根据公式（3-7）、表 3-6 数据估算出贵州的猪粪当量负荷平均预警值为 1.33，预警等级为Ⅳ，属于污染较重。其中贵阳市、六盘水市、遵义市、安顺市、毕节市、铜仁市、黔西南州、黔东南州、黔南州的预警值分别为 0.39、1.40、1.10、1.93、1.08、1.54、1.53、1.47、1.56，预警等级分别为Ⅰ、Ⅳ、Ⅳ、Ⅴ、Ⅳ、Ⅴ、Ⅴ、Ⅳ、Ⅴ，污染情况分别为无污染、污染较重、污染较重、污染严重、污染较重、污染严重、污染严重、污染较重、污染严重；各市州猪粪当量土地承载负荷位于 15.42～77.13 吨/公顷，污染严重程度依次为安顺市＞黔南州＞铜仁市＞黔西南州＞黔东南州＞六盘水市＞遵义市＞毕节市＞贵阳市。

欧盟的农业政策规定投入农田的 N、P 污染指标不得超过 170 千克/公顷、40 千克/公顷，由表 3-9 可知，贵州 N、P 负荷的平均值分别为346.66 千克/公顷、88.00 千克/公顷，均已超过欧盟农业政策规定的污染指标。除了贵阳市的 N、P 负荷量未超过欧盟农业政策规定的污染指标之外，六盘水市、遵义市、安顺市、毕节市、铜仁市、黔西南州、黔东南州、黔南州的 N、P 负荷量均已超过欧盟农业政策规定的污染指标。假设所有畜禽粪便都排入农业常用耕地，那么从猪粪当量负荷量预警等级以及 N、P 负荷量来看，贵州畜禽养殖所产生的粪便污染将会对贵州农业常用耕地造成较重的污染。

表 3-9　2007—2020 年贵州各市州畜禽粪便土地承载负荷

市（州）	猪粪当量（吨）	粪便含 N 量（千克）	粪便含 P 量（千克）	猪粪当量负荷（吨/公顷）	N 负荷（千克/公顷）	P 负荷（千克/公顷）	预警值（r）
贵阳市	4 158 088	27 027 572	6 860 845.2	15.42	100.25	25.45	0.39
六盘水市	6 026 136	39 169 884	9 943 124.4	56.04	364.27	92.47	1.40
遵义市	17 201 822	111 811 843	28 383 006.3	44.03	286.21	72.65	1.10
安顺市	8 175 722	53 142 193	13 489 941.3	77.13	501.34	127.26	1.93
毕节市	15 745 406	102 345 139	25 979 919.9	43.03	279.69	71.00	1.08
铜仁市	10 951 836	71 186 934	18 070 529.4	61.71	401.09	101.82	1.54
黔西南州	9 810 450	63 767 925	16 187 242.5	61.29	398.37	101.12	1.53
黔东南州	10 495 218	68 218 917	17 317 109.7	58.83	382.39	97.07	1.47
黔南州	10 922 408	70 995 652	18 021 973.2	62.51	406.32	103.14	1.56
合计	93 487 086	607 666 059	154 253 691.9	—	—	—	
平均值				53.33	346.66	88.00	1.33

3.1.4　结论与建议

3.1.4.1　结论

（1）贵州各市州畜禽平均饲养量所产生的畜禽粪便量分别为粪合计

64 482.38 千吨、尿合计 35 766.40 千吨、粪尿合计 100 248.78 千吨，畜禽粪尿总量是工业固体废弃物的 12.33 倍，生理结构、饲养方式存在差异，畜禽粪尿产生量也存在差异，其中牛产生的粪尿最多，为 79 770.79 千吨，其次为猪、羊、家禽，粪尿总量分别为 16 097.82 千吨、2 467.76 千吨、1 912.41 千吨。

（2）贵州各市州畜禽粪便排放的污染物总量为 5 184.87 千吨，其中 COD、BOD、NH_3-N、TP、TN 的排放总量分别为 2 349.73 千吨、1 940.04 千吨、225.15 千吨、117.81 千吨、552.14 千吨；畜禽粪便排放的污染物流失总量为 630.41 千吨，其中 COD、BOD、NH_3-N、TP、TN 排放流失总量分别为 252.44 千吨、170.14 千吨、54.37 千吨、13.96 千吨、139.50 千吨；COD 是排放与流失主体，与贵州工业废水 COD 的排放总量基本接近，畜禽粪便污染物含量对贵州水体存在着污染威胁。

（3）贵州各市州猪粪当量土地、N、P 负荷的均值分别为 53.33 吨/公顷、346.66 千克/公顷、88.00 千克/公顷，均已超标，畜禽养殖对贵州农业耕地造成较大污染风险；除贵阳市以外各市州畜禽养殖污染严重程度依次为安顺市＞黔南州＞铜仁市＞黔西南州＞黔东南州＞六盘水市＞遵义市＞毕节市。

3.1.4.2　建议

（1）调整产业结构，合理控制畜禽养殖规模。通过研究结论可知当前贵州存在较大的畜禽养殖污染风险，其主要原因是由于贵州畜禽饲养量大而农业常用耕地面积有限，致使各市州常用耕地面积难以消纳畜禽粪便所带来的污染。因此，对于贵州来说，土地面积是有限的，要想减少畜禽污染风险，最直接的办法就是通过产业结构调整，合理控制畜禽饲养规模，特别是对于像安顺市、铜仁市、黔西南州、黔南州这些Ⅴ类污染预警城市，应基于消纳能力探索适度规模养殖，遵义市、六盘水市、毕节市、黔东南州应种养结合探索中小规模养殖。

（2）落实补贴政策，促使养殖户参与废弃物资源化利用。畜禽粪便通过发酵可以做沼气也能够制肥料，属于多功能的物质原料，若能利用好这些废弃物将是治理养殖污染的有效手段。但对于养殖户来说，其更多的是关心自身的利益问题，再加上贵州中小规模养殖户数量较多，难以形成标准化规模养殖，因此零散的养殖户开展的资源化利用带来的效益远远比不上前期的投入，在成本与收益不对等的情况下，养殖户在养殖废弃物资源化利用方面的积极性并不高，这就需要相关部门落实好养殖废弃物资源化利用补贴政策，解决养殖户的成本担忧，促使养殖户愿意、乐意、自觉地去开展养殖废弃物资源化利用。

（3）加强排污制度监管，严格排查违规养殖场。贵州省中小规模养殖户虽然较多，但是污染物的排放主要来自一些畜禽养殖场、企业单位，而这些养殖场企业单位有些在排污设施不健全或者是没有办理排污许可证的情况下排放污染物，导致排放的污染物种类和排放量过多，超过许可要求，致使环境污染严重。因此，相关部门必须加强排污巡查力度，对于无证或违规排放的畜禽养殖场，应及时向相关部门报告，给予整改警告或者停止养殖，进一步净化贵州环境质量。

（4）推行畜禽清洁养殖，减少废弃物源头排放。畜禽养殖污染除了畜禽粪便污染之外还会产生一些固体废弃物、污水、臭气等污染，这些污染并不是不能减少的，目前我国已经推出一些关于处理畜禽养殖污染的先进清洁技术，例如机械性消毒法、化学消毒法（消毒药）、生物热消毒法等，建议主管部门一方面推广先进清洁技术，另一方面引导养殖主体在处理畜禽养殖污染时应该优先考虑先进的清洁技术，从而减少废弃物源头排放。

（5）提高饲料转化比，降低畜禽污染排放。在对畜禽养殖污染进行治理的过程中，应意识到畜禽所产生的排泄物污染与畜禽饲料存在相关性，因为一些饲料中含有较多的蛋白质，会使畜禽排泄物产生较多的氮污染，如果能在满足氨基酸的基础上，降低蛋白质的使用，合理配置氨基酸的均衡日粮，可减少氮污染。另外对饲料采用膨化和颗粒化加工处理技术，可抑制饲料中有害物质的产生，从而降低畜禽粪便中污染物的排放。

3.2 环梵净山区域畜禽养殖污染量估算及负荷预警研究

畜禽养殖业是我国农业产业体系中的重要产业，近年来随着产业结构调整得到了快速发展，但随之而来的畜禽养殖污染问题也愈发严重，逐渐成为制约我国农业可持续发展的重要因素。由于畜禽养殖污染治理复杂且烦琐，因此计算出区域养殖污染承载量及负荷预警就显得格外重要，对此相关学者展开了广泛研究，如龚世飞等（2021）运用污染负荷估算法估算了丹江口库区农业面源污染量，发现畜禽污染仍是该区域主要的污染源；黄鑫等（2022）核算了辽河流域农田的畜禽粪尿承载力，发现畜禽粪尿已经对部分县域的农田造成了污染；吴荣康等（2021）、于娜等（2021）、车晓翠等（2023）、李丹阳等（2019）、郭珊珊等（2019）、周芳等（2021）运用排污系数法分别估算了河南省、山东省、吉林省、山西省、四川省及西藏自治区的畜禽粪尿与主要污染物的排放量，并分析了污染物对环境的影响。

以上研究为本节提供了较好的借鉴与参考，但仍存在研究细化不足且缺少对特殊地理区域如自然保护区的研究。梵净山作为中国佛教 5 大名山之一、国家 5A 级旅游景区、世界自然遗产保护区，其环周边共计 12 个乡镇区域，各乡镇有自己的特殊地理背景，在发展过程中面临着畜禽发展与环境保护的矛盾。根据《畜禽养殖禁养区划定技术指南》（《中国政策汇编 2016》编写组，2017）《畜禽规模养殖污染条例》要求，在与生态保护红线格局相协调前提下，自然保护区的核心区和缓冲区、风景名胜区应科学合理划定禁养区范围，切实加强环境监管，促进环境保护和畜牧业协调发展，即在不破坏生态环境的前提下，合理发展畜禽养殖成为环梵净山区域可持续发展的难题之一。本节基于环梵净山区域可持续发展的现实问题，估算该区域畜禽养殖污染总量，预估污染负荷值，以期为该区域畜禽适度规模养殖和可持续发展提供理论指导与参考。

3.2.1　材料与方法

3.2.1.1　数据来源

猪、牛、羊、家禽的饲养量和耕地面积数据根据 2015—2022 年《铜仁统计年鉴》整理而成，环梵净山区域包含 3 县 12 个乡镇，分别为缠溪镇、德旺乡、罗场乡、闵孝镇、木黄镇、怒溪镇、太平镇、乌罗镇、杨柳镇、洋溪镇、寨英镇、紫薇镇。

3.2.1.2 研究方法

3.2.1.2.1 排污系数法

本节主要参考郭姗姗（2019）、陈丽虹等（2018）的研究方法估算环梵净山区域畜禽养殖粪尿量及畜禽养殖污染物，具体计算方法为：

$$Q = A \times T \times H \times 10^{-3} \qquad (3-8)$$

$$L_q = Q \times L_t \times 10^{-4} \qquad (3-9)$$

式中，Q 为总的畜禽粪尿产生量（吨）；A 为各类畜禽饲养量（头或只）；T 为饲养周期数（天）；H 为日排泄系数（千克/天）；L_q 为畜禽粪尿污染物产生量（万吨）；L_t 为畜禽粪尿污染物含量（千克/吨）。

3.2.1.2.2 土地承载法

（1）猪粪当量土地承载负荷计算方法。借鉴黄美玲等（2017）、王忙生等（2018）的研究方法计算猪粪当量土地承载负荷。由于畜禽种类、养殖饲料、饲养环境、体型大小等方面存在差异，因此当畜禽粪尿作为有机肥施入土地时，污染程度也有所不同。根据环梵净山区域畜禽养殖情况和各类畜禽粪尿用作肥料效果的差异情况，为方便统计，根据表 3-10 换算系数（王忙生等，2018；李丹阳等、郭珊珊等，2019）以猪粪当量进行计算，计算方法如下：

$$F = K/S = \sum G \times C/S \qquad (3-10)$$

式中，F 为以猪粪当量进行计算的畜禽粪尿土地承载负荷（吨/公顷）；K 为猪粪当量计算的各类畜禽粪尿产生量（吨）；S 为环梵净山区域农业常用耕地播种面积（公顷）；G 为选取的畜禽粪尿量（吨）；C 为各类畜禽粪尿以猪粪换算的猪粪当量的换算系数。

表 3-10 畜禽粪尿换算系数

指标	猪粪	猪尿	牛粪	牛尿	羊粪	羊尿	家禽粪
换算系数	1	0.50	0.69	1.23	1.23	2.31	2.1

（2）N、P 负荷计算方法。N、P 是畜禽粪尿的主要成分，过量的 N、P 如不加以资源化利用或土地不能自行消纳则会导致严重的面源污染。为进一步估算环梵净山区域畜禽污染中 N、P 情况，本节参考郭姗姗等（2019）的研究方法计算出每公顷农业常用耕地播种面积能承载的猪粪当量 N、P 负

荷，进而衡量环梵净山区域土地污染情况。参照王方浩等（2006）人的研究，猪粪中 N 含量为 0.65%、P 含量为 0.169%，计算方式如下：

$$q_{\text{N}} = \frac{Q \times 0.65\% \times 1\,000}{S} \qquad (3-11)$$

$$q_{\text{p}} = \frac{Q \times 0.169\% \times 1\,000}{S} \qquad (3-12)$$

式中，q_{N} 为单位耕地播种面积氮负荷量（千克/公顷）；q_{P} 为单位耕地播种面积磷负荷量（千克/公顷）；S 为农业常用耕地播种面积（公顷）。

3.2.1.2.3 负荷预警值计算方法

用土地承载法计算土地承载负荷只能反映出畜禽粪尿在耕地面积上的污染负荷，并不能表现出畜禽所产生的粪尿是否对区域环境造成威胁。要表现出畜禽粪尿是否对区域环境存在威胁，在计算畜禽粪尿土地承载负荷时，需要进行预警值分级，计算公式如下：

$$r = \frac{q}{p} \qquad (3-13)$$

式中，r 为各地畜禽粪尿量承受程度有关的预警值；q 为畜禽粪尿以猪粪当量的土地承载负荷（吨/公顷）；p 为单位农业常用耕地播种面积畜禽粪尿最大施肥适宜量（吨/公顷）。单位耕地面积最大施肥量的选取参考国家环保总局推荐的数据（国家环境保护总局自然生态保护司，2002）。国家环保总局规定每公顷农业土地畜禽粪尿最大负荷为 30～50 吨，当超过规定负荷范围时，土壤肥力就会下降，农作物将减产（沈根祥等，1994；国家质量监督检验检疫总局、国家标准化管理委员会，2017）。根据《铜仁统计年鉴》数据及对环梵净山区域的数据统计分析确定本节选取的单位农业常用耕地播种面积最大有机肥适宜量为 40 吨。由公式（3-13）可知，当 p 不变时，随着 q 的增大，r 警戒值越大，表明污染对土地的威胁等级就越高，各等级对应的预警值见表 3-11。

表 3-11　畜禽粪尿污染耕地承载力预警值 r 分区

预警值	$r \leqslant 0.4$	$0.4 < r \leqslant 0.7$	$0.7 < r \leqslant 1.0$	$1.0 < r \leqslant 1.5$	$1.5 < r \leqslant 2.5$	$r > 2.5$
级别	I	II	III	IV	V	VI
污染情况	无污染	稍有污染	有污染	污染较重	污染严重	污染很严重

3.2.1.3 指标选取

3.2.1.3.1 畜禽饲养量及饲养周期

根据郭姗姗等（2019）、陈丽虹等（2018）对畜禽污染量估算的方法，同时参考国家环保总局推荐的数据及环梵净山区域的实际情况，选取确定：生猪的饲养周期为 199 天，饲养量为当年出栏量；牛、羊的饲养周期为 365 天，饲养量为当年存栏量；由于梵净山区域内的家禽多为农户自养，饲养周期较长，因此这里的饲养周期采用国家环保总局推荐的蛋鸡饲养周期为参考依据，饲养周期为 210 天，饲养量为当年出栏量。2014—2021 年环梵净山区域畜禽饲养量见表 3-12。

表 3-12　2014—2021 年环梵净山区域畜禽饲养量［头（只）］

年份	猪（出栏）	牛（存栏）	羊（存栏）	家禽（出栏）
2014	120 039	33 014	38 953	777 014
2015	151 251	26 460	39 623	979 553
2016	134 761	30 531	37 529	715 476
2017	147 400	34 371	43 632	876 034
2018	152 519	38 453	42 968	837 963
2019	172 952	32 839	33 386	1 164 338
2020	120 478	44 511	37 979	1 048 042
2021	142 547	47 218	33 754	1 147 182

3.2.1.3.2 排污系数选取

（1）畜禽粪尿排泄系数。主要根据猪、牛、羊、家禽的饲养方式来确定粪尿排泄系数，由于畜禽在品类、饲养环境、生理结构、体型大小等方面存在差异，故排泄系数也存在差异。为确保计算数据准确可靠，本节选取的畜禽粪尿排泄系数来自 2019 年《畜禽养殖业粪便污染监测核算方法与产排污系数手册》（董红敏，2019），见表 3-13。

（2）污染物含量。本节根据国家环保总局推荐的畜禽粪尿污染物含量数据确定畜禽粪尿中所含污染物含量，见表 3-14。

表 3-13　畜禽粪尿日排污系数（千克/天）

畜禽种类	粪便	尿液
猪	2.17	3.50
牛	29.04	13.42
羊	1.50	0.50
家禽	0.26	—

表 3-14　畜禽粪尿污染物含量（千克/吨）

畜禽粪尿	猪粪	猪尿	牛粪	牛尿	羊粪	羊尿	家禽
TP	3.4	0.5	1.2	0.4	2.6	1.96	5.4
TN	5.9	3.3	4.4	8.0	7.5	14.0	9.8

3.2.1.3.3　耕地面积选取

2017 年 11 月发布实施的《土地利用现状分类》（国家质量监督检验检疫总局、国家标准化管理委员会，2017）中把耕地归类为种植农作物的土地，包括水田、水浇地、旱地，在畜禽养殖过程中产生的粪便、尿液做肥料时主要由这 3 类土地消纳。由于环梵净山区域属于国家自然保护区，农业用地除常用耕地播种面积外，其余几类土地皆被划为保护区域，限制开垦，因此本节选取的耕地面积小于环梵净山区域 12 个乡镇的实际农业耕地面积，农业常用耕地基本上分布于梵净山自然保护区核心区外的乡镇区域。由表 3-15 可知环梵净山区域耕地播种面积总体处于上升趋势，2021 年为 30 130 公顷，比 2014 年增加了 2 674 公顷，同比增长 8.87%。

表 3-15　2014—2021 年环梵净山区域农业常用耕地播种面积（公顷）

乡镇	2014 年	2015 年	2016 年	2017 年	2018 年	2019 年	2020 年	2021 年
缠溪镇	3 028	3 028	3 195	3 065	2 892	2 961	2 488	3 315
德旺乡	2 553	2 549	2 714	2 871	2 890	3 214	3 292	1 878
罗场乡	1 057	1 134	1 146	1 251	1 189	1 266	1 467	2 007
闵孝镇	5 289	5 298	5 323	5 471	5 105	5 007	4 306	2 673
木黄镇	1 138	1 138	1 138	1 138	1 138	1 138	4 556	4 413

（续）

乡镇	2014 年	2015 年	2016 年	2017 年	2018 年	2019 年	2020 年	2021 年
怒溪镇	2 622	2 837	3 109	3 216	3 353	3 209	1 704	1 482
太平镇	1 720	1 722	1 786	1 537	1 605	1 603	1 746	1 697
乌罗镇	804	804	804	1 532	998	1 678	1 678	1 680
杨柳镇	1 089	1 200	1 203	1 230	1 258	1 337	1 985	2 448
洋溪镇	683	683	683	671	690	687	3 534	3 346
寨英镇	3 664	3 744	3 783	3 781	3 947	4 013	3 254	3 290
紫薇镇	3 810	3 725	3 630	3 619	3 638	3 779	2 006	1 901
总面积	27 456	27 863	28 514	29 381	28 703	29 891	32 017	30 130

3.2.2 结果与分析

3.2.2.1 畜禽粪尿量

3.2.2.1.1 环梵净山区域畜禽粪尿总量分析

由公式（3-8）计算 2014—2021 年环梵净山区域畜禽粪尿污染量，见图 3-1。由图 3-1 可知，近年来环梵净山区域畜禽粪尿污染量总体上处于上升趋势，但上升的变化幅度不大。其中牛一直是粪尿排放量最多的畜禽，且存在继续增加趋势，牛粪尿年排放均值分别为 38.08×10^4 吨、22.64×10^4 吨，其次是生猪，粪尿年排放均值分别是 6.16×10^4 吨、9.94×10^4 吨；最少的是羊，粪尿年排放均值分别是 2.11×10^4 吨、0.70×10^4 吨。

3.2.2.1.2 各乡镇畜禽粪尿量分析

由公式（3-8）计算得出 2014—2021 年环梵净山区域 12 个乡镇畜禽粪尿量，见图 3-2、图 3-3。由图 3-2、图 3-3 可知 12 个乡镇畜禽粪尿产生量存在较大的差异，并且大部分乡镇的畜禽粪尿产量还存在继续上升的趋势。其中德旺乡的畜禽粪尿产生量最多，分别为 10.70×10^4 吨、6.25×10^4 吨，该乡从 2015 年开始，每年逐步增多，2018 年达到最高值，分别为 17.11×10^4 吨、8.34×10^4 吨，随后开始下降；太平镇是畜禽粪尿产生量最少的乡镇，8 年的粪尿总产量分别为 10.70×10^4 吨、6.25×10^4 吨，与最多

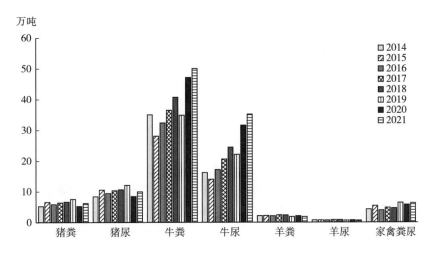

图 3-1 2014—2021年畜禽粪尿产量

的德望乡相比差值分别为 67.27×10⁴ 吨、32.62×10⁴ 吨。可见德旺乡的粪污治理压力十分严峻。

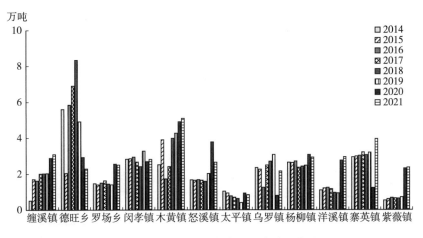

图 3-2 2014—2021年各乡镇畜禽尿产量

3.2.2.2 畜禽粪尿污染物

3.2.2.2.1 环梵净山区域畜禽粪尿污染物总量分析

由公式（3-9）计算出 2014—2021年环梵净山区域畜禽养殖粪尿污染物 TP、TN 的排放量，见图3-4。由图3-4可知该区域 TP、TN 的排放量

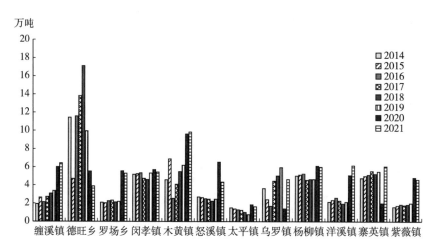

图 3-3　2014—2021 年各乡镇畜禽粪产量

总体上处于上升趋势，其中 TP 排放量变化平稳，而 TN 的排放量变化趋势较大，该变化趋势与 TN 排放量较大的牛的饲养量变化趋势一致。

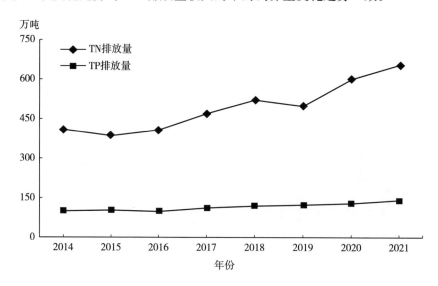

图 3-4　2014—2021 年畜禽粪尿 TP、TN 排放量

3.2.2.2.2　各乡镇畜禽粪尿污染物排放量分析

由公式（3-9）分别计算出 2014—2021 年环梵净山区域各乡镇畜禽粪尿污染物 TN、TP 排放量，见图 3-5、图 3-6。由图 3-5、图 3-6 可知各乡镇的 TP、TN 排放量变化不均，整体变化趋势较大，其中德旺乡是畜禽

粪尿污染物 TN、TP 排放量最多的乡镇，分别为 639.42 吨、140.36 吨。太平镇是最少的乡镇，分别为 90.17 吨、25.07 吨。除了德旺乡、木黄镇年度 TN、TP 排放量变化较大外，其他乡镇 TP、TN 排放量年度变化相对平稳，各乡镇的 TP、TN 排放量主要与各乡镇自身的畜禽饲养规模变化有关，但同时也会受到梵净山自然保护区环境规制变化的影响。

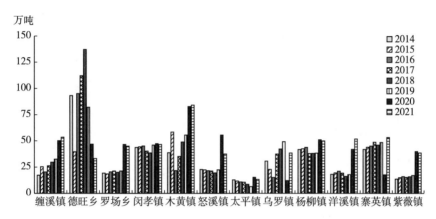

图 3-5 2014—2021 年各乡镇畜禽粪尿 TN 排放量

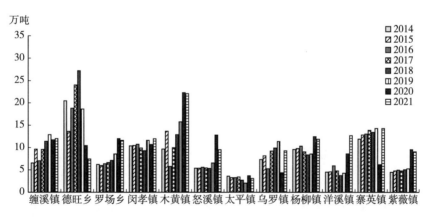

图 3-6 2014—2021 年各乡镇畜禽粪尿 TP 排放量

3.2.2.3 耕地负荷预警

3.2.2.3.1 环梵净山区域畜禽负荷分析

由公式（3-10）、公式（3-11）、公式（3-12）计算出 2014—2021 年环梵净山区域畜禽粪尿土地承载负荷量，见图 3-7。由图 3-7 可知环梵净山区域各类负荷物中猪粪当量的负荷是最严峻的,其次是 N 负荷,最小的是 P 负荷,但总体上各类负荷量值都存在上升趋势,其中 2020—2021 年的负荷量增加趋势特别明显。根据欧盟农业政策规定耕地中 N、P 的污染负荷承载标准分别要小于或等于 170 千克/公顷、40 千克/公顷,超过此标准则会对耕地造成污染(MAFF,1991)。由图 3-7 可知 2014—2021 环梵净山区域畜禽粪尿污染物 N、P 最大负荷量虽然存在上升趋势但均未超过欧盟农业政策规定值,表明环梵净山区域耕地能自行消纳畜禽粪尿污染物 N、P。

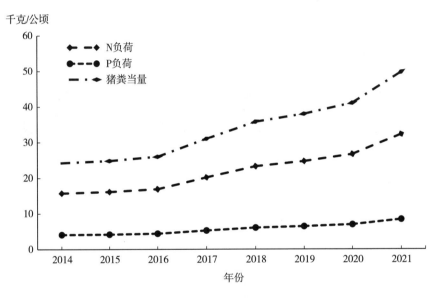

图 3-7 2014—2021 年畜禽粪尿土地承载负荷

3.2.2.3.2 各乡镇污染负荷状况分析

由公式(3-10)、公式(3-11)、公式(3-12)分别计算出环梵净山区域 12 个乡镇畜禽粪尿猪粪当量、N、P 负荷,见图 3-8 至图 3-10。由图 3-8 至图 3-10 可知各乡镇间的猪粪当量、N、P 负荷变化趋势较大,其中木黄镇 2015 年猪粪当量、N、P 负荷为 12 个乡镇 8 年来最大值,分别达到 84.18 千克/公顷、54.72 千克/公顷、14.13 千克/公顷,紫薇镇 2014 年 N、P 负荷及 2016 年的猪粪当量负荷为 12 个乡镇 8 年来的最小值,负荷量分别为 4.26 千克/公顷、1.11 千克/公顷、6.56 千克/公顷,猪粪当量、N、P 负荷最大与最小值之间分别相差 77.62 千克/公顷、50.46 千克/公顷、

13.02 千克/公顷。环梵净山区域猪粪当量、N、P 负荷的均值分别为 33.81 千克/公顷、21.98 千克/公顷、5.71 千克/公顷，由此可见部分乡镇的负荷值已经超过环梵净山区域的平均值，污染负荷问题较为严重。

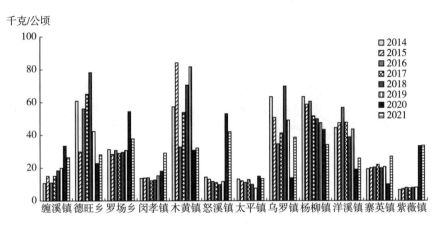

图 3-8　2014—2021 年各乡镇畜禽粪尿猪粪当量负荷

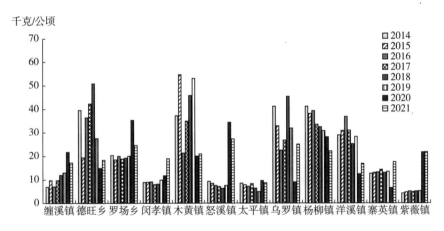

图 3-9　2014—2021 年各乡镇畜禽粪尿 N 负荷

3.2.2.3.3　负荷预警等级分析

运用公式（3-13）以及结合表 3-11 的预警分级标准，计算出 2014—2021 年环梵净山区域及各乡镇负荷预警值，见表 3-16、表 3-17。由表 3-16 可知，环梵净山区域畜禽污染预警等级存在上升趋势，其中 2014—2016 年污染等级为Ⅱ级，对应的污染情况为稍有污染；2017—2019 年的污染等级为Ⅲ级，对应的污染情况为有污染；2020—2021 年的污染等级为Ⅳ级，对

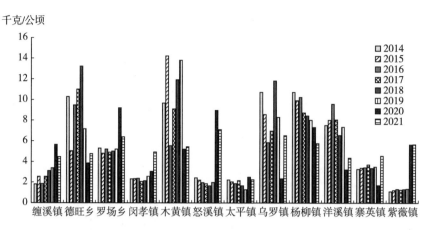

千克/公顷

图 3-10 2014—2021 年各乡镇畜禽粪尿 P 负荷

应的污染情况为污染较重。由表 3-17 可知,各乡镇的畜禽污染负荷预警存在较大差异,除太平镇无污染外其余乡镇在不同时间段均存在污染情况,其中 8 年内有一半年限大于等于Ⅳ级(污染较重)的乡镇分别是德望乡、木黄镇、乌罗镇、杨柳镇、洋溪镇。但值得注意的是以往污染预警值较大的乡镇从 2020 年开始都普遍有所下降,而以往污染预警值较小的乡镇从 2020 年开始普遍存在上升趋势,可见环梵净山区域的畜禽污染土地负荷预警问题仍然严峻,各乡镇之间的治理思路仍需协调统一。

表 3-16 2014—2021 年环梵净山区域畜禽养殖污染预警值及分级

	2014 年	2015 年	2016 年	2017 年	2018 年	2019 年	2020 年	2021 年
预警值	0.61	0.62	0.65	0.78	0.89	0.95	1.03	1.24
级别	Ⅱ	Ⅱ	Ⅱ	Ⅲ	Ⅲ	Ⅲ	Ⅳ	Ⅳ
污染情况	稍有污染	稍有污染	稍有污染	有污染	有污染	有污染	污染较重	污染较重

表 3-17 2014—2021 年环梵净山区域各乡镇畜禽污染预警值及分级

乡镇	2014 年	2015 年	2016 年	2017 年	2018 年	2019 年	2020 年	2021 年
缠溪镇	0.27	0.38	0.27	0.37	0.46	0.50	0.84	0.66
	Ⅰ	Ⅰ	Ⅰ	Ⅰ	Ⅱ	Ⅱ	Ⅲ	Ⅱ
德旺乡	1.52	0.75	1.40	1.63	1.96	1.06	0.57	0.71
	Ⅴ	Ⅲ	Ⅳ	Ⅴ	Ⅴ	Ⅳ	Ⅱ	Ⅲ

（续）

乡镇	2014 年	2015 年	2016 年	2017 年	2018 年	2019 年	2020 年	2021 年
罗场乡	0.78	0.71	0.77	0.73	0.74	0.77	1.36	0.95
	Ⅲ	Ⅲ	Ⅲ	Ⅲ	Ⅲ	Ⅲ	Ⅳ	Ⅲ
闵孝镇	0.34	0.35	0.35	0.31	0.32	0.38	0.45	0.73
	Ⅰ	Ⅰ	Ⅰ	Ⅰ	Ⅰ	Ⅰ	Ⅱ	Ⅲ
木黄镇	1.43	2.10	0.82	1.34	1.76	2.04	0.77	0.81
	Ⅳ	Ⅴ	Ⅲ	Ⅳ	Ⅴ	Ⅴ	Ⅲ	Ⅲ
怒溪镇	0.36	0.33	0.29	0.27	0.24	0.29	1.33	1.05
	Ⅰ	Ⅰ	Ⅰ	Ⅰ	Ⅰ	Ⅰ	Ⅳ	Ⅳ
太平镇	0.33	0.30	0.28	0.32	0.25	0.19	0.37	0.33
	Ⅰ	Ⅰ	Ⅰ	Ⅰ	Ⅰ	Ⅰ	Ⅰ	Ⅰ
乌罗镇	1.59	1.27	0.87	1.03	1.75	1.23	0.35	0.97
	Ⅴ	Ⅳ	Ⅲ	Ⅳ	Ⅴ	Ⅳ	Ⅰ	Ⅲ
杨柳镇	1.59	1.47	1.52	1.29	1.25	1.19	1.08	0.85
	Ⅴ	Ⅳ	Ⅴ	Ⅳ	Ⅳ	Ⅳ	Ⅳ	Ⅲ
洋溪镇	1.11	1.19	1.42	1.19	0.97	1.09	0.48	0.65
	Ⅳ	Ⅳ	Ⅳ	Ⅳ	Ⅲ	Ⅳ	Ⅱ	Ⅱ
寨英镇	0.49	0.50	0.51	0.55	0.50	0.52	0.25	0.68
	Ⅱ	Ⅱ	Ⅱ	Ⅱ	Ⅱ	Ⅱ	Ⅰ	Ⅱ
紫薇镇	0.16	0.18	0.20	0.19	0.20	0.20	0.84	0.84
	Ⅰ	Ⅰ	Ⅰ	Ⅰ	Ⅰ	Ⅰ	Ⅲ	Ⅲ

3.2.3 讨论

梵净山作为中国佛教 5 大名山之一、国家 5A 级旅游景区、世界自然遗产保护区，生态环境的重要性格外突出，但同时该区域又曾经地处我国武陵山区连片贫困带，虽然该区域在 2020 年已全面脱贫，但是区域内的脱贫人口返贫风险仍然较大，在生态环境保护与生计发展过程中，难免会产生矛盾，本章基于 2014—2021 年环梵净山区域畜禽养殖情况，估算了该区域的畜禽污染量以及耕地负荷预警情况。

从整体来看，环梵净山区域无论是畜禽污染排放量还是耕地负荷预警情况总体上均存在上升趋势，污染治理刻不容缓。从不同乡镇来看，各乡镇之间的污染排放量和耕地负荷预警差异性较大，其中德望乡是 12 个乡镇中污染问题最严峻的乡镇，太平镇是 12 个乡镇中污染问题最轻的乡镇。具体而言有以下表现：

一是在粪尿排放量方面，环梵净山区域畜禽粪尿年均排放量为 84.79×10^4 吨，其中牛的排放量最大，年均粪尿排放量为 60.72×10^4 吨，占总的排放量的 71.61%，其次是生猪（19.00%）、家禽（6.07%），最少的是羊（3.31%）。牛由于自身的生理特征，日排放的粪尿比较多，所以日排污系数较大，且环梵净山区域的农户一直有养牛的传统，因此牛的污染排放量是该区域最大的，并且相关学者在计算不同区域畜禽粪污排放量时，也得出了类似的结果，如贾玉川和黄大鹏（2019）、郜兴亮等（2022）、刘刚等（2017）。

二是在污染物方面，2014—2021 年区域内 TP、TN 污染物排放量总体呈上升趋势，其中 TP 排放量除 2016 年稍有下降外，其余年份均呈上升趋势，但上升幅度不大，而 TN 污染物排放量呈波动势上升，其中 2015—2018 年处于缓慢上升期，2018—2019 年稍有下降，2019—2021 年又逐步上升。出现上述结果的可能原因是 2015—2018 年是该区域脱贫攻坚的关键期，当地大部分农户有养牛的经验与传统且有思南黄牛等优良品种，农户从事养殖活动能有效带动自身脱贫，因此牛的饲养量增加，进而 TN 的排放量增加；2018—2019 年 TN 排放量下降是由于 2018 年梵净山升级为世界自然遗产地，环境规制力度加大，进而影响到了畜禽饲养量和 TN 排放量；2019—2021 年排放量上升是由非洲猪瘟带来的畜禽市场价格波动及新冠疫情带来的外出务工困难造成，该期间区域农户没有合适的工作来维持正常的经济开支，只能从事传统的种植养殖业，从而导致畜禽饲养量快速增加造成 TN 排放量增加。

三是在耕地负荷方面，畜禽粪尿中主要含有作物生长所需的 N、P、K 等有机物，我国主要采用沼气工程、堆肥、还田等方式治理畜禽粪便污染物，但还田仍然是当前主要的治理方式（袁斌，2020；仇焕广等，2012），适当的还田对作物生长有促进作用，但过量的还田容易损坏土壤结构，造成土壤富营养化，从而抑制作物的生长（卢明娟，2010；刘玉莹和范静，2018）。相关学者对于畜禽粪尿排放农田是否超标主要是以猪粪当量计算 N、P 负荷是否超出土壤的最大承受范围（刘刚等，2017；贾玉川和黄大鹏，

2019；郜兴亮等，2022)。通过上面的计算可知，环梵净山区域内猪粪当量、N、P 负荷值总体上处于上升趋势，其中猪粪当量负荷上升幅度＞N 负荷＞P 负荷。N、P 负荷年排放均值分别为 21.98 千克/公顷、5.71 千克/公顷，同时各乡镇猪粪当量、N、P 负荷变化趋势较大，部分乡镇的负荷值已经超过区域均值。欧盟农业标准规定耕地中 N、P 的污染负荷承载标准分别要小于或等于 170 千克/公顷、40 千克/公顷（MAFF，1991），可见该区域的 N、P 负荷远低于欧盟的农业政策标准，表明该区域粪污还田压力不大。而通过对耕地负荷预警计算，区域内耕地负荷预警值总体呈上升趋势，且污染越来越严重，各乡镇之间除太平镇全年无污染外，其余乡镇在不同时间段均存在污染，负荷预警问题严峻。当然，环梵净山区域负荷预警严重除了是近年来畜禽养殖量不断增加外，还与本节选取的耕地范围有关，考虑到环梵净山区域生态环境的独特性，大部分土地被限制开发，本节在研究的过程中仅选取了当地常用的耕地面积作为研究对象，数据小于当地的实际耕地面积，因此计算出来的负荷预警值比较大，如果以实际耕地面积计算，负荷问题肯定要小很多，但是随着环梵净山区域的环境规制强度的不断增强，选取常用耕地面积更能代表当地的实际情况，对指导环梵净山区域畜禽养殖业发展更有借鉴意义。

　　基于环梵净山区域的实际情况及研究结果，本节对环梵净山区域畜禽养殖提出以下建议：一是调整畜禽养殖结构，合理控制畜禽饲养规模。由研究结果可知牛和生猪是环梵净山区域粪尿及污染物排放量较大的畜禽，因此建议该区域的主管部门采用科学的手段评估区域土地承载能力，在耕地承载负荷范围内合理调整畜禽养殖结构，并根据当前的饲养结构适当缩减牛和生猪饲养规模，稳定家禽和羊的饲养规模，减少畜禽养殖污染物排放量。二是严格落实保护区规定，精准实施污染治理政策。通过对各乡镇之间的污染情况分析可知德旺乡、木黄镇、乌罗镇、杨柳镇、洋溪镇是畜禽粪尿及污染物TN、TP 排放量较多及土地负荷等级较高的乡镇，因此建议德旺乡、木黄镇、乌罗镇、杨柳镇、洋溪镇严格控制畜禽养殖规模，减少各类污染物排放量；太平镇应保持现有畜禽养殖规模，其余乡镇应严格执行国家自然保护区各种畜禽养殖规定，合理确定养殖规模，精准实施污染治理政策，督促和鼓励畜禽养殖主体因地制宜开展畜禽粪便资源化利用。三是加大养殖主体技能培训，拓宽养殖主体就业渠道。根据研究结果可知环梵净山区域内畜禽污染预警等级呈上升趋势，污染风险逐渐增大，而环梵净山属于国家级自然保护区，该区域目前存在畜禽养殖污染与环境保护之间的现实矛盾，因此建议主管部门加大政策补贴力度，对各类养殖主体开展多方面的技能培训，提高养殖主体的生存技能，拓宽养殖主体的就业渠道与途径，积极引导其从事其他低污染或无污染行业，破解当前现实矛盾。

3.2.4 结论

（1）环梵净山区域畜禽粪尿、TP、TN 污染物排放量总体上呈上升趋势，其中牛的粪尿排放量＞猪＞家禽＞羊，TP 排放量趋于平稳，而 TN 变化趋势较大；各乡镇畜禽粪尿、TP、TN 排放量差异较大，其中德旺乡的畜禽粪尿、TN、TP 排放量最多，太平镇的最少，其余乡镇变化不大。

（2）环梵净山区域猪粪当量、N、P 负荷总体上处于上升态势，其中猪粪当量负荷上升幅度＞N＞P，N、P 最大负荷量均未超过欧盟标准，该区域耕地能自行消纳 N、P 污染物；各乡镇猪粪当量、N、P 负荷变化趋势较大，部分乡镇的负荷值已经超过区域均值，污染负荷问题较为严重；区域内畜禽污染预警等级存在上升趋势，污染风险逐渐增大，各乡镇差异较大，除太平镇无污染外，其余乡镇在不同时间段均存在污染，负荷预警问题严峻。

第4章 贵州畜禽养殖户养殖污染生态治理意愿与投入意愿研究

畜牧业是传统产业,生态畜牧却是新兴产业,是传统畜牧业的升级换代,也是传统畜牧业的创新发展。在全球经济向绿色低碳方向转型的大背景下,在举国上下认真落实科学发展观与生态文明建设的关键时刻,畜牧业发展选择生态化路径是必由之路。养殖户作为生态畜牧业的实施主体,其治理意愿与投入意愿直接决定了生态畜牧业的发展效果,本章将以贵州畜禽养殖户为研究对象,深入剖析这类微观主体在生态治理和生态投入之间的抉择,找出具体的影响因素为贵州生态畜牧业发展提供理论参考。

4.1 贵州畜禽养殖户养殖污染生态治理意愿研究

本节基于贵州省9个地州市40县(区)944份畜禽养殖户问卷调查数据,以有限理性理论和行为决策理论为支撑,选取二元 Logistic 回归方法,对畜禽养殖户养殖污染生态治理意愿及影响因素进行研究,并基于研究结论提出相关对策建议。

4.1.1 理论分析及研究假说

有限理性理论的提出者赫伯特·西蒙认为,人的决策行为会受到外部诸多因素和自身许多条件的限制,无法实现个人效用最大化,属于有限理性决策行为。李莉(2007)的研究证实,决策者在做出决策时,往往受到外部因素和内部因素的影响,比如信息、时间、技术以及自身的认知、人格、态度等。同时,行为决策理论也指出,决策者的理性介于完全理性与非理性之间，决策者在做决策时，往往会受到决策者自身个体因素、相关环境因素等综合影响（李兵水和祝明银，2012）。Afroz. R 等（2009）研究结果表明，养殖户的环保行为是受制度、政策、个体态度等因素共同作用的结果。相关研究也表明，环境规制会影响养殖户的行为决策，养殖户的认知、风险态度、资源禀赋条件、政府监管处罚力度及补贴政策均会对养殖户的决策产生或多或少的影响（李鸟鸟等，2021；Stefan B，2014；许荣和肖海峰，2017；黄炳凯和耿献辉，2021）。综上可知，养殖户作为理性"经济人"，是否愿意进行生态治理养殖污染是综合考虑自身因素及外部环境因素后做出的符合其利益最大化的有限理性选择。因此本节在有限理性理论与行为决策理论的基础上提出以下假说：

H_1：养殖户的个体特征会显著负向影响其生态治理意愿。

选取的养殖户个体特征主要包括年龄和身份属性。通常情况下养殖户的年龄越大，思想越保守，其生态治理意愿会越低；而身份属性中专业养殖户受到的相关培训较多，其生态治理意愿可能会高于非专业养殖户。

H_2：养殖户的认知特征会显著正向影响其生态治理意愿。

认知特征体现了养殖户对污染的了解程度，因为养殖污染除了会对外部环境造成影响外，也会对畜禽健康造成影响。相关研究表明，养殖废弃物资源化利用认知能显著影响养殖户参与治理意愿（于婷和于法稳，2019）。因此推测养殖户认知程度越高，其生态治理意愿越强烈。

H_3：养殖户的经营特征会显著正向影响其生态治理意愿。

选取的养殖户经营特征主要包括饲养数量、年均总收入、养殖收入占比。通常情况下养殖户饲养数量越多、年均总收入越高、养殖收入占比越大，其生态治理意愿越强烈。因为饲养数量越多，污染产生量就越多，若不治理养殖户受到的处罚也越多，出于成本考虑，养殖户会自觉选择生态治理，而年均总收入、养殖收入占比则代表了养殖户的专业化养殖水平，专业化养殖水平较高的养殖户治理设施相对完备，在环境规制约束下其利用治理设施进行生态治理养殖污染的概率也较大。

H_4：养殖户的社会特征会显著正向影响其生态治理意愿。

选取的社会因素主要包括养殖污染治理培训、生态治理养殖污染年费用、是否有养殖污染物排泄规章制度、是否获得畜禽养殖污染治理相关政策补贴。相关研究表明，环境规制强度、排污制度、政策补贴会影响养殖户的治理行为，而参与污染治理培训次数较多的养殖户在治理经验与认知方面有优势，其生态治理意愿可能较强烈（朱润等，2021；姜彩红等，2021；谭永风等，2022）。

4.1.2　数据来源、研究方法及指标选取

4.1.2.1　数据来源

数据来自 2020 年 7 月—2021 年 3 月贵州生态畜牧业发展背景下畜禽养殖户污染治理对策研究课题组对贵州畜禽养殖户进行的实地问卷调查，问卷样本涉及贵州省 9 个市、地、州 40 个县（区）80 个乡镇 176 个村寨，其中遵义县、威宁县、习水县、开阳县为国家级畜牧养殖大县。国家级畜牧养殖大县的问卷调查由项目负责人完成，其他由样本区附近的铜仁学院学生利用寒暑假期完成。本次共发放问卷 1 100 份，根据本节研究需要，剔除无效样本，获得有效问卷 944 份，有效率为 85.82%。

4.1.2.2　研究方法

畜禽养殖户是否愿意进行生态养殖污染治理，是常见的二元决策问题，参考宾慕容等（2015）的研究，本节选用二元 Logistic 模型来分析畜禽养殖户养殖污染生态治理意愿的影响因素，具体公式如下：

$$P_i = F(Y) = F\left(\beta_0 + \sum_{i=1}^{n}\beta_i\chi_i\right) = \frac{1}{1 - \exp\left[-\left(\beta_0 + \sum_{i=1}^{n}\beta_i\chi_i\right)\right]}$$

$$(4-1)$$

将式（4-1）转化为：

$$\ln = \frac{p_i}{1-p_i} = Y = \beta_0 + \sum_{i=1}^{n}\beta_i\chi_i \qquad (4-2)$$

式（4-1）和式（4-2）中：Y 为因变量，即畜禽养殖户生态治理养殖污染的意愿；β_0 为截距项；β_i 为自变量的回归系数；χ_i 为自变量，表示第 i 个影响因素，p_i 为畜禽养殖户生态治理养殖污染的概率。

4.1.2.3 指标选取

根据理论分析及研究假说，并借鉴朱润等（2021）人的研究，本节从个体特征、认知特征、经营特征、社会特征共 4 个方面选取影响畜禽养殖户生态治理养殖污染意愿的指标因素。为了保障选取指标的全面性、准确性及科学性，通过相关性分析法与多重共线性检验方法对选取的指标因素进行筛选，最终选取 15 个自变量，见表 4-1。

表 4-1　变量表

类型	变量名称	变量赋值	均值	标准差
因变量	养殖污染生态治理意愿（Y）	不愿意＝0；愿意＝1	0.426	0.298
个体特征	年龄（X_1）	20～29 岁＝0；30～39 岁＝1；40～49 岁＝2；50～59 岁＝3；60～69 岁＝4；70 岁以上＝5	2.289	9.370
	身份属性（X_2）	专业养殖户＝0；非专业养殖户＝1	0.446	0.498
认知特征	承担养殖污染治理责任认知（X_3）	政府＝0；政府与畜禽养殖户＝1；畜禽养殖户＝2	1.457	0.564
	周边污染程度认知（X_4）	较小＝0；一般＝1；较严重＝2	0.548	0.740
	污染影响人体健康认知（X_5）	不知道＝0；无影响＝1；影响较小＝2；影响较大＝3	1.966	0.954
	污染影响畜禽健康认知（X_6）	不知道＝0；无影响＝1；影响较小＝2；影响较大＝3	2.115	0.982
	畜禽养殖污染控制认知（X_7）	无法控制＝0；只能部分控制＝1；可以完全控制＝2	1.478	0.593
	是否清楚减少养殖污染物的方法（X_8）	否＝0；是＝1	0.599	0.490
经营特征	饲养数量（X_9）	少于 30 头＝0；31～100 头＝1；101～1 000 头＝2；大于 1 000 头＝3	0.658	1.096
	年均总收入（X_{10}）	少于 5 万元＝0；5 万～9 万元＝1；10 万～15 万元＝2；大于 15 万元＝3	0.646	0.863
	养殖收入占比（X_{11}）	30％及以下＝0；31％～50％＝1；51％～70％＝2；71％以上＝3	0.715	1.023

（续）

类型	变量名称	变量赋值	均值	标准差
社会特征	养殖污染治理培训（X_{12}）	没有参加过=0；偶尔参加=1；经常参加=2	0.659	0.736
	生态治理养殖污染年费用（X_{13}）	小于 500 元=0；501～1 000 元=1；1 001～3 000 元=2；大于 3 000 元=3	1.338	1.206
	是否有养殖污染物排泄规章制度（X_{14}）	没有=0；有=1	0.527	0.499
	是否获得畜禽养殖污染治理相关政策补贴（X_{15}）	否=0；是=1	0.205	0.410

4.1.3　结果与分析

4.1.3.1　描述性统计分析

4.1.3.1.1　养殖户治理养殖污染满意情况及期望方式分析

由调研可知：944 个畜禽养殖户中，对养殖污染生态治理现状满意的有 402 户，占比为 42.585%；不满意的有 542 户，占比为 57.415%。说明多数畜禽养殖户对现有养殖污染生态治理不满意，其中不满意的畜禽养殖户主要期望通过采用种养结合、增加治污设备、改进养殖技术等方式来改善污染治理现状，具体见表 4-2。

表 4-2　期望治理方式

方式类型	畜禽养殖户数量（个）	占比（%）
种养结合	205	37.823
增加治污设备	156	28.782
缩减养殖规模	31	5.720
改进养殖技术	82	15.129
搬离禁限养区	53	9.779
其他	15	2.768

4.1.3.1.2　畜禽养殖户养殖污染生态治理行为分析

（1）废弃物治理方式。由表 4-3 可知：畜禽养殖户采用频数最多的废弃物治理方式为科学清粪，然后依次为改善猪舍环境、使用消毒剂、科学选配饲料和精确喂养，而在养殖环节使用饲料添加剂来减少废弃物产生量的畜禽养殖户较少，说明大多数畜禽养殖户治理废弃物的方式较规范。

表 4-3　废弃物治理方式

治理方式	频次	占比（%）
科学选配饲料	265	12.377
精确喂养	247	11.537
使用饲料添加剂	107	4.998
科学清粪	553	25.829
使用消毒剂	292	13.638
改善猪舍环境	501	23.400
其他	176	8.221

（2）畜禽粪尿污染物治理方式。由表 4-4 可知：畜禽养殖户采用频次最多的畜禽粪尿污染物治理方式为堆积发酵做肥料，然后依次为直接施于农田、制沼气，而采用丢弃、直接排到水沟方式的畜禽养殖户较少，说明大多数养殖户治理畜禽粪尿污染物的方式较规范。

表 4-4　畜禽粪尿污染物治理方式

治理方式	频次	占比（%）
堆积发酵做肥料	638	34.449
直接排到水沟	112	6.048
直接施于农田	593	32.019
制沼气	337	18.197
丢弃	172	9.287

（3）畜禽污水污染物治理方式。由表 4-5 可知：畜禽养殖户主要采用直接排放方式治理畜禽养殖污水，由此反映出绝大多数养殖户的污水治理方式不规范。

（4）病死畜禽治理方式。由表 4-6 可知：畜禽养殖户主要采用深埋方式治理病死畜禽，而采用焚烧、高温消毒方式的较少，并且仍然有部分养殖户会采用丢弃的方式治理病死畜禽，说明该区域的养殖户治理病死畜禽方式比较传统，且部分养殖户的治理方式不科学。

表 4 - 5　畜禽养殖污水治理方式

治理方式	畜禽养殖户数量（个）	占比（%）
直接排放	816	86.441
净化处理	105	11.123
直接排放和净化处理	23	2.436

表 4 - 6　病死畜禽治理方式

治理方式	畜禽养殖户数量（个）	占比（%）
深埋	728	77.119
焚烧	79	8.369
高温消毒	31	3.284
丢弃	94	9.958
其他	12	1.270

4.1.3.2　实证分析

本节采用 SPSS 22.0 软件对贵州畜禽养殖户养殖污染生态治理意愿的影响因素进行二元 Logistic 回归分析，结果见表 4 - 7。

（1）个体特征因素分析。年龄（X_1）、身份属性（X_2）分别在 10%、1% 水平上对畜禽养殖户生态治理意愿产生显著负向影响，说明年轻畜禽养殖户与专业畜禽养殖户对养殖污染进行生态治理的意愿更高。这是因为年轻畜禽养殖户对生态治理养殖污染方面的知识较熟悉，更易于接受生态治理方式，而专业畜禽养殖户往往受到较多的相关培训，在治理经验与技术方面处于优势，因此对养殖污染进行生态治理的意愿相对较高。故假说 H_1 成立。

（2）认知特征因素分析。周边污染程度认知（X_4）在 1% 水平上对畜禽养殖户生态治理意愿产生显著负向影响，说明畜禽养殖户对周边污染程度认知越高，对养殖污染进行生态治理意愿就越低，与假说 H_2 相反。可能原因是养殖户是理性"经济人"，做决策时主要考虑自身利益，而非单纯地考虑环境影响，畜禽养殖对周边环境的污染程度越严重，畜禽养殖户治理时需投入的成本及精力就越多，越不愿意治理生态环境。污染影响畜禽健康认知（X_6）、畜禽养殖污染控制认知（X_7）分别在1％、10％的水平上对养殖户生态治理意愿产生显著正向影响，说明畜禽养殖户对污染影响畜禽健康认知、畜禽污染控制认知程度越高，对养殖污染进行生态治理的意愿也越高。这是因为养殖污染会对畜禽健康产生一定的影响，从而给畜禽养殖户带来一定的经济损失，养殖户对这类因素认知越高越知道其中的利害关系，因此参与生态治理的意愿就越高。而承担养殖污染治理责任认知（X_3）、污染影响人体健康认知（X_5）、是否清楚减少养殖污染物的方法（X_8）对畜禽养殖户生态治理意愿的影响不显著。故假说 H_2 部分成立。

（3）经营特征因素分析。养殖收入占比（X_{11}）在1％水平上对畜禽养殖户生态治理意愿产生显著负向影响，说明养殖收入占比较低的畜禽养殖户对养殖污染进行生态治理的意愿较高，与假说 H_3 相反。这是因为本次调研对象中养殖收入占比较低的畜禽养殖户大多采用种养结合的养殖方式，这些养殖户往往具有较高的生态治理意愿。而饲养数量（X_9）、年均总收入（X_{10}）对畜禽养殖户生态治理意愿的影响不显著。故假说 H_3 不成立。

（4）社会特征因素分析。养殖污染治理培训（X_{12}）在10％水平上对养殖户生态治理意愿产生显著正向影响，说明养殖污染治理培训对提高畜禽养殖户生态治理意愿有促进作用，这是因为畜禽养殖户参加治理培训在获得新的养殖污染治理方法和治理技术的同时，也对养殖污染的危害产生一定的认知，进而提升对养殖污染的生态治理意愿。生态治理养殖污染年费用（X_{13}）在1％水平上对畜禽养殖户生态治理意愿产生显著负向影响，说明生态治理养殖污染年费用越高，畜禽养殖户生态治理养殖污染的意愿越低，与假说 H_4 相反。这是因为生态治理养殖污染年费用越高会使养殖成本越高，从而降低畜禽养殖户生态治理意愿。是否有养殖污染物排泄规章制度（X_{14}）在1％水平上对畜禽养殖户生态治理意愿产生显著正向影响，说明养殖污染物排泄规章制度对提高畜禽养殖户生态治理意愿有促进作用，这是因为规章制度的存在会约束畜禽养殖户对养殖污染物排泄的治理行为，不遵守规章制度会受到惩罚，从而造成经济损失，为了减少经济损失，畜禽养殖户会提升对养殖污染物排泄的生态治理意愿。是否获得畜禽污染治理相关政策补贴（X_{15}）在 5% 水平上对养殖户生态治理意愿产生显著正向影响，说明畜禽污染治理相关政策补贴对提高畜禽养殖户生态治理意愿有促进作用，这是因为畜禽污染治理相关政策补贴能减少养殖污染生态治理的成本，从而提升养殖户养殖污染生态治理意愿。故假说 H_4 部分成立。

表 4-7　模型回归结果

类型	变量	系数	标准误差	瓦尔德	自由度	P 值	优势比
	常量	1.086	0.682	2.536	1	0.111	2.963
个体特征	年龄（X_1）	−0.017*	0.011	2.640	1	0.104	0.983
	身份属性（X_2）	−0.584***	0.202	8.361	1	0.004	0.558
认知特征	承担养殖污染治理责任认知（X_3）	−0.018	0.164	0.013	1	0.911	0.982
	周边污染程度认知（X_4）	−0.384***	0.127	9.125	1	0.003	0.681
	污染影响人体健康认知（X_5）	0.132	0.100	1.735	1	0.188	1.141
	污染影响畜禽健康认知（X_6）	0.291***	0.097	9.034	1	0.003	1.338
	畜禽养殖污染控制认知（X_7）	0.299*	0.156	3.661	1	0.056	1.348
	是否清楚减少养殖污染物的方法（X_8）	0.035	0.195	0.032	1	0.857	1.036
经营特征	饲养数量（X_9）	−0.033	0.096	0.120	1	0.729	0.967
	年均总收入（X_{10}）	0.101	0.120	0.703	1	0.402	1.106
	养殖收入占比（X_{11}）	−0.378***	0.099	14.506	1	0.000	0.685
社会特征	养殖污染治理培训（X_{12}）	0.263*	0.147	3.176	1	0.075	1.300
	生态治理养殖污染年费用（X_{13}）	−0.271***	0.100	7.311	1	0.007	0.762
	是否有养殖污染物排泄规章制度（X_{14}）	0.749***	0.194	14.903	1	0.000	2.114
	是否获得畜禽养殖污染治理相关政策补贴（X_{15}）	0.615**	0.272	5.108	1	0.024	1.849
检验值	对数似然值			781.922[a]			
	考克斯-斯奈尔 R^2			0.133			
	内戈尔科 R^2			0.213			

注：*、**、*** 分别表示变量在 10%、5%、1% 水平上显著。

4.1.4 结论与建议

4.1.4.1 结论

（1）贵州畜禽养殖户养殖污染生态治理意愿的积极性高，且多数养殖户不满意目前的养殖污染治理现状，同时希望采取种养结合、增加治污设备等方式来改善污染治理现状。而在现有的治理方式中养殖户主要采用堆积发酵做肥料、直接施于农田方式治理畜禽粪尿污染物，治理方式总体上还比较规范，但在治理养殖污水时绝大多数养殖户采用的是直接排放的方式，治理方式不规范。

（2）污染对畜禽健康影响认知、畜禽污染控制认知、养殖污染治理培训、是否有养殖污染物排泄规章制度及是否获得畜禽污染治理政策补贴对畜禽养殖户养殖污染生态治理意愿有正向显著影响；年龄、身份属性、周边污染程度、养殖收入占比及生态治理养殖污染年费用有负向显著影响；承担养殖污染治理责任认知、污染对人体健康影响认知、是否清楚减少养殖污染物方法、饲养数量、年均总收入影响不显著，验证了 H_1、H_2、H_3、H_4 中的部分研究假说。

4.1.4.2 建议

（1）增加污染治理培训，提高污染认知水平。养殖户的生态行为受文化水平及认知的影响，研究结果显示区域内养殖户的文化程度整体偏低，大多数养殖户对污染影响畜禽健康、畜禽污染控制认知程度不高，制约了畜禽养殖户的生态治理意愿，并且参加过养殖污染治理培训的养殖户占少数，经常参加的养殖户更少。因此建议加强养殖污染治理及认知培训，通过理论培训、技术推广、现场示范教学等途径，促使养殖户学习先进的养殖污染治理技术，提高养殖户的治理经验、治理认知及专业化程度，增强养殖户的责任感，主动改变传统的治污方式，减少畜禽养殖污染对环境造成的危害。

（2）完善相关规章管理制度，增加污染治理政策补贴。养殖污染物排泄规章制度对畜禽养殖户养殖污染生态治理意愿有显著正向影响，可见规章制度能规范养殖户的生态治理行为。因此建议完善养殖污染相关规章管理制度及污染治理制度，禁止养殖户随意排放粪便、尿液、废水及臭气等畜禽排泄物，禁止养殖户任意丢弃病死畜禽，同时增加相应的治污排污设备，特别是处理污水污染物的设备及措施。政策补贴是影响养殖户养殖污染生态治理意愿的重要因素，研究结果发现样本区中只有极少数的养殖户获得了畜禽污染治理相关的政策补贴，大部分养殖户需自己承担污染治理成本，因此建议相关部门根据实际情况适当地扩大政策补贴覆盖面及补贴额度，减轻养殖户的污染治理成本，使其愿意参与养殖污染治理。

（3）改善畜禽养殖主体结构，鼓励发展食草畜牧业。由研究结果可知：年轻的非普通养殖户认为畜禽养殖对周边污染程度较小的养殖户、养殖专业化程度与年治理费用低的养殖户的生态治理意愿相对较高，建议一方面要注意引导年轻的家庭农场主、合作社负责人、职业农民、返乡农民工、退伍军人、创新创业的大学毕业生等从事生态畜牧养殖业，改善畜禽养殖主体结构；另一方面注重引导贵州中小规模畜禽养殖场（户）从事生态畜牧养殖业，鼓励该群体结合实际情况采用种养结合等方式生态处理粪尿废弃物，同时在治理设备、补贴资金、项目资助奖励等方面加大对中小规模畜禽养殖场（户）发展食草畜牧业的支持力度。

4.2　贵州畜禽养殖户养殖污染生态治理投入意愿研究

本节以农户行为决策理论为基础，运用二元 Logistic 模型对影响养殖户治理投入的因素进行实证分析并根据研究结论提出相关对策建议。

4.2.1　理论分析及研究假说

畜禽养殖户是否愿意增加生态治理投入，是考虑多方影响因素后做出的对自身有利的理性抉择，因此农户行为决策理论可以很好地解释本节内容。行为决策理论是从经济学和心理学的角度研究理性人面对经济活动如何做出反应的理论。顾名思义，农户行为决策理论研究的是农户如何做出抉择、采取何种行动的理论。农户行为决策理论的研究是建立在农户能够独立决策的基础之上的，但是理论界对于农户是否能够被看成理性人从而做出独立决策尚存在分歧。西奥多·W. 舒尔茨（Thodore W. Schults）是最早研究农户行为的学者，其认为小农和企业家一样都是"经济人"，他们在生产过程中所进行的抉择行为是符合帕累托最优原则的，即为追求生产利益最大化而做出合理抉择，其在著作《改造传统农业》一书中提出的"理性小农"概念已被人们普遍认同。波普金（S. Popkin）在《理性的小农》中也提出了农户是"理性的人"的观点，他也认为农户在农业生产过程中会根据他们自己的偏好以及价值观来评估接下来的选择，然后做出能够为自己带来最大化利益的选择。由于舒尔茨和波普金的观点相似，其特点都是强调了小农的理性动机，因此学术界普遍将其观点归纳为舒尔茨—波普金命题。因此，农户行为是指农户为满足自身物质需要或精神需要，达到一定目标而进行的一系列理性经济活动。但是这种理性行为并非全受利益驱动，而是个体因素和相关环境因素共同作用的结果。由此本节在农户行为决策理论的基础上提出以下假说：

H_1：个体特征。养殖户个体特征主要包括年龄、性别和文化程度，通常情况下养殖户的年龄越大，思想越保守，其生态治理投入意愿就会越低。相关研究表明，女性比男性更愿意采取环保行为（王凤，2008），但在养殖行业中，女性占的比例远低于男性，庞大基数下可能存在差异，所以性别的影响因素暂且不确定；文化程度对养殖户的学习能力及视野提升有很大关联，由此推测养殖户的文化程度越高，其生态治理投入意愿越强烈。

H_2：经营特征。养殖户的经营特征主要选取自有耕地、养殖年限、养殖收入占比和饲养数量。自有耕地越多的养殖户，自我消纳能力越强，就不需要花更多的额外治理费用，因此推测自有耕地反向影响投入意愿；养殖年限越长的养殖户无论是在政策了解上还是治理经验上都比较丰富，出于理性考虑，养殖年限越长的养殖户更愿意投入生态治理；通常情况下养殖收入占比越大、饲养数量越多的养殖户的生态治理意愿越强烈。因为养殖收入占比越大就代表着饲养数量越多，而饲养数量与污染产生量呈正比，若不治理其受到的处罚也就越大，出于成本考虑，养殖户会自觉投入生态治理中。

H_3：认知特征。认知特征主要选取对周边污染程度认知、污染对畜禽健康影响、畜禽污染能不能被控制、畜禽污染治理是谁的责任4个变量。认知特征体现了养殖户对污染的了解程度，因为养殖污染除了会对外部环境造成影响外，也会对畜禽健康造成影响，相关研究也表明养殖废弃物资源化利用认知能显著影响养殖户参与治理意愿（于婷和于法稳，2019）。因此推断养殖户认知程度越高，其生态治理意愿越强。而畜禽污染是谁的责任，更多体现了养殖户的价值判断，通常情况下理性养殖户会全面考虑污染的责任主体，而纯利益型养殖户会认为责任由政府和社会承担，因此"畜禽污染是谁的责任"的影响方向暂且不确定。

H4：治理行为特征。行为特征主要选取畜禽养殖污染治理方式、养殖污染治理意愿、病死畜禽处理方法 3 个变量。通常情况下，养殖户的污染治理意愿越强烈，其治理方式也越先进，那么其治理投入意愿也就越强，因此推测行为特征中的 3 个变量均正向影响养殖户的生态治理投入意愿。

H5：外部环境特征变量。该类特征中主要选取距水源距离、是否有养殖污染物排泄规章制度、是否获得污染治理补贴 3 个变量。我国对畜禽养殖业距离水源有严格的划分，因为畜禽养殖废水排入河流会使水体细菌指数超标，严重的甚至可能会使河流生态功能丧失，因此养殖场离水源越近，其受到的环保督察压力就越大，迫于罚款压力，养殖户愿意投入生态治理；同时相关研究表明，环境规制强度（朱润等，2021）、政策补贴（姜彩红等，2021）、排污制度（谭永风等，2022）会或正或负地影响养殖户治理行为，基于前人研究，推测距水源距离、是否有养殖污染物排泄规章制度、是否获得污染治理补贴会正向影响养殖户的生态治理投入意愿。

4.2.2　研究方法、指标选取及数据来源

4.2.2.1　研究方法

本节研究的是贵州畜禽养殖户养殖污染生态治理的投入意愿，只有两种选择，即"愿意"和"不愿意"，是常见的二元决策问题，参考宾慕容和周发明等（2015）的研究，选用二元 Logistic 模型来分析贵州畜禽养殖户养殖污染生态治理投入意愿的影响因素，模型函数形式如下：

$$P_i = F(Y) = F\left(\beta_0 + \sum_{i=1}^{n} \beta_i \chi_i\right) = \frac{1}{1 - \exp\left[-\left(\beta_0 + \sum_{i=1}^{n} \beta_i \chi_i\right)\right]}$$

$$(4-3)$$

将式（4-3）转化为：

$$\ln \frac{p_i}{1-p_i} = Y = \beta_0 + \sum_{i=1}^{n} \beta_i \chi_i \qquad (4-4)$$

式（4-3）和式（4-4）中，Y 为因变量，即畜禽养殖户生态治理养殖污染的意愿；β_0 为截距项；β_i 为自变量的回归系数；χ_i 为自变量，表示第 i 个影响因素，p_i 为畜禽养殖户生态治理养殖污染的概率。

4.2.2.2 变量选取

基于研究需要和现实情况，借鉴宾幕容等（2015）、薛豫南（2020）、邸培赛等（2019）的研究，从个体特征、经营特征、认知特征、治理行为特征及外部环境特征中选取 17 个变量分析养殖户生态治理投入意愿的影响因素，具体变量选取见表 4-8。

表 4-8　相关变量选取

变量分类		变量名称	变量定义	均值	标准偏差
因变量		是否愿意为生态治理养殖污染增加投入（Y）	0=不愿意；1=愿意	0.83	0.14
自变量	个体特征	年龄（X₁）	连续变量	43.74	9.42
		性别（X₂）	0=女；1=男	0.83	0.38
		文化程度（X₃）	1=小学及以下；2=初中；3=高中（中专）；4=大专；5=本科及以上	2.31	1.01
	经营特征	自有耕地（X₄）	连续变量	1.66	1.15
		养殖年限（X₅）	连续变量	8.78	7.49
		养殖收入占比（X₆）	1=30% 及以下；2=31%～50%；3=51%～70%；4=71% 以上	1.76	1.04
		饲养数量（X₇）	1=30 头（只）以下；2=30～100 头（只）；3=101～500 头（只）；4=501～1 000 头（只）；5=1 001 头（只）以上	1.66	1.07
	认知特征	对周边污染程度认知（X₈）	1=较小；2=一般；3=较严重	2.10	0.96
		污染对畜禽健康影响程度（X₉）	1=不知道；2=无影响；3=影响较小；4=影响较大	3.10	0.98

（续）

变量分类	变量名称	变量定义	均值	标准偏差
认知特征	畜禽污染能不能被控制（X_{10}）	1＝无法控制；2＝只能部分控制；3＝可以完全控制	2.44	0.32
	谁承担污染治理责任（X_{11}）	1＝政府；2＝政府与养殖户；3＝养殖户	2.44	0.57
治理行为特征	养殖污染治理方式（X_{12}）	1＝不治理；2＝预处理后直排；3＝出售或赠送；4＝制沼气；5＝还田	4.51	1.37
	养殖污染治理意愿（X_{13}）	0＝不愿意；1＝愿意	0.32	1.50
	如何处理病死畜禽（X_{14}）	1＝其他；2＝丢弃；3＝高温消毒；4＝焚烧；5＝深埋	1.09	0.28
外部环境规制	距水源距离（X_{15}）	1＝50米以内；2＝50～100米以内；3＝100～500米以内；4＝500米以上	3.01	1.08
	是否有养殖污染物排泄规章制度（X_{16}）	0＝没有；1＝有	0.54	0.50
	是否获得污染治理补贴（X_{17}）	0＝是；1＝否	0.78	0.17

（注：表左侧"自变量"为"认知特征""治理行为特征""外部环境规制"的上级分类）

4.2.2.3 数据来源

数据来自 2020 年 7 月—2021 年 3 月课题组对贵州畜禽养殖户进行的实地问卷调查，问卷样本涉及贵州省 9 个市、地、州 40 个县（区）80 个乡镇 176 个村寨，其中遵义县、威宁县、习水县、开阳县为国家级畜牧养殖大县。本次共发放问卷 1 100 份，根据本节研究需要，剔除无效样本，获得有效问卷 841 份，有效率为 76.45％。

4.2.3 结果分析

4.2.3.1 养殖户处理养殖污染物方式分析

由表 4-9 可知，养殖户在处理畜禽粪尿污染物时，使用最多的方式是堆肥发酵做肥料，占 33.65％，其次是还田（30.61％）和制沼气（19.76％），直接排到水沟和丢弃的最少,分别占比 6.78%、9.19%;在处理畜禽养殖废水时超过七成的养殖户选择净化处理,占比 70.27%,部分养殖户直接排放废水污染物,占 29.73%;在病死畜禽处理方面,选择焚烧的占 68.55%,选择深埋的占 9.76%,选择高温消毒的占 7.19%,选择丢弃的占 4.21%。由此可知大多数养殖户愿意选择更科学、更环保的畜禽养殖污染处理方式。

表 4-9 畜禽养殖污染物处理方式

污染物类型	类别	频数	占比（%）
粪尿	堆积发酵做肥料	630	33.65
	还田	573	30.61
	建沼气池,作为沼气原料	370	19.76
	丢弃	172	9.19
	直接排到水沟里	127	6.78
废水	净化处理	572	70.27
	直接排放	242	29.73
病死畜禽	焚烧	667	68.55
	深埋	95	9.76
	高温消毒	70	7.19
	丢弃	41	4.21
	其他	100	10.28

4.2.3.2 养殖户养殖污染生态治理投入分析

由表 4-10 可知,在 841 个调查样本中,养殖污染治理投入 500 元以下的居多,占比为 35.79%,其次是养殖污染治理投入 500~1 000 元的,占 24.14%,养殖污染治理投入 1 000~3 000 元的较少,占比为 14.39%,表明大部分畜禽养殖户养殖污染治理投入不足。

表 4-10 养殖户养殖污染治理投入

养殖污染治理年投入	样本数（个）	占比（%）
500 元以下	301	35.79
500~1 000 元	203	24.14
1 001~3 000 元	121	14.39
其他	216	25.68

由表 4-11 可知，在 841 个调查样本中，愿意增加生态污染治理投入的畜禽养殖户有 748 户，占 88.94%；不愿意增加生态污染治理投入的畜禽养殖户有 93 户，仅占 11.06%，表明大部分畜禽养殖户支持养殖污染治理，愿意加大养殖污染生态治理投入。

表 4-11 养殖户是否愿意为生态治理养殖污染增加投入

生态治理投入意愿	类别	样本数（个）	占比（%）
是否愿意为生态治理养殖污染增加投入	愿意	748	88.94
	不愿意	93	11.06

4.2.3.3 养殖户养殖污染生态治理投入意愿影响因素实证分析

运用 SPSS 软件将所有变量引入回归方程进行二元 Logistics 回归，模型结果见表 4-12。具体分析如下：

（1）个体特征。文化程度（X_3）在 5% 水平上显著，系数为负，表明文化程度高的养殖户比文化程度低的养殖户对养殖污染生态治理投入的概率小，与假说 H_1 以及宾幕容和周发明（2015）的结论不一致，其可能原因是样本区文化程度越高的养殖户对环境污染的认知越强，对治理投入所需的成本投入越了解，越不愿意投入较多成本和精力治理养殖污染。

（2）经营特征。养殖收入占比（X_6）在 5% 水平上显著，系数为正，表明畜禽养殖收入占比越大，养殖户的养殖污染生态治理意愿就越强，就越希望通过污染治理的投入来保障家庭收入稳定，验证了假说 H_2 并且与邸培赛（2019）的研究结论一致，可能原因是收入占比较大的养殖户其畜禽饲养量也就越多，因此受到环境督察压力也就越大，出于成本与环境规制压力考虑，养殖户的生态治理投入意愿就越强。

（3）养殖户认知特征。对周边污染程度认知（X_8）在 10% 水平上显著，系数为正，表明养殖户对周边污染程度认知越高，为了不影响周边居民，养殖户的生态治理投入意愿越强，验证了假说 H_3；畜禽污染能不能被控制（X_{10}）在 1% 水平上显著，系数为负，表明污染越不能被控制，养殖户的投入意愿越强，结果与假说 H_3 一致。原因是污染不能被控制，那么养殖户就会承受污染所带来的风险，因此理性的养殖户会选择增加投入来规避相应的风险；

污染治理方式（X_{12}）在5‰水平上显著，系数为正，表明养殖户对畜禽养殖污染治理方式的相关信息认识越充分，采取环境友好型处理方式的概率越大，因此养殖户更愿意对污染治理进行投入，该结论与假说 H_3 以及薛豫南（2020）的研究一致；养殖污染治理意愿（X_{13}）在1‰水平上显著，系数为正，表明养殖户对畜禽污染治理的意愿越高，对周围环境及其对自身的危害就越清楚，在养殖污染处置时持更谨慎的态度，因而更愿意增加生态治理投入。

（4）养殖户行为特征。如何处理病死畜禽（X_{14}）在1‰水平上显著，系数为负，表明养殖户处理病死畜禽的方式越科学，其生态投入意愿就越低，验证了假说 H_4，可能的原因是样本区大多数养殖户均采取科学规范的病死畜禽处理方法，因此不愿意再投入较多成本对畜禽养殖污染进行治理。

（5）外部环境规制。是否有养殖排污规章制度（X_{16}）在1‰水平上显著且系数为正，表明设有排污制度对养殖户生态治理投入有显著正向影响作用，验证了假说 H_5 并且与宾幕容和周发明（2015）的研究结论一致，可见国家污染防治法规、环境保护的宣传等对农户畜禽污染处置行为起到了一定的规范、引导作用；是否获得污染治理补贴（X_{17}）在5‰水平上显著，系数为正，表明补贴政策能显著促进养殖户的生态治理投入，与假说 H_5 以及赵连阁和菜书凯（2012）的研究结论基本一致。

表4-12　模型结果

类别	变量	系数	标准差	瓦尔德	显著性	Exp（B）
个体特征	年龄（X_1）	0.01	0.012	0.69	0.407	1.01
	性别（X_2）	−0.212	0.241	0.77	0.38	0.809
	文化程度（X_3）	−0.27**	0.113	5.71	0.017	0.763
经营特征	自有耕地（X_4）	0.007	0.006	1.57	0.21	1.007
	养殖年限（X_5）	−0.001	0.013	0.01	0.919	0.999
	养殖收入占比（X_6）	0.253**	0.102	6.22	0.013	1.288
	饲养数量（X_7）	−0.075	0.104	0.52	0.47	0.928
认知特征	对周边污染程度认知（X_8）	0.397*	0.135	8.65	0.003	1.487
	污染对畜禽健康影响（X_9）	−0.369	0.098	14.3	1.30	0.691
	畜禽污染能不能被控制（X_{10}）	−0.504***	0.167	9.08	0.003	0.604
	谁承担养殖污染治理责任（X_{11}）	−0.045	0.172	0.07	0.794	0.956

（续）

类别	变量	系数	标准差	瓦尔德	显著性	Exp（B）
理行为 特征	养殖污染治理方式（X_{12}）	0.258**	0.119	4.69	0.03	1.295
	养殖污染治理意愿（X_{13}）	1.062***	0.294	13.00	0.03	2.891
	如何处理病死畜禽（X_{14}）	−0.277***	0.072	14.9	0.05	0.758
外部环 境规制	距水源距离（X_{15}）	0.14	0.096	2.13	0.144	1.15
	是否有养殖排污规章制度（X_{16}）	0.700***	0.2	12.2	0.07	2.014
	是否获得污染治理补贴（X_{17}）	0.583**	0.273	4.55	0.033	1.791
常量	常数	−0.856	1.1	0.61	0.437	0.425
检验值	−2Loglikelihood			700.171ª		
	考克斯-斯奈尔 R^2			0.165		
	内戈尔科 R^2			0.259		

注：*、**、***分别表示系数值10％、5％、1％水平上显著。

4.2.4　结论与建议

4.2.4.1　结论

（1）在处理粪尿、废水及病死畜禽污染物时，大多数的养殖户都选择了较为科学的治理方式，其中处理粪尿、废水及病死畜禽使用最多的方式分别是堆肥发酵做肥料、净化处理、焚烧，大部分畜禽养殖户养殖污染治理投入不足，养殖污染治理投入在500元以内，大多数畜禽养殖户支持养殖污染治理，愿意加大养殖污染生态治理投入。

（2）养殖收入占比、对周边污染程度认知、污染治理方式、养殖污染治理意愿、是否有养殖排污规章制度及是否获得污染治理补贴对畜禽养殖户养殖污染生态治理投入意愿有正向显著性影响，文化程度、畜禽污染能不能被控制、如何处理病死畜禽有负向显著性影响。

4.2.4.2　建议

（1）加大生态养殖宣传力度。增强畜禽养殖户对环境污染程度的认知，强化畜禽养殖户对保护当地生态环境所承担义务的认知，提高畜禽养殖户养殖污染生态治理的参与意愿，努力营造保护环境、降低污染的良好氛围。

（2）提供污染治理成本补贴。畜禽粪尿、废水及病死畜禽存在负外部性，为了达到治理标准，养殖户须承担更高的污染控制成本，由于缺乏经济效益，其控制污染的意愿正在下降，决策部门要因地制宜对粪尿、废水及病死畜禽处理设备及治理设施建设成本给予部分补贴，提高养殖户生态治理的积极性。

（3）推广适度规模养殖。有效实施国家制定的标准化规模养殖相关政策措施，结合当地生态情况，按承载量推广适度规模养殖。

第5章 贵州畜禽养殖户养殖污染治理方式研究

明确贵州畜禽养殖户养殖污染治理方式的影响因素，对于引导畜禽养殖户生态治理养殖污染，助推生态畜牧业高质量发展具有重要的现实意义。本章将对贵州畜禽养殖户养殖污染治理方式进行系统分析，厘清当前养殖户的治理现状，以及哪些因素影响了养殖户的污染治理方式，为相关部门在技术推广上提供参考借鉴。

5.1 贵州畜禽养殖户养殖污染治理方式研究

本节利用贵州 1 028 个畜禽养殖户问卷调查数据，分别选择二元 Logistic、无序多分类 Logistic 回归模型，从源头—过程—末端视角对养殖户养殖污染治理方式的影响因素进行实证分析，并根据研究结论提出了相关对策建议。

5.1.1 理论分析

农户行为决策理论是美国经济学家舒尔茨（Schults）在研究农户行为动机时基于"理性小农"这个概念提出来的，他认为农户的行为决策和商人一样都是理性的，即追求自身利益的最大化，但同时舒尔茨又认为这种理性并非是一种纯粹的完全理性，而是介于完全理性与非理性之间的有限理性，因为农户在做决策时，往往受到自身个体因素、相关环境因素等制约，通常很难实现个人利益最大化。畜禽养殖业属于周期性产业，畜禽养殖污染也并非只是发生在某一个环节，而是贯穿源头—过程—末端等养殖全过程，养殖户因受到的内外在因素制约不同，其在养殖源头—过程—末端环节是否愿意生态治理、采用哪些治理方式及影响其治理方式的影响因素等也存在差异。但畜禽养殖户作为"有限理性经济人",其在养殖源头—过程—末端环节如何治理养殖废水、病死畜禽、粪尿等污染物会选择不同的治理方式,该治理方式的选择受到诸多因素影响,相关研究也验证了畜禽养殖户的环保行为受制度、政策、个体态度等因素共同影响,其行为决策受环境规制影响,也受养殖户的认知、风险态度、资源禀赋条件、政府监管处罚力度以及补贴政策影响(李鸟鸟等,2021;Stefan B,2014;许荣和肖海峰,2017;黄炳凯等,2021)。综上可知畜禽养殖户作为有限理性经济主体,其是否愿意以及在源头—过程—末端环节选择何种方式治理养殖污染是在综合考虑自身因素及外部环境因素后做出的符合其利益最大化的有限理性选择。

5.1.2 数据来源、研究方法及变量选取

5.1.2.1 数据来源

数据来自 2020 年 7 月—2021 年 3 月贵州生态畜牧业发展背景下畜禽养殖户污染治理对策研究课题组对贵州畜禽养殖户进行的实地问卷调查,问卷样本涉及贵州省 9 个市、地、州 40 个县(区)80 个乡镇 176 个村寨,其中遵义县、威宁县、习水县、开阳县为国家级畜牧养殖大县。国家级畜牧养殖大县的问卷调查由项目负责人完成,其他由样本区附近的铜仁学院学生利用寒暑假期完成。本次共发放问卷 1 100 份,根据本章研究需要,剔除无效样本,获得有效问卷 1 028 份,有效率为 93.45%。

5.1.2.2 研究方法

(1)二元 Logistic 回归模型。由贵州畜禽养殖户问卷调查可知,养殖户源头环节主要采用直接排放与净化治理方式治理养殖废水,过程环节主要采用无害化(深埋或高温消毒)与有害化(丢弃)治理方式治理病死畜禽,两个环节的治理方式皆为二分类变量,因此选取二元 Logistic 模型分析养殖户在源头与过程环节治理方式的影响因素较合适,该模型如下:

$$P_i = F(Y) = F\left(\beta_0 + \sum_{i=1}^{n} \beta_i \chi_i\right) = \frac{1}{1 + \exp\left[-\left(\beta_0 + \sum_{i=1}^{n} \beta_i \chi_i\right)\right]}$$

$$(5-1)$$

将（5-1）式转化为：

$$\ln \frac{p_i}{1-p_i} = y = \beta_0 + \sum_{i=1}^{n} \beta_i \chi_i \qquad (5-2)$$

式（5-1）和式（5-2）中，Y 为因变量，即畜禽养殖户生态治理养殖污染的意愿；β_0 为截距项；β_i 为自变量的回归系数；χ_i 为自变量，表示第 i 个影响因素，p_i 为畜禽养殖户生态治理养殖污染的概率。

（2）无序多元 Logistic 回归模型。由贵州畜禽养殖户问卷调查可知，养殖户在末端环节主要采用堆肥、直排、还田、制沼气、丢弃5种治理方式治理畜禽粪尿，5种方式属于无序多元选择类型，因此选取无序多元 Logistic 回归模型分析养殖户在末端环节治理方式的影响因素较合适，其中堆肥方式为参照水平，该模型如下：

$$\ln[P(z_2)/P(z_1)] = \alpha_2 + \sum_{k=1} \beta_{2k} X_k + \varepsilon \qquad (5-3)$$

$$\ln[P(z_3)/P(z_1)] = \alpha_3 + \sum_{k=1} \beta_{3k} X_k + \varepsilon \qquad (5-4)$$

$$\ln[P(z_4)/P(z_1)] = \alpha_4 + \sum_{k=1} \beta_{4k} X_k + \varepsilon \qquad (5-5)$$

$$\ln[P(z_5)/P(z_1)] = \alpha_5 + \sum_{k=1} \beta_{5k} X_k + \varepsilon \qquad (5-6)$$

其中，P 表示畜禽养殖户在末端环节采用养殖污染治理方式的概率，Z_1、Z_2、Z_3、Z_4、Z_5 分别表示畜禽养殖户在末端环节选择堆肥、直排、还田、制沼气、丢弃治理方式。α_n 为常数项，X_k 为解释变量，β_{nk} 为第 n 个解释变量的回归系数，ε 为随机误。

5.1.2.3 变量选取

（1）被解释变量（表5-1）。根据问卷调查实况，从源头—过程—末端环节选取本节研究所需的被解释变量，分别如下：

源头环节被解释变量。该环节污染物主要为冲洗圈舍的废水以及投食中产生的废水，污染量相对较小，对环境的污染程度相对不大，治理起来也比较容易，主要依靠养殖户自觉治理，通过调查发现目前主要采用直接排放与净化治理两种方式，借鉴张玉梅（2014）、宾幕容（2016）等人的研究，选取直接排放、净化处理方式作为源头环节被解释变量，分别设置为0和1。

过程环节被解释变量。过程环节污染物主要是病死畜禽，病死畜禽主要来自养殖过程中意外突发事件造成的畜禽死亡，这类污染物对环境负面影响较大，如黄浦江死猪事件。结合调查实况可知目前主要采用有害化处理（丢弃）与无害化处理（深埋或高温消毒）两种方式治理病死畜禽，借鉴邬兰娅等（2017）、宾幕容等（2016）的研究，选取直接排放、净化处理方式作为过程环节被解释变量，分别设置为0和1。

末端环节被解释变量。末端环节的污染物主要为畜禽排放的粪尿，该污染物是整个养殖过程中排放量最大、污染最严重、治理较困难的废弃物，根据问卷调查实况可知，养殖户主要采用堆肥、直排、还田、制沼气、丢弃方式治理，借鉴潘丹等（2015）、饶静等（2018）、仇焕广等（2012）的研究，选取5种治理方式作为该环节的被解释变量，分别设置为1、2、3、4、5。

（2）自变量（表5-1）。结合贵州畜禽养殖户问卷调查实况，并参考已有的相关研究成果印证的变量来确定自变量，分别是性别、文化程度、身份属性、养殖种类、养殖收入占比、饲养规模、养殖场距水源距离、养殖污染治理培训、污染治理意愿、有无排污规章制度，具体如下：

性别：借鉴王凤（2008）、朱润等（2021）相关变量的选取情况，结合贵州畜禽养殖户实况，将女性和男性养殖户分别设置为0和1，其中男性养殖户通常作为养殖污染治理方式选择的决策主体，相对女性养殖户男性养殖户在源头—过程—末端环节倾向选择生态治理方式的概率更大。

文化程度：借鉴刘晓敏等（2019）的研究，结合贵州畜禽养殖户实况，将养殖户的文化程度变量分为5类，其中小学及以下、初中、高中（中专）、大专、本科及以上分别设置为1、2、3、4、5，数值越大，表示养殖户的文化程度越高，其在源头—过程—末端环节倾向选择生态治理方式的概率越大。

身份属性：结合调查问卷数据可知，按身份属性划分，养殖户主要分为专业养殖户与普通养殖户，由于贵州畜禽养殖规模化程度较低，专业养殖户占比较低，普通养殖户占比较高，同时借鉴王建华等（2022）、仇焕广等（2012）的研究，分别将两类养殖户变量设置为 0 和 1，专业养殖户由于养殖专业化程度高，其在源头—过程—末端环节倾向选择生态治理方式的概率相对更大。

养殖种类：由贵州畜禽养殖种类可知生猪养殖所占比重较高，调查问卷数据也印证了生猪养殖户占比较高，因此将本变量设置为两类，一类为生猪养殖，另一类为其他畜禽养殖，其中将生猪养殖设置为 0，其他畜禽养殖设置为 1，由于生猪养殖规模相对其他畜禽养殖规模大，承受的治理压力与风险也大，其在源头—过程—末端环节倾向选择生态治理方式的概率相对较大。

养殖收入占比：养殖收入占比代表畜禽养殖专业化程度，结合贵州畜禽养殖实况可知，贵州畜禽养殖户养殖收入占比整体较低，同时借鉴潘丹等（2015）、谭永风等（2022）、邬兰娅等（2017）的研究，兼顾指标全面性，将该变量设置为 4 类，其中占比 30％及以下、31％～50％、51％～70％、大于 70％分别设置为 1、2、3、4，数值越大表示专业化养殖程度越高，专业化程度较高的养殖户相对其他养殖户在源头—过程—末端环节倾向选择生态治理方式的概率相对较大。

饲养规模：结合贵州畜禽养殖实况可知畜禽养殖户饲养规模总体较小，以中小规模养殖为主，同时借鉴《全国农产品成本收益资料汇编》、谭永风等（2022）、饶静等（2018）、宾幕容等（2016）关于饲养规模的分类，将饲养规模划分为 4 类，分别为散户、小规模、中规模、大规模，分别设置为 1、2、3、4，数值越大表示饲养规模越大，产生的废水、病死畜禽、粪尿量也越高，污染治理压力也越大，在环境规制约束下，饲养规模大的养殖户在源头—过程—末端环节会根据养殖规模、资源禀赋条件选择合适的治理方式。

养殖场距水源距离：当前国家出台了新《中华人民共和国环保法》等系列规制措施来约束养殖主体治理畜禽养殖过程中产生的污染物，其中对养殖场距离水源地的距离也作了规定，距水源距离不同，其受到的规制约束不同，对其养殖污染治理方式选择的影响也不同。借鉴赵俊伟等（2019）、仇焕广等（2012）的研究，将此变量划分为 4 类，分别是养殖场距水源地 50

米以内、50～100 米、100～500 米、500 米以上，分别设置为 1、2、3、4，数字越大表明受环境规制约束越小，养殖户在源头—过程—末端环节倾向选择生态治理方式的概率相对较小，反之相反。

养殖污染治理培训：借鉴谭永风等（2022）、邬兰娅等（2017）的研究，结合实况，将参与养殖污染治理培训情况划分为 3 类，分别是没有参加过、偶尔参加、经常参加，分别设置为 1、2、3，数字越大表明养殖户参与养殖污染治理培训的次数与程度越高，对养殖污染生态治理认知越深刻，其在源头—过程—末端环节倾向选择生态治理方式的概率相对较大。

表 5-1　变量选取

类别	变量名称	变量定义	均值	标准差
因变量	源头养殖废水（Y_1）	0＝直接排放；1＝净化处理	0.45	0.37
	过程病死畜禽（Y_2）	0＝有害化处理（丢弃）；1＝无害化处理（深埋或高温消毒）	0.59	0.08
	末端粪尿（Y_3）	1＝堆肥；2＝直排；3＝还田；4＝制沼气；5＝丢弃	1.5	0.89
自变量	性别（X_1）	0＝女；1＝男	0.16	0.37
	文化程度（X_2）	1＝小学及以下；2＝初中；3＝高中（中专）；4＝大专；5＝本科及以上	2.21	0.84
	身份属性（X_3）	0＝专业养殖户；1＝普通养殖户	0.66	0.48
	养殖种类（X_4）	0＝生猪；1＝其他	0.49	0.50
	养殖收入占比（X_5）	1＝30%及以下；2＝31%～50%；3＝51%～70%；4＝大于70%	2.86	1.32
	饲养规模（X_6）	1＝散户；2＝小规模；3＝中规模；4＝大规模	1.70	0.86
	养殖场距水源距离（X_7）	1＝50米以内；2＝50～100米；3＝100～500米；4＝500米以上	3.00	1.08
	养殖污染治理培训（X_8）	1＝没有参加过；2＝偶尔参加；3＝经常参加	2.35	1.10
	污染治理意愿（X_9）	0＝愿意；1＝不愿意	0.13	0.75
	有无排污规章制度（X_{10}）	0＝没有；1＝有	0.65	0.44

污染治理意愿：借鉴唐洪松等的研究，将养殖污染生态治理意愿划分为

两类，分别是愿意治理、不愿意治理，分别设置为 0、1，结合调查实况可知贵州绝大多数畜禽养殖户愿意生态治理畜禽养殖污染，其在源头—过程—末端环节倾向选择生态治理方式的概率相对较大。

有无排污规章制度：有无排污规章制度代表环境规制强度，借鉴仇焕广等（2012）、朱润等（2021）、宾幕容等（2016）的研究，将该变量划分为两类，分别是所在村寨有与无排污规章制度，分别设置为 1 和 0，养殖户所在村寨有排污规章制度，表明其受到环境规制约束，其在源头—过程—末端环节倾向选择生态治理方式的概率相对较大，反之相反。

5.1.3　结果与分析

5.1.3.1　描述性统计分析

（1）治理意愿。由表 5 - 2 可知，在 1 028 份样本中养殖户愿意治理的数量占 90.27%，不愿意治理的意愿仅占 9.73%，由此可见贵州禽畜养殖户整体养殖污染治理意愿较高。

表 5 - 2　畜禽养殖户养殖污染治理意愿

类型	数量（个）	比例（%）
愿意	928	90.27
不愿意	100	9.73

（2）源头治理现状。由表 5 - 3 可知，贵州畜禽养殖户在处理禽畜废水污染物时采用最多的方式是净化后排放，占比 62.58%，但与此同时仍有 37.42% 的养殖户会选择直接排放。可见大部分养殖户在处理源头污染时采用的方式是科学环保的，但采用净化后排放治理方式并不普遍，源头污染问题仍然存在较大的潜在风险。

表 5 - 3　源头废水治理方式

类型	数量（个）	比例（%）
直接排放	385	37.42
净化后排放	643	62.58

（3）过程治理现状。养殖过程中会产生多类污染，由表5-4可知，超过八成的养殖户选择丢弃方式来治理养殖过程中产生的病死畜禽，而选择无害化处理（深埋或高温消毒）方式的养殖户仅占15.61%，可见样本区内的养殖户对于病死畜禽的治理方式相对落后，存在较大的潜在污染风险。

表5-4 过程病死畜禽治理方式

类型	数量（个）	比例（%）
有害化处理（丢弃）	868	84.39
无害化处理（深埋或高温消毒）	160	15.61

（4）末端治理现状。由表5-5可知，养殖户在治理养殖过程中产生的粪尿污染物时，采用最多的两种方式分别是堆肥和还田，分别占34.21%和31.53%，其次是制沼气（19.24%）和丢弃（7.83%），最少的是直排（7.19%），由此可知样本区内养殖户对于粪尿的资源化利用程度较高，只有极少部分未进行资源化利用。

表5-5 末端粪尿治理方式

类型	数量（个）	比例（%）
堆肥	352	34.21
还田	324	31.53
制沼气	198	19.24
直排	74	7.19
丢弃	80	7.83

5.1.3.2 实证结果分析

5.1.3.2.1 源头与过程治理方式分析

运用SPSS软件分别对养殖户源头和过程治理方式的影响因素进行二元Logistic回归分析，结果见表5-6，由-2对数似然值、考克斯-斯奈尔R^2、内戈尔科R^2可知源头与过程治理模型有显著的统计学意义，结果讨论分析如下：

（1）源头治理方式分析。文化程度（X_2）变量系数为0.419，且在1%

的显著性水平下通过显著性检验，表明养殖户的文化水平越高选择净化方式处理污水的概率越大，并与宾幕容等（2016）、刘晓敏等（2019）的研究结论一致，宾幕容和刘晓敏皆认为文化程度提高了养殖户的污染认知，使其更愿意采用亲环境的治理方式。身份属性（X_3）变量系数为 0.578 且在 1% 的显著性水平下通过显著性检验，表明专业养殖户比普通养殖户更愿采用净化治理，与邸培赛（2019）的研究结论一致，原因是养殖户专门从事畜禽养殖，懂得治理的方法和养殖污染治理的技术革新。饲养种类（X_4）的系数变量为 −0.363，且在 5% 的显著水平下通过显著性检验表明养殖户对净化后排放污水的处理意愿反而更低，可能原因是样本区养殖类型主要为生猪养殖且生猪养殖过程中废水排放量较大，治理成本较高，养殖户为减少成本而倾向选择直接排放。饲养规模（X_6）系数变量为 −0.24，且在 5% 的显著性水平下通过显著性检验，表明饲养规模越大的养殖户对净化后排放污水的处理意愿越强，并与宾幕容等（2016）的研究结论一致，原因是养殖规模越大，污染量就越大，养殖户为规避环保处罚，更愿意采用环保型技术处理污水。畜禽污染治理培训（X_8）的系数为 −0.388，且在 1% 的显著性水平下通过显著性检验，表明参与污染治理培训的次数越高养殖户对净化后排放污水的处理意愿反而越低，与宾幕容等（2016）的研究结论相反，其原因可能是污染培训的过程中传授的技术难度大、费用高，且培训的方式重形式少实操，而养殖户作为理性经济人，在没有明确的制度约束情况下，为减少相应的成本支出，通常会做出利己的直接排放行为。有无排污规章制度（X_{10}）系数变量为 −0.576，在 5% 的显著性水平下通过显著性检验，表明设有排污规章制度会显著影响养殖户选择净化方式处理养殖废水，并与宾幕容的研究结论一致，原因是排污制度通常会同时制定严格的处罚力度，对于违反者来说触犯规章制度会给自身带来严重的经济损失以及信誉损失，特别是在村子周围养殖的农户，造成的信誉损失还会受到"差序格局"的影响，且这种影响并不是朝好的方向发展，而是随着周围亲朋好友以及村民之间口口相传而变得越来越糟糕，甚至上升至"黑心养殖户"，因此，在有明确规章制度情况下养殖户还是更愿意遵守制度约定采用净化方式处理养殖污水。

（2）过程治理方式分析。文化程度（X_2）的系数变量为 −0.187，且在 5% 的显著性水平下通过显著性检验，表明文化程度越高的养殖户对采用深埋或高温消毒的概率反而越低，与宾幕容等（2016）、刘晓敏等（2019）的结论不一致，导致出现这种结果的原因可能有两点：一是本章在做问卷设计时只列出了两种固定选择方式，即丢弃与深埋或高温消毒，忽略了其他的治理方式，如化制法、发酵法技术工艺等，并且基于当地设施水平，有的地区畜牧站可上门回收统一处理，免去了养殖户自行处理的困难，因此养殖户文化水平越高，越有可能选择了其他的治理方式，导致出现了当前的结果；另一种原因可能是样本区更多的是散养户，其养殖数量少，产生的病死畜禽也相应较少，加上贵州省溶洞数量多，少量的病死畜禽丢进溶洞里成本低，且不易察觉，而采用深埋与高温消毒的方法处理少量的病死畜禽成本比较大，因此养殖户更愿意选择直接丢弃。身份属性（X_3）的系数变量为0.487，且在5%的显著性水平下通过显著性检验，表明专业养殖户在处理病死畜禽时更愿意采用深埋或高温消毒方式，原因是专业养殖户受到的专业培训较多，无论是在治理技术还是危害认知方面通常都会高于非专业养殖户，因此更愿意采用深埋或高温消毒方式。饲养规模（X_6）变量系数为0.28，且在1%的显著性水平下通过显著性检验，表明饲养规模越大的养殖户在处理病死畜禽时越愿意采用深埋或高温消毒，与张玉梅和乔娟（2014）的研究结论一致，原因是养殖规模越大的养殖户越容易成为当地环保部门检查的对象，为规避养殖过程中的环保罚款风险，因此更愿意采用更科学的治理方式。畜禽污染治理培训（X_8）的系数变量为0.207，且在5%的显著性水平下通过显著性检验，表明养殖污染治理培训次数越多的养殖户采用深埋或高温消毒的概率越大，与宾幕容等（2016）的部分研究结论一致，原因是养殖户参加养殖培训能有效提升养殖户的污染认知和治理技术水平，所以在处理病死畜禽时更愿意采用亲环境的治理方式。有无排污规章制度（X_{10}）的系数变量为0.786，且在1%的显著性水平下通过显著性检验，表明有排污制度能显著正向影响养殖户采用深埋或高温消毒方式处理病死畜禽，原因是环境规制对养殖户的污染排放约束力较强，养殖户迫于制度压力采用深埋或高温消毒方式治理病死畜禽的概率大。此外，性别（X_1）、养殖种类（X_4）养殖收入占比（X_5）、养殖场距水源距离（X_7）、污染治理意愿（X_9）变量未通过显著性检验，表明对养殖户的过程治理方式影响不显著。

表 5 - 6　源头与过程治理模型回归结果

变量名称	源头治理模型回归结果	过程治理模型回归结果
常量	0.704 (0.481)	0.235 (0.371)
性别（X_1）	−0.103 (0.195)	−0.385 (0.188)
文化程度（X_2）	0.419*** (0.103)	−0.187** (0.099)
身份属性（X_3）	0.578*** (0.165)	0.487** (0.17)
养殖种类（X_4）	−0.363** (0.153)	0.316 (0.19)
养殖收入占比（X_5）	−0.067 (0.053)	0.126 (0.055)
饲养规模（X_6）	−0.24** (0.099)	0.28*** (0.077)
养殖场距水源距离（X_7）	0.018 (0.068)	−0.004 (0.07)
养殖污染治理培训（X_8）	−0.388*** (0.111)	0.207** (0.11)
污染治理意愿（X_9）	−0.091 (0.247)	0.352 (0.231)
有无排污规章制度（X_{10}）	−0.576** (0.255)	0.786*** (0.179)
−2 对数似然	1 096.663[a]	1 165.291[a]
考克斯-斯奈尔 R^2	0.111	0.034
内戈尔科 R^2	0.16	0.031

注：*、**、***分别表示在10%、5%、1%显著水平下显著，（·）为 S·E 值。

5.1.3.2.2　末端治理方式分析

运用 SPSS 软件对养殖户末端治理方式的影响因素进行多元无序回归，整理后得到 5 个模型，即堆肥模型、直排模型、还田模型、制沼气模型、丢弃模型，模型结果见表 5 - 7。由−2 对数似然值、考克斯-斯奈尔 R^2、内戈尔科 R^2 可知末端治理模型有显著的统计学意义，结果讨论分析如下：

（1）堆肥模型。性别（X_1）的系数变量为 0.370，且在 10％的显著性水平下通过显著性检验，表明性别为男性的养殖户采用堆肥的概率比女性养殖户大，与刘晓敏等（2019）的研究结论一致，但与王凤（2008）的研究结论相反，王凤研究发现女性比男性更愿意采取环保行为，出现这种现象的可能原因是双方所调查的区域性别相差太大。文化程度（X_2）的系数变量为 0.221，且在 10％的显著性水平下通过显著性检验，表明文化程度能正向影响养殖户采用堆肥方式，与尚杰等（2016）的研究结论一致，因为文化程度越高的养殖户对畜禽粪尿的资源化认知程度越高，因此更愿意采用堆积发酵作肥料来增加畜禽粪尿的附加值。污染治理培训（X_8）的系数变量为 −0.456，在 1％的显著性水平下通过显著性检验，表明参与污染治理培训次数越多，养殖户采用堆肥的概率就越低，可能原因是污染治理培训在一定程度上提高了养殖户的污染治理能力和知识水平，使其对各类粪尿资源化利用途径都有所了解，因此在资源化利用过程中可能采取了其他的处理方法。有无排污规章制度（X_{10}）的系数变量为 −0.697，在 1％的显著性水平下通过显著性检验，表明排污规章制度显著负向影响养殖户采用堆肥的概率，可能原因是规章制度只是限制养殖户的污染排放问题，对其采用何种治理方式未做明确规定。此外，身份属性（X_3）、养殖种类（X_4）、养殖收入占比（X_5）、饲养规模（X_6）、养殖场距水源距离（X_7）、污染治理意愿（X_9）变量未通过显著性检验，表明对养殖户的堆肥方式影响不显著。

（2）直接排放到水沟模型。性别（X_1）的系数变量为 0.183，在 10％的显著性水平下通过了显著性检验，表明女性养殖户在处理粪尿污染物时更愿意采用直接排放到水沟的方式，潜在的可能原因是女性养殖户对于粪尿资源化利用方式了解程度低，因此在治理过程中不太注重资源化利用。身份属性（X_3）的系数变量为 −0.538，在 10％的显著性水平下通过了显著性检验，表明专业养殖户采用直接排放到水沟的概率会更低，原因是专业养殖户通过长时间的学习本专业的相关知识对环境保护的意识较强，更容易意识到环境污染对畜禽养殖的危害，所以采用直接排放到水沟的概率较低。养殖场距水源距离（X_7）的系数变量为 −0.225，在 5％的显著性水平下通过显著性检验，表明养殖户的饲养场离水源点越近，其采用直接排到水沟的治理方式的概率就越低，主要原因可能有两点，一是距离水源地越近的养殖户其生活用水大部分来自周边，更了解污染水源对自身的危害性，二是距离水源地越近的养殖户更容易受到环保督察压力，迫使他们进行净化治理。有无排污规章制度（X_{10}）的系数变量为 0.739，在 5％的显著性水平下通过显著性检验，表明没有排污制度下养殖户采用直接排到水沟的概率更高，原因是样本区内的养殖户大部分属于规模较小的散养户，规章制度完善程度差，且这类养殖户并非以养殖为全部收入来源，其与大部分农户一样，既是"理性经济人"也是"趋利群体"，在没有排污制度下，养殖户自然会选择较为简单且几乎不需要成本的直排方式。此外，文化程度（X_2）、养殖种类（X_4）、养殖收入占比（X_5）、饲养规模（X_6）、养殖污染治理培训（X_8）、污染治理意愿（X_9）变量未通过显著性检验，表明对养殖户直接排放到水沟的方式影响不显著。

（3）还田模型。饲养规模（X_6）的系数变量为 −0.146，且在 10％的水平下显著，表明饲养规模越大，养殖户采用还田处理畜禽粪尿的概率就越小，与张玉梅和乔娟（2014）的部分结论一致，可能原因是饲养规模越大的养殖户，其专业化水平也较高，对畜禽粪尿污染物的资源化利用途径了解透彻，愿意改用更有利的方式去处理畜禽粪尿，同时贵州由于土地资源相对不足，种养环节脱节，专业养殖户没有充足的土地资源来消纳粪尿资源。养殖污染治理培训（X_8）的系数变量为 0.330，在 1％的显著性水平下通过显著性检验，表明养殖污染治理培训次数越多，养殖户将畜禽粪便直接施于农田的意愿就会越强，可能是样本区多以小规模及散户居多，这类养殖户多数同时从事着种植业，因此还田能给自身带来更好的经济效益。此外，性别（X_1）、文化程度（X_2）、身份属性（X_3）、养殖种类（X_4）、养殖收入占比（X_5）、养殖场距水源距离（X_7）、污染治理意愿（X_9）、有无排污规章制度（X_{10}）变量未通过显著性检验，表明对养殖户的还田方式影响不显著。

（4）制沼气模型。身份属性（X_3）的系数变量为 0.406，在 5％的显著性水平下通过显著性检验，表明当养殖户为专业养殖户时，建畜禽粪便沼气池，作为原料的概率较高，与仇焕广等（2012）的研究结果一致，因为专业养殖户对制沼气的技术了解更广、信息获取能力更强，相比非专业养殖户具有更高的采用意愿。有无排污规章制度（X_{10}）的系数变量为 −0.54，在 5％的显著性水平下通过显著性检验，表明排污制度负向显著影响养殖户采用制沼气的方式来处理畜禽粪尿，其原因可能是排污制度更多的是限制养殖户的排放问题，对其采用何种治理方式没有明确要求。此外，性别（X_1）、文化程度（X_2）、养殖种类（X_4）、养殖收入占比（X_5）、饲养规模（X_6）、养殖场距水源距离（X_7）、养殖污染治理培训（X_8）、污染治理意愿（X_9）变量未通过显著性检验，表明对养殖户的建沼气方式影响不显著。

（5）丢弃模型。养殖收入占比（X_5）的系数变量为−0.110，在10%的显著性水平下通过显著性检验，表明养殖收入占比对采用丢弃方式处理畜禽粪尿有显著负向影响，但与任旭峰和李晓平（2011）研究结论相反，任旭峰和李晓平研究发现随着农户的农业收入占比提高，农户对农业可投入资本也会随之增加，而贵州畜禽养殖主要养殖形式是以家庭经营的中小规模养殖场（户）和农户散养为主，随着养殖规模化、专业化及集约化程度的提高，仍有部分养殖主体对于畜禽粪尿采用丢弃方式，无法做到百分百畜禽粪尿资源化利用。此外，性别（X_1）、文化程度（X_2）、身份属性（X_3）、养殖种类（X_4）、饲养规模（X_6）、养殖场距水源距离（X_7）、养殖污染治理培训（X_8）、污染治理意愿（X_9）、有无排污规章制度（X_{10}）变量未通过显著性检验，表明对养殖户的丢弃方式影响不显著。

表5-7　末端治理模型回归结果

变量名称	堆肥	直排	还田	制沼气	丢弃
常量	1.447 （−0.001）	−0.615 （−0.293）	−0.487 （−0.237）	−0.442 （−0.275）	−1.295 （−0.274）
性别（X_1）	0.370* （−0.06）	0.183* （−0.441）	0.103 （−0.581）	−0.052 （−0.778）	0.066 （−0.763）
文化程度（X_2）	0.221* （−0.018）	−0.242 （−0.061）	0.127 （−0.148）	0.16 （−0.06）	−0.025 （−0.816）
身份属性（X_3）	−0.061 （−0.708）	−0.538* （−0.01）	0.047 （−0.761）	0.406** （−0.009）	−0.082 （−0.667）
养殖种类（X_4）	−0.133 （−0.357）	0.172 （−0.377）	0.203 （−0.135）	0.155 （−0.248）	−0.061 （−0.717）
养殖收入占比（X_5）	−0.050 （−0.317）	0.011 （−0.872）	0.050 （−0.285）	−0.105 （−0.023）	−0.110* （0.06）

（续）

变量名称	堆肥	直排	还田	制沼气	丢弃
饲养规模（X_6）	−0.025 （−0.771）	0.029 （−0.801）	−0.146* （−0.067）	0.154 （−0.051）	−0.154 （−0.148）
养殖场距水源距离（X_7）	0.121 （−0.056）	−0.225** （−0.007）	−0.03 （−0.617）	−0.015 （−0.799）	0.009 （−0.907）
养殖污染治理培训（X_8）	−0.456*** （0.001）	−0.051 （−0.707）	0.330*** （0.001）	−0.192 （−0.035）	−0.075 （−0.511）
污染治理意愿（X_9）	−0.243 （−0.102）	0.023 （−0.125）	0.342 （−0.267）	0.015 （−0.386）	0.191 （−0.108）
有无排污规章制度（X_{10}）	−0.697*** （0.001）	0.739** （−0.001）	0.331 （−0.047）	−0.54** （−0.004）	−0.197 （−0.383）
−2 对数似然	1 208.427[a]	777.697[a]	1 309.527[a]	1 328.041[a]	966.785[a]
考克斯-斯奈尔 R^2	0.06	0.046	0.031	0.055	0.008
内戈尔科 R^2	0.084	0.082	0.043	0.074	0.013

注：*、**、***分别表示在10%、5%、1%显著水平下显著。（·）为 S·E 值。

5.1.4　结论与建议

5.1.4.1　结论

（1）源头主要采用净化处理方式，但治理方式不牢固。其中文化程度、身份属性、饲养规模对其源头治理中选择净化处理方式存在显著的正向影响。

（2）过程主要采用丢弃治理方式，治理方式相对落后，存在较大的潜在污染风险。其中身份属性、饲养规模、畜禽污染治理培训、有无排污规章制度对其过程采用丢弃治理方式存在显著的正向影响。

（3）末端主要采用堆肥治理方式，相对而言资源化利用程度较高，但仍需提高利用水平，其中性别和文化程度对其末端采用堆肥治理方式存在显著的正向影响，而污染治理培训和有无排污制度对其末端采用堆肥治理方式存在显著的负向影响。

5.1.4.2 建议

(1) 注重提升养殖户的污染认知水平。本章调查的区域以散养养殖户居多，这类养殖户很少接触过污染治理培训，其文化水平较低，习惯性思维较强，在源头—过程—末端环节无论采用何种治理方式都会受自身的污染认知水平影响，因此当地主管部门需加强相关的污染治理宣传与培训，提高养殖户的污染认知水平，让养殖户对畜禽污染问题有全新的了解，使其愿意自觉地参与污染治理。

(2) 强化立法与监管。法律法规具有强制性的特点，对养殖户参与污染治理具有较强的约束性，由于养殖场多数建在远离人群的地区，即使产生了相应的污染，知道的人也很少，因此受到的社会舆论风险也小，这就需要相关的法律法规做制度保障，强制性约束养殖户进行污染治理，同时还需加强对养殖户污染治理行为的监管，特别是在过程环节，养殖户喜欢采用丢弃的方式处理病死畜禽，这种方式危害程度较大，容易产生相关疾病风险，且贵州省属于典型的喀斯特地貌，溶洞较多，养殖户将病死畜禽扔进溶洞既不容易被发现还容易造成跨界污染，这就需要相关部门加强监管与暗访，时刻制止养殖户不文明的污染行为。

(3) 适当增加污染治理补贴。养殖户作为"理性经济人"，获利是其主要的行为方向，特别是对于散养农户而言，本来饲养规模就不大，收入甚微，若要其增加成本去治理养殖污染肯定很多养殖户是不愿意的，因此需要相关主管部门在污染治理补贴方面适当向这些散户做一些倾斜，或者是以激励的方式对达标治理的养殖户给予适当的奖励，减轻养殖户的治理成本，使养殖户愿意且乐意去治理养殖污染。

5.2 环境认知、养殖规模与污染处理方式选择

本节在行为决策理论的基础上运用多元 Logistic 模型对贵州 709 份问卷进行实证分析，以厘清养殖户环境认知和养殖规模与污染处理方式选择之间的关系，并基于研究结论提出相关对策建议。

5.2.1　理论分析及研究假说

养殖户到底选择何种方式治理养殖污染，是养殖户在综合考虑自身以及外部环境因素后做出的利益最大化选择。德国经济学家舒尔茨是最早从理论层面研究农户行为的学者，他在《改造传统农业》一书中把小农和企业家相比较，他认为小农和企业家一样，都是"经济人"，其在生产过程中所进行的抉择行为是符合帕累托最优原则的，即为追求最大生产利益而做出合理抉择。因此农户行为是指农户个体为了满足自身物质需要或精神需要，为达到一定目标而表现出来的一系列经济活动过程，而在整个农户行为经济系统中，农户从择业、投资到消费的一系列经济活动中，都隐藏着谋生这一基本动机。根据舒尔茨的分析可知养殖户同样属于"理性经济人"，其行为抉择都是在追求自身的利益最大化，因此在处理畜禽养殖污染时，养殖户会根据自身的实际情况及资源禀赋条件，综合考虑自身的时间、精力、要素投入等因素进行选择。因此，本节在行为决策理论的基础上提出以下假说：

假说 H_1：养殖户的环境认知会显著影响其污染处理方式的选择。

养殖户环境认知包括周边环境污染程度认知、畜禽健康影响认知、环境保护法规认知。养殖污染具有典型的外部不经济性，而养殖户属于趋利群体，通常情况下不会重视污染对周边的影响程度，但会关心养殖污染对畜禽健康的影响程度以及相关环境保护法律法规。相关研究也表明，养殖户对人体健康影响认知以及环境保护法律法规认知程度越高，其环境治理意愿越强。因此，推测畜禽健康影响认知和环境保护法律法规认知会显著正向影响养殖户选择更环保的污染处理方式；对周边环境污染程度认知的影响方向暂且不确定。

假说 H_2：养殖规模会正向影响养殖户污染处理方式的选择。

通常情况下养殖规模与污染排放量是成正比的，养殖规模越大，污染排放量越多，那么相关部门对其检查力度也就越大，养殖户为规避罚款所带来的风险，其选择环境友好型处理方式的可能性就越大。

5.2.2 研究方法变量选取及数据来源

5.2.2.1 研究方法

本节研究的是畜禽养殖户选择哪种污染处理方式（1＝还田；2＝制沼气；3＝做有机肥；4＝废弃；5＝出售），共有5种选项，属于多元选择类型。并且各选项之间并不存在递进关系，因此选取多元无序 Logistic 回归模型比较合适，模型如下：

$$\ln\left[P(z_2)/P(z_1)\right] = \alpha_1 + \sum\nolimits_{k=1}\beta_{1k}X_k + \varepsilon \qquad (5-7)$$

$$\ln\left[P(z_3)/P(z_1)\right] = \alpha_2 + \sum\nolimits_{k=2}\beta_{2k}X_k + \varepsilon \qquad (5-8)$$

$$\ln\left[P(z_4)/P(z_1)\right] = \alpha_3 + \sum\nolimits_{k=3}\beta_{3k}X_k + \varepsilon \qquad (5-9)$$

$$\ln\left[P(z_5)/P(z_1)\right] = \alpha_4 + \sum\nolimits_{k=4}\beta_{4k}X_k + \varepsilon \qquad (5-10)$$

式中，P 表示选择污染处理方式，z_1 表示选择"还田"，z_2 表示"制沼气"，z_3 表示"做有机肥"，z_4 表示"废弃"，z_5 表示"出售"。α_n 为常数项；X_k 为解释变量；β_{nk} 为第 n 个影响因素的回归系数；ε 为随机误。

5.2.2.2 变量选取

基于研究需要和现实情况，借鉴张维平（2018）、潘丹（2016）、孔凡斌等（2016）的研究，选取自身因素（性别、年龄、文化程度、身份属性、养殖年限、养殖收入占比）作为本节研究的控制变量，环境认知（周边环境影响认知、畜禽健康影响认知、环境保护法规认知）、养殖规模作为本节研究的关键变量，具体指标选取见表5-8。

表5-8 相关指标选取

因素类型	变量名称	指标说明	均值	标准差
因变量	污染处理方式（Y）	1＝还田；2＝制沼气；3＝做有机肥；4＝废弃；5＝出售	1.77	0.852
控制变量	性别（C_1）	1＝男；0＝女	0.179	0.38
	年龄（C_2）	1＝25岁以下；2＝25~35岁；3＝36~45岁；4＝46~55岁；5＝55岁以上	3.592	0.807

（续）

因素类型	变量名称	指标说明	均值	标准差
控制变量	文化程度（C_3）	1＝小学及以下；2＝初中；3＝高中（中专）；4＝大专；5＝本科及以上	1.959	0.715
	身份属性（C_4）	1＝普通养殖户；2＝合作社或协会成员；3＝公司成员；4＝村干部；5＝其他	1.613 2	1.044
	养殖年限（C_5）	以实际养殖年限为准	12.041	8.356
	养殖收入占比（C_6）	1＝30％及以下；2＝31％～50％；3＝51％～70％；4＝71％及以上	2.865	1.04
关键变量	环境影响认知（X_1）	1＝污染较小；2＝污染一般；3＝污染较严重	1.477	0.698
	畜禽健康影响认知（X_2）	1＝不影响；2＝影响较小；3＝影响较大	2.21	0.82
	环境保护法律法规认知（X_3）	1＝不知晓；2＝知晓部分；3＝很熟悉	1.968	0.59
	养殖规模（X_4）	1＝散养；2＝小规模；3＝中规模；4＝大规模	2	0.557

5.2.2.3　数据来源

数据来自 2020 年 7 月—2021 年 3 月贵州生态畜牧业发展背景下畜禽养殖户污染治理对策研究课题组对贵州省畜禽养殖户的实地问卷调查，问卷样本涉及贵州省 9 个市（地、州）40 个县（区）80 个乡镇 176 个村寨，其中遵义县、威宁县、习水县、开阳县为国家级畜牧养殖大县。国家级畜牧养殖大县的问卷调查由项目负责人完成，其他由样本区附近的铜仁学院学生利用寒暑假期完成。本次共发放问卷 1 100 份，根据本章研究需要，剔除无效样本，获得有效问卷 709 份，有效率为 64.45％。

5.2.3　结果与分析

5.2.3.1　描述性统计分析

5.2.3.1.1　养殖户畜禽养殖污染环境认知分析

由表 5-9 可知，养殖户对于畜禽污染的认知存在明显差异，接近一半的养殖户认为养殖污染对周边环境污染影响较小，而在污染对畜禽健康的认知方面，大部分养殖户却认为畜禽养殖污染对畜禽健康有较大影响，并且这些养殖户对于环境保护法律法规有一定的了解，65.16％养殖户知晓部分环境保护法律法规。由此可见样本区的养殖户趋利性较强，污染认知程度不高，且对自身利益把控较强。

表5-9 养殖户污染认知情况

畜禽养殖污染认知问题	问题选项	人数（人）	比例（％）
周边环境污染认知	污染较小	350	49.37
	污染一般	270	38.08
	污染较严重	89	12.55
畜禽健康的认知	不影响	179	25.25
	影响较小	202	28.49
	影响较大	328	46.26
环境保护法律法规认知	不知晓	135	19.04
	知晓部分	462	65.16
	很熟悉	112	15.8

资料来源：问卷调查。

5.2.3.1.2 污染处理方式现状分析

由表5-10可知，养殖户在处理养殖污染时主要采取还田、制沼气、做有机肥、废弃和出售5种方式，通过对样本区的问卷统计发现，制沼气在当地使用比例最大，被养殖户广泛采用，占比51.71％，其次是还田38.13％、废弃8.45％、出售0.90％、做有机肥0.81％。

表5-10 养殖户污染处理方式现状

污染类型	处理方式	频数	比例（％）
畜禽污染	还田	424	38.13
	制沼气	575	51.71
	做有机肥	9	0.81
	废弃	94	8.45
	出售	10	0.90

资料来源：问卷调查。

5.2.3.1.3　不同认知方式下污染处理方式现状分析

由表 5 - 11 可知，在对周边环境影响认知、畜禽健康影响认知、环境保护法规认知中对于不同认知选项的养殖户，采取制沼气处理方式的比重随着环境认知水平的提高比重不断上升，反之选择还田、废弃处理方式的比重不断下降，而选择做有机肥、出售处理方式的比重与环境认知变化无明显规律变化。可见，制沼气是目前畜禽养殖污染处理的主要方式，制沼气作为一种新型的环境友好型养殖污染处理方式已经被养殖户广泛采用。

表 5 - 11　不同认知方式下污染处理方式

畜禽养殖污染认知	认知选项	A 还田		B 制沼气		C 做有机肥		D 废弃		E 出售	
		频数	比例（%）	频数	比例（%）	频数	比例（%）	频数	比例（%）	频数	比例（%）
周边环境污染认知	污染较小	486	33.13	163	11.11	225	15.34	425	28.97	168	11.45
	污染一般	104	13.2	221	21.09	157	14.98	186	17.75	365	34.83
	污染严重	119	11.35	325	41.24	85	10.78	98	12.44	176	22.34
畜禽健康认知	不影响	434	32.51	149	11.16	154	11.54	433	32.43	165	12.36
	影响较小	201	13.08	255	16.59	425	27.65	200	13.01	456	29.67
	影响较大	74	9.97	374	50.4	130	17.52	76	10.24	88	11.86
环境保护法规认知	不知晓	421	31.82	136	10.28	165	12.47	416	31.44	185	13.98
	知晓部分	232	14.91	267	17.16	420	26.99	216	13.88	421	27.06
	很熟悉	56	8.41	306	45.95	124	18.62	77	11.56	103	15.47

资料来源：问卷调查。

5.2.3.1.4　不同养殖规模下污染处理方式现状分析

由表 5 - 12 可知，在不同的养殖规模下，养殖户采取的处理方式有所差异。在散、小、中、大规模下，养殖户选择制沼气处理方式的比重依次为 11.78%、19.63%、22.14%、26.96%，选择做有机肥的比例为 13.94%、15.33%、22.03%、23.60%，选择出售的比例为 12.02%、18.47%、23.13%、26.85%，选择还田处理方式的比例分别为 31.73%、23.23%、16.63%、10.51%，选择废弃处理方式的比例为 30.53%、23.34%、16.08%、12.08%。可见，随着养殖规模的扩大，选择做有机肥、出售处理方式的比例在不断增加，因为养殖规模越大，畜禽污染量越多，直接排放畜禽养殖污染的社会成本与经济成本就越高，养殖户为规避环保督察而造成的成本增加，更愿意采用环境友好型畜禽养殖污染处理方式。

表 5 – 12 不同养殖规模下污染处理方式

养殖规模	A 还田		B 制沼气		C 做有机肥		D 废弃		E 出售	
	频数	比例（%）	频数	比例（%）	频数	比例（%）	频数	比例（%）	频数	比例（%）
散养	264	31.73	98	11.78	116	13.94	254	30.53	100	12.02
小规模	200	23.23	169	19.63	132	15.33	201	23.34	159	18.47
中规模	151	16.63	201	22.14	200	22.03	146	16.08	210	23.13
大规模	94	10.51	241	26.96	211	23.60	108	12.08	240	26.85

资料来源：问卷调查。

5.2.3.2 实证分析

运用 SPSS 软件将所有变量引入回归方程进行多元无序 Logistic 回归分析，分别得到还田模型、制沼气模型、做有机肥模型、废弃模型、出售模型，模型结果分别详见表 5 – 13 中的模型 1、模型 2、模型 3、模型 4、模型 5。在 10% 的水平条件下，对模型结果进行如下讨论：

（1）还田模型。在该模型中文化程度（c_3）、养殖年限（c_5）、环境影响认知（X_1）、畜禽健康影响认知（X_2）、环境保护法规认知（X_3）均通过检验，其中养殖年限（c_5）系数符号为正，表明此变量与选择还田处理方式呈正相关，原因是养殖年限越长的养殖户受制于传统养殖模式的限制，相应选择直接排放还田的概率也较高。而文化程度（c_3）、环境影响认知（X_1）、畜禽健康影响认知（X_2）、环境保护法规认知（X_3）变量的系数符号为负，表明这 4 个变量与选择还田处理方式呈负相关，原因分别是养殖户文化程度越高越便于其学习现代先进的污染处理技术，越能够认识到选择环境友好型畜禽养殖污染方式的益处；而环境影响认知、畜禽健康影响认知、环境保护法规认知越高的养殖户，可能对更先进的污染处理方式了解更多，为了保护周围的水域、土壤，保证畜禽的出栏率和质量，避免由于污染的不合理排放而受到处罚，相应选择传统还田治理方式的概率较低。

（2）制沼气模型。文化程度（c_3）、养猪收入占比（c_6）、环境影响认知

（X_1）、畜禽健康影响认知（X_2）、环境保护法规认知（X_3）、养殖规模（X_4）均对选择制沼气的方式有显著影响，且系数符号为正，表明这 6 个变量与选择制沼气处理方式呈正相关，可能原因是文化程度越高的养殖户，对制沼气的原理，以及了解程度相对较高，因此选择制沼气处理畜禽污染物的概率就越大；养殖收入占比大的养殖户其饲养畜禽的数量通常较大，且长期以畜禽养殖为主要收入来源，了解畜禽生理结构，制沼气不光能解决养殖污染治理问题，同时也能解决一部分养殖过程中的电力能源需求，所以更愿意选择制沼气处理畜禽污染物；环境影响认知、畜禽健康影响认知、环境保护法规认知越高的养殖户对相关的污染利害关系认知越清晰，加上制沼气又是当地部门大力推荐的治理方式，有部分建设补贴，因此越能显著增加他们使用制沼气处理畜禽粪污的意愿；养殖规模大的养殖户通常是环保部门的重点监督对象，制沼气除了能达到环保部门的要求外，还能解决部分养殖成本，对于这类养殖户来说是一举两得的好事情，相应的选择制沼气处理方式的概率也就越高。

（3）做有机肥模型。该模型中文化程度（c_3）、养殖规模（X_4）影响显著，且系数符号为正，表明文化程度高、养殖规模大的养殖户在对畜禽污染处理方式中选择做有机肥的概率较高，原因是养殖户文化程度越高、畜禽养殖规模越大，实现传统种养结合的可能性越低，养殖户越会采取更加环保、科学的处理方式。

（4）废弃模型。在该模型中文化程度（c_3）、养殖年限（c_5）、周围环境认知（X_1）、畜禽健康认知（X_2）、环境保护法规认知（X_3）、均通过检验，其中养殖年限（c_5）系数符号为正，表明此变量与选择废弃处理方式呈正相关，原因是养殖年限较长的养殖户通常是这里的散养养殖户，其饲养数量小，但有长期饲养经验清楚相关部门对小数量养殖户的监管力度不严，加上这类养殖户的环境保护意识普遍不高，因此采用废弃的处理方式概率比较大；而文化程度（c_3）、周围环境认知（X_1）、畜禽健康认知（X_2）、环境保护法规认知（X_3）变量的系数符号为负，表明这 4 个变量与选择废弃处理方式呈负相关，原因是文化程度高、相关认知强的养殖户，对污染的危害性比较清晰，通常接触到的养殖污染处理技术也相对较多，从而污染处理方式的选择也较多，因此选择废弃处理方式的概率就较低。

（5）出售模型。在该模型中养殖规模（X_4）影响显著，系数符号为正，表明养殖规模越大的养殖户选择出售的概率就越大，原因是养殖规模越大，产生的畜禽粪尿也就越多，而畜禽粪污又是很好的有机肥，大规模养殖场通常有条件也有能力将畜禽粪尿收集起来进行出售，从而通过增加养殖附加值来降低养殖成本。

表 5 - 13　Logistic 模型回归结果

变量名称	模型 1	模型 2	模型 3	模型 4	模型 5
常数	2.123*** (3.111)	2.653** (2.039)	−1.016** (−2.380)	1.175 (1.269)	0.235 (0.258)
性别（c_1）	−0.156 (−0.728)	−0.753 (−2.082)	−0.036 (−0.256)	−0.056 (−0.191)	0.043 (0.152)
年龄（c_2）	−0.118 (−1.075)	0.053 (0.255)	0.045 (0.643)	−0.293 (−1.852)	−0.217 (−1.394)
文化程度（c_3）	−0.008* (0.061)	0.368** (−1.700)	0.001* (0.011)	−0.203** (−1.108)	−0.035 (−0.203)
身份属性（c_4）	0.089 (1.091)	0.065 (0.397)	0.061 (1.258)	−0.107 (−0.908)	−0.065 (−0.575)
养殖年限（c_5）	0.007** (0.655)	0.043 (1.786)	0.001 (0.205)	0.028** (2.007)	0.029 (2.137)
养猪收入占比（c_6）	0.242 (2.783)	0.398** (2.401)	0.009 (0.163)	0.267 (2.125)	0.172 (1.409)
环境影响认知（X_1）	−0.320*** (−2.557)	0.474** (−2.129)	0.095 (1.190)	−0.087* (−0.485)	−0.057 (−0.328)
畜禽健康影响认知（X_2）	−0.216* (−1.952)	0.256* (−1.081)	0.147 (2.062)	−0.101* (−0.691)	−0.056 (−0.383)
环境保护法规认知（X_3）	−0.139* (0.950)	0.139* (0.471)	−0.129 (−1.382)	−0.413** (−2.152)	−0.355 (−1.861)
养殖规模（X_4）	−0.469 (−3.461)	0.088** (0.368)	0.073** (−0.878)	0.548 (−3.053)	0.430** (−2.432)
麦克法登 R^2	0.037	0.087	0.019	0.055	0.037

（续）

变量名称	模型 1	模型 2	模型 3	模型 4	模型 5
对数似然值	−437.565	−152.985	−389.602	−269.267	−276.127
似然比统计量	33.779	29.258	15.429	31.111	21.040
P 值（似然值统计量）	0.000	0.001	0.117	0.001	0.021

注：（·）为 Z 值，∗、∗∗、∗∗∗分别在 10％、5％、1％显著水平下显著。

5.2.4　结论与建议

5.2.4.1　结论

养殖户的环境认知程度总体偏低，利己主义思想严重；当地养殖户处理养殖污染的主要方式是"制沼气"，并且环境认知和养殖规模都能影响养殖户的处理方式选择。环境认知对选择沼气处理畜禽养殖污染有正向影响，对选择废弃、还田处理畜禽养殖污染有负向影响；养殖规模对选择沼气、出售和做有机肥处理畜禽养殖污染有正向影响，对还田处理畜禽养殖污染有负向影响，并且文化程度、养殖年限、养猪收入占比对其还具有调控作用。

5.2.4.2　建议

（1）加大宣传力度，提高养殖户环保意识。从研究结论来看，养殖户的环境认知能显著影响养殖户污染治理方式的选择，因此，政府部门要加大相关方面的宣传力度，提高养殖户对于养殖污染的认知，并且在宣传内容上，要聚焦畜禽养殖污染如何影响周边环境、畜禽健康等问题，普及畜禽养殖污染危害及其预防知识，提升养殖户对畜禽养殖污染防治认知水平和改善养殖污染的处理方式；重点促进养殖年限长的养殖户的认知水平提升，改变其原有养殖污染治理方式。

（2）提高养殖户文化水平，增强养殖户治理能力。以培训方式补足养殖户受教育缺陷，研究结果表明，文化程度与选择沼气方式和有机肥方式处理畜禽养殖污染正相关，与选择还田和废弃方式处理畜禽养殖污染负相关。可见文化程度高的养殖户更愿意采用更环保的治理方式，因此，政府部门可以通过培训的方式来提高养殖户的文化水平，从而提升养殖户的治理能力。

（3）合理地扩大养殖规模，实现专业化养殖。从实证分析结果可知，养殖规模对废弃污染物处理具有正向影响，因此可以适度扩大养殖规模，提高养殖专业化程度。已有的相关研究也表明，养殖废弃物资源化利用率与规模化养殖有关，其中中规模利用率较高，小规模利用率最低，粪污资源化利用率与规模呈倒 U 形的关系。因此要扩大养殖规模，重点培育养殖大户、家庭农场、农民合作社等新型养殖主体，控制散养和小规模养殖户的数量，用扩大养殖规模来提升其污染治理的专业化程度。

第6章　贵州畜禽养殖户养殖
污染治理行为研究

剖析养殖户的养殖污染治理行为，对于精准治理养殖污染，调整养殖结构具有重大意义，本章将以贵州省畜禽养殖户为例，对养殖户的污染治理行为进行系统分析，了解当前养殖户的污染治理行为现状及存在问题，并分析这些问题的成因，为相关部门今后开展畜禽污染治理提供借鉴参考。

6.1　环境规制、组织模式与畜禽养殖户亲环境行为采纳研究

本节基于贵州 1 023 份畜禽养殖户问卷调查数据，运用二元 Logistic 模型分析探讨环境规制、组织模式及二者交互作用下对畜禽养殖户采纳亲环境行为的影响，并基于研究结论提出相关对策建议。

6.1.1　理论分析与研究假说

6.1.1.1　环境规制对畜禽养殖户亲环境行为采纳影响分析

环境规制通过限制养殖户行为选择范围，平衡个人利益与公共利益不对等、短期利益与长期利益相互平衡的问题，助推畜禽养殖户亲环境生产转型。一方面，命令型环境规制具有纠正养殖户不合理的行为与道德风险的作用，面对规制制约与处罚，经济理性促使养殖户顺应规制目标，向绿色高效转变。另一方面，养殖户绿色生产转型过程中除需承担前期转型成本外，还面临较大风险损失与沉没成本，而激励型规制具有分担养殖户转型成本、弥

补生产经营损失与增加资源化产品收益的功能，能强化其参与绿色转型的动力。同时，以宣传与教育培训等为主的引导型规制能促进养殖户基于强烈社会责任感而产生亲环境行为（何如海等，2013；刘铮，2020；丁翔等，2021；关海玲等、郭海红等，2022）。

在农业生产过程中，不仅政策制度影响农户亲环境行为，而且社会规范也会对农户亲环境行为的采纳产生中介效应，已有研究指出环境制度的建立对养殖户经营活动具有约束作用，能够促使畜禽养殖户亲环境行为的采纳（刘静，2016；汪秀芬，2019；张娇等，2019）。据此提出假说：

H_1：环境规制对畜禽养殖户亲环境行为采纳具有显著促进作用。

6.1.1.2 组织模式对畜禽养殖户亲环境行为采纳影响分析

农业产业组织模式是在产业链的基础上形成的，与不同的交易者结合会形成不同的农业产业组织模式，例如："大市场＋农户""合作社＋农户"和"公司＋农户"（刘静等，2016）。然而，不同的产业会依据本身发展规律，形成独特的经营形式和组织模式，畜禽养殖产业组织属于农业产业组织的组成部分，但有其自身的特点，畜禽养殖产业组织是育、养、宰、加、运和售等环节相互连接的有机整体，主要利益关联主体包括种养殖场、养殖户、屠宰加工企业、销售企业及饲料企业、经销商等。根据相关文献梳理，并结合实际调研发现畜禽产业链中存在 4 种产业组织模式：一是农户独立经营；二是由畜禽养殖专业合作社牵头，组织农户集体加入，由合作社进行统购统销，提供各类服务，形成横向一体化模式；三是农户通过与公司签订短期合同进行销售，达成松散型合作；四是由公司牵头与农户签订长期合同，形成紧密型合作，公司全流程提供技术支持和服务，畜禽出栏后全部由公司统一收购，形成纵向一体化模式。这就使得大多数加入组织或与组织有约定、合同的养殖户会因为组织的要求而采取亲环境行为，可见组织化程度越高，环境规制对其的约束力越强，养殖户采纳亲环境行为的概率也就越大（汪凤桂和林建峰，2015；张康洁等，2021）。鉴于此，提出以下假说：

H_2：组织模式对畜禽养殖户亲环境行为采纳具有显著促进作用。

6.1.1.3   环境规制通过组织模式对畜禽养殖户亲环境行为采纳影响分析

农业生产过程中，经营规模的异质性会导致畜禽养殖户采纳行为产生差异，表现为养殖规模越大可能越倾向于采纳亲环境行为（郭悦楠，2019；郭清卉，2020）。而养殖规模往往与畜禽养殖组织模式有密切关联。首先，从成本收益看，养殖户往往以降低成本和提升收益为经营目标。与小规模养殖户相比，大规模养殖户采纳亲环境行为，处理单位数量的养殖废弃物所投入的成本较低，且能够最大化再利用单位数量畜禽养殖污染物获得的综合收益相对更多，采纳亲环境行为的概率相对更大。其次，从经营目标看，大规模养殖户更加注重长远目标，而小规模养殖户更偏向于关注短期目标；从长远规划来看，采纳亲环境行为不仅符合国家环境保护的政策要求，而且有助于形成生态循环养殖模式，废弃物的利用节约了部分额外资源的投入，也降低了废弃物处理的成本。最后，基于资源配置视角，大规模养殖者拥有更多的社会资本，能够更快、更全面地掌握市场信息（赵亚飞等，2022），有助于对先进科学技术的了解和使用，能够紧随国家政策引导、提前构建适合自身利益的环境保护体系（杨洁辉等，2022）。徐立峰等（2021）的研究表明养殖规模越大，养殖户采纳亲环境行为的概率越大，环境规制对大规模养殖者亲环境行为采纳影响显著。大规模养殖户具有合理密切的组织模式，受政策法制影响对于环境规制有更高的遵守执行力与自觉性。据此提出假说：

H_3：环境规制在组织模式与畜禽养殖户采纳亲环境行为上具有调节作用。环境规制通过对组织的约束力从而对组织化的畜禽养殖户亲环境行为具有显著正向影响。

6.1.2   研究方法、数据来源及变量选取

6.1.2.1   研究方法

本节采用二元 Logistic 回归模型，通过对核心变量环境规制、组织模式进行赋值评估，实证分析环境规制、组织模式以及两者相互作用下对畜禽养

殖户亲环境行为的影响。在研究中，为保证数据的真实性，加入养殖户的年龄、性别、学历程度、养殖人数、养殖规模、养殖收入占比等变量，以保证模型尽可能与实际观测值吻合。模型如下：

$$P_i = F(Y) = F\left(\beta_0 + \sum_{i=1}^{n}\beta_i X_i\right) = \frac{1}{1+\exp\left[-\left(\beta_0 + \sum_{i=1}^{n}\beta_i X_i\right)\right]}$$

$$(6-1)$$

将（6-1）式转化为：

$$\ln\frac{p_i}{1-p_i} = y = \beta_0 + \sum_{i=1}^{n}\beta_i X_i \qquad (6-2)$$

式（6-1）和式（6-2）中，Y 为因变量，即畜禽养殖户生态治理养殖污染的意愿；β_0 为截距项；β_i 为自变量的回归系数；X_i 为自变量，表示第 i 个影响因素，p_i 为畜禽养殖户生态治理养殖污染的概率。

6.1.2.2 数据来源

数据来自 2020 年 7 月—2021 年 3 月贵州生态畜牧业发展背景下畜禽养殖户污染治理对策研究课题组对贵州省畜禽养殖户的实地问卷调查，问卷样本涉及贵州省 9 个市、地、州 40 个县（区）80 个乡镇 176 个村寨，其中遵义县、威宁县、习水县、开阳县为国家级畜牧养殖大县。国家级畜牧养殖大县的问卷调查由项目负责人完成，其他由样本区附近的铜仁学院学生利用寒暑假期完成。本次共发放问卷 1 100 份，根据本节研究需要，剔除无效样本，获得有效问卷 1 023 份，有效率为 93.00%。

6.1.2.3 变量选取

（1）被解释变量。畜禽养殖户是否采纳亲环境行为。其中，设置 Y_1 为如何处理畜禽粪尿污染物，若养殖户采取了堆积发酵做肥料、直接施于农田、建沼气池，作为沼气原料等任意一种环境污染减少的手段，则表示该畜禽养殖户采取了亲环境行为，取值为"1"；否则取值为"0"，表示该畜禽养殖户没有采取亲环境行为。Y_2 为如何处理畜禽污水污染物，若养殖者采取了净化处理这一污染治理手段，则表示该畜禽养殖户采取了亲环境行为，取值为"1"；否则取值为"0"，表示该畜禽养殖户没有采取亲环境行为。Y_3 为如何处理病死畜禽，若养殖者采取了深埋、焚烧、高温消毒等任意一种环境污染减少的手段，则表示该畜禽养殖户采取了亲环境行为，取值为"1"；否则取值为"0"，表示该畜禽养殖户没有采取亲环境行为。

（2）解释变量。环境规制和组织模式。其中，环境规制变量通过向受访者提问不同规制的影响效果获得，分别赋值为无影响＝1；影响较小＝2；影响一般＝3；影响较大＝4；影响很大＝5。组织模式通过受访者的身份获得，若受访者为非合作社社员或公司加农户成员则为"0"，表示没有组织模式，反之则为"1"，表示有组织模式。

（3）控制变量。控制变量涵盖了个体特征、家庭禀赋和环境感知等层面的特征变量，本节借鉴了司瑞石等（2019）的研究，选取性别、年龄、受教育程度、养殖人数、养殖收入占比、养殖规模作为控制变量，见表6-1。

表6-1　相关变量选取

变量类型及名称	变量说明	变量赋值	均值	标准差
被解释变量				
	Y_1［是否采纳亲环境行为（处理排泄物）］	是＝1，否＝0	0.84	0.36
亲环境行为采纳	Y_2［是否采纳亲环境行为（处理污水）］	是＝1，否＝0	0.61	0.48
	Y_3［是否采纳亲环境行为（处理病死体）］	是＝1，否＝0	0.84	0.36
解释变量				
组织模式	X_{11}（是否具有组织模式）	其他＝0，合作社＝1	0.188	0.391
	X_{12}（是否具有组织模式）	其他＝0，公司＋农户＝1	0.041	0.198
命令型环境规制	X_{21}（政府对养殖户污染治理行为监管政策的影响）	无影响＝1；影响较小＝2；影响一般＝3；影响较大＝4；影响很大＝5	2.9	1.343
	X_{22}（政府对养殖户污染治理行为处罚政策的影响）	无影响＝1；影响较小＝2；影响一般＝3；影响较大＝4；影响很大＝5	2.93	1.217

（续）

变量类型及名称	变量说明	变量赋值	均值	标准差
激励型环境规制	X_{23}（政府对养殖户污染治理行为补贴政策的影响）	无影响＝1；影响较小＝2；影响一般＝3；影响较大＝4；影响很大＝5	2.84	1.27
	X_{24}（污染治理之后才能申请保险理赔政策的影响）	无影响＝1；影响较小＝2；影响一般＝3；影响较大＝4；影响很大＝5	2.56	1.216
引导型环境规制	X_{25}（政府对养殖户污染治理技术指导政策的影响）	无影响＝1；影响较小＝2；影响一般＝3；影响较大＝4；影响很大＝5	2.59	1.237
	X_{26}（经济组织规章制度对养殖户污染治理的影响）	无影响＝1；影响较小＝2；影响一般＝3；影响较大＝4；影响很大＝5	2.66	1.231
自愿型环境规制	X_{27}（与政府签订污染治理承诺书对养殖户的影响）	无影响＝1；影响较小＝2；影响一般＝3；影响较大＝4；影响很大＝5	2.5	1.265
	X_{28}（与组织签订污染治理承诺书对养殖户的影响）	无影响＝1；影响较小＝2；影响一般＝3；影响较大＝4；影响很大＝5	2.66	1.298
	X_{29}（与其他养殖户签订承诺书对养殖户行为的影响）	无影响＝1；影响较小＝2；影响一般＝3；影响较大＝4；影响很大＝5	2.44	1.253
控制变量	C_1（年龄）	以实际年龄为准	43.21	9.688
	C_2（性别）	男＝1；女＝0	0.83	0.372
	C_3（受教育程度）	小学及以下＝1；初中＝2；高中（中专）＝3；大专＝4；本科及以上＝5	2.31	0.998
	C_4（养殖人数）	以实际人数为准	2.41	1.477
	C_5（养殖收入占比）	30%及以下＝1；31%～50%＝2；51%～70%＝3；71%以上＝4	1.65	1.082
	C_6（养殖规模）	30只（头）以下＝1；30～100只（头）＝2；101～500只（头）＝3；500～1 000只（头）＝4；1 001只（头）以上＝5	1.693	1.011

6.1.3 环境规制、组织模式与畜禽养殖户亲环境行为采纳现状分析

6.1.3.1 环境规制现状分析

通过表6-2统计情况可知，样本区内仅有53.76％的养殖户知道有养殖排泄物规章制度；25.71％的养殖户不知道《中华人民共和国环境保护法》《畜禽污染防治条例》等政策，并且高达63.15％的养殖户只对《中华人民共和国环境保护法》《畜禽污染防治条例》等政策有一点了解；67.35％的养殖户对政府相关治理政策措施的了解停留在片面的治理宣传教育等方面，对具体的标准规定等了解较少；养殖户对贵州实施的养殖污染处理补贴政策了解多集中在沼气补贴，对其他补贴政策了解相对较少；实际上只有21.02％的养殖户获得过有关畜禽污染治理相关方面的补贴，而78.98％的养殖户从没听说过治理畜禽污染还有补贴，表明该区域存在环境规制宣传力度不足，污染补贴覆盖面较小等情况；同时有47.61％的养殖户认为现有治理政策补贴对畜禽养殖污染治理产生的影响一般，认为产生的影响很大和没有影响人数的比例接近，可以看出养殖户对目前的环境规制影响评价一般，说明环境规制对养殖户亲环境行为采纳很难起到较好的作用；在政府给予部分补贴的前提下，愿意自行治理养殖废弃物的养殖人数占比达80.84％，可见资金问题较大程度地影响了畜禽养殖户对污染治理的意愿，与前面章节养殖户会自发避免高费用治理畜禽污染的描述性统计结论对应。

表6-2 养殖户对环境规制了解情况

变量名称	分类指标	样本数（个）	比例（％）
是否有养殖污染物排泄规章制度	有	550	53.76
	没有	473	46.24
新《中华人民共和国环境保护法》《畜禽污染防治条例》等政策了解情况	不知道	263	25.71
	知道小部分	646	63.15
	很熟悉	114	11.14

（续）

变量名称	分类指标	样本数（个）	比例（%）
对政府相关治理政策措施了解情况	治理宣传教育	689	67.35
	放弃养殖重新谋生	145	14.17
	污染治理技术培训	530	51.81
	达标排放技术标准	391	38.22
	因环保关闭拆迁养猪场数量	139	13.59
	村或乡镇禁止粪污直排的规定	252	24.63
	排污费	106	10.36
	沼气补贴	229	22.39
	粪肥交易市场	51	4.99
	其他	192	18.77
贵州实施的养殖污染处理补贴政策了解情况	沼气补贴	595	58.16
	排污费用补贴	316	30.89
	全面技术培训补贴	424	41.45
	粪肥交易补贴	149	14.57
	环境保护政策补贴	305	29.81
	绿色补贴	208	20.33
	其他	304	29.72
是否获得了有关畜禽污染治理相关方面的政府补贴	是	215	21.02
	否	808	78.98
现有治理政策补贴对畜禽养殖污染治理产生的效果如何	无影响	238	23.26
	影响一般	487	47.61
	影响很大	298	29.13
若政府给予部分补贴，是否愿意自行治理养殖废弃物	愿意	827	80.84
	不愿意	196	19.16

由表6-3环境规制的识别数据统计结果可以看出，环境规制政策的9个指标中，对养殖户行为影响程度的分布相对均衡，各指标对养殖户的影响差异度相对较小，环境规制的总体影响评价均值为2.69，表明外部因素会对养殖户的养殖行为产生一定的影响。

在所有二级指标中，命令型规制的两个二级指标所占权重比其他类型的指标高，其中又以"污染治理行为处罚政策"指标的权重最高，说明畜禽养殖户对于命令型规制的敏感度更高，命令型规制相对于其他规制类型对养殖户的行为约束力更强。在所有二级指标中，自愿型规制的 3 个指标所占权重较其他类型的指标都更低，其中以"与其他养殖户签订承诺书"的指标权重为最低，说明畜禽养殖户对自愿型规制的敏感度更低，自愿型规制对养殖户的行为约束力更弱。

表 6-3 环境规制的识别

环境规制类型	环境规制名称	变量含义和赋值	均值	标准偏差
命令型规制	政府对养殖户污染治理行为监管政策的影响	无影响＝1，影响较小＝2，影响一般＝3，影响较大＝4，影响很大＝5	2.899	1.344
	政府对养殖户污染治理行为处罚政策的影响	无影响＝1，影响较小＝2，影响一般＝3，影响较大＝4，影响很大＝5	2.939	1.24
激励型规制	政府对养殖户污染治理行为补贴政策的影响	无影响＝1，影响较小＝2，影响一般＝3，影响较大＝4，影响很大＝5	2.844	1.268
	污染治理之后才能申请保险理赔政策的影响	无影响＝1，影响较小＝2，影响一般＝3，影响较大＝4，影响很大＝5	2.572	1.244
引导型规制	政府对养殖户污染治理技术指导政策的影响	无影响＝1，影响较小＝2，影响一般＝3，影响较大＝4，影响很大＝5	2.645	1.835
	经济组织规章制度对养殖户污染治理的影响	无影响＝1，影响较小＝2，影响一般＝3，影响较大＝4，影响很大＝5	2.671	1.278
自愿型规制	与政府签订污染治理承诺书对养殖户的影响	无影响＝1，影响较小＝2，影响一般＝3，影响较大＝4，影响很大＝5	2.504	1.295
	与组织签订污染治理承诺书对养殖户的影响	无影响＝1，影响较小＝2，影响一般＝3，影响较大＝4，影响很大＝5	2.665	1.321
	与其他养殖户签订承诺书对养殖户行为的影响	无影响＝1，影响较小＝2，影响一般＝3，影响较大＝4，影响很大＝5	2.443	1.253

6.1.3.2 组织模式现状分析

通过表 6-4 数据可知目前普通个体养殖户占比高达 45.06％，而合作社或协会成员和公司加农户成员占比分别为 20.23％和 4.11％。由此可知当前贵州畜禽养殖户是以家庭小农户生产为主，众多养殖户规模小且分散，很难具有合理密切的养殖组织模式。

表6-4　养殖户身份情况统计

身份	样本数（人次）	比例（%）
普通个体养殖户	461	45.06
合作社或协会成员	207	20.23
公司加农户会员	42	4.11
村干部	386	37.73
其他	181	17.69

6.1.3.3　畜禽养殖户亲环境行为采纳现状分析

由表6-5可知，所调查的畜禽养殖户中，每户养殖人数主要集中在3人，最多的养殖人数是10人，而养殖年限平均为8.9年，最多的有50年，大部门养殖户的自有耕地是2亩*左右，且诱发养殖户养殖的原因主要是没有找到更适合的工作（图6-1），由此可见贵州畜禽养殖大多是以长期从事养殖的家庭小农户为主，这类养殖户的特点是养殖时间长，养殖规模小，养殖目的多为自己食用。通过对养殖户的年排污达标次数、年缴纳排污费和环保罚款的分析从侧面可以看出该区域畜禽养殖污染治理缺乏规章管理制度或规章管理制度对养殖户约束力不足，从而对养殖户亲环境行为采纳影响较小。

表6-5　畜禽养殖现状描述分析

项目	平均数	中位数	众数	标准差	最小值	最大值
养殖年限	8.9	6	10	8.23	0	50
养殖人数	3	2	2	1.45	1	10
自有耕地	7.94	4	2	23.30	0	35
畜禽养殖年排污达标次数	1.02	0	0	1.92	0	4
年缴纳排污费	103.12	0	0	649.00	0	1 000
环保罚款	18.68	0	0	201.66	0	5 000

资料来源：问卷数据整理。

---

* 1亩＝1/15公顷。

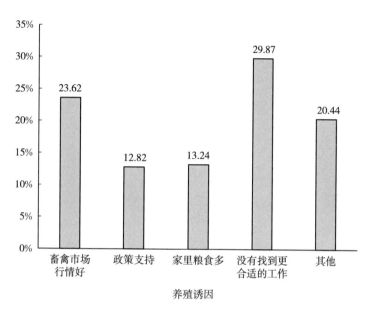

图 6-1 养殖户养殖诱因

表 6-6 数据反映，所调查的样本中 91.89% 的养殖户表示愿意对污染进行治理，这表明该区域畜禽养殖户的治理意愿较高；养殖户对如何减少废弃物的产生有一定程度的了解，其中一半以上的养殖户比较同意采用科学清粪和改善猪舍设施来减少废弃物产生；然而所调查的畜禽养殖户主要是采用还田和制沼气的方式处理畜禽养殖排泄污染，采用做有机肥、售卖等处理方式的较少；分别有 13.88% 和 18.48% 的养殖户处理畜禽排泄物时会选择直接排到水沟里和丢弃，可见当地畜禽污染治理情况并不乐观；在养殖污水方面有 27.37% 的养殖户是选择直接排放畜禽养殖污水，表明畜禽养殖户处理畜禽污水还缺乏规范；对于病死畜禽的处理有 74.00% 的养殖户选用深埋方式处理，10.85% 的养殖户会将其丢弃；在 1 023 个畜禽养殖户中，平均每个养殖户年处理畜禽粪污需要花费 1 000 元以下的占59.54%，费用在 1 000 元以上的养殖户仅占 40.47%，可见当地养殖户用于畜禽污染治理的费用普遍偏低，表明畜禽养殖户主观认为处理畜禽污染在经济上不划算，养殖户会自发避免高费用治理畜禽污染，从而导致养殖户具有很强的污染治理意愿在实际养殖生产过程中却没有很好地进行污染治理。

表6-6　养殖户养殖污染生态治理行为统计

变量名称	分类指标	样本数（个）	比例（%）
污染治理意愿	愿意	940	91.89
	不愿意	83	8.11
如何减少废弃物产生	科学选配饲料	346	33.82
	精确喂食	294	28.74
	利用饲料添加剂	135	13.20
	科学清粪	593	57.97
	使用消毒剂	347	33.92
	改善猪舍设施	569	55.62
	其他	192	18.77
如何处理畜禽排泄物	堆积发酵做肥料	702	68.62
	直接排到水沟里	142	13.88
	直接施于农田	656	64.13
	建沼气池，作为沼气原料	410	40.08
	丢弃	189	18.48
如何处理畜禽污水	直接排放	280	27.37
	净化处理	743	72.63
病死畜禽处理方式	深埋	757	74.00
	焚烧	79	7.72
	高温消毒	51	4.99
	丢弃	111	10.85
	其他	51	4.99
是否愿意对养殖废弃物生态治理	愿意	932	91.10
	不愿意	91	8.90
每年花费在处理畜禽养殖污染生态治理上的费用	500元以下	358	35.00
	500~1 000元	251	24.54
	1 001~3 000元	139	13.59
	其他	275	26.88
是否愿意为生态治理养殖污染增加投入	愿意	823	80.45
	不愿意	200	19.55

（续）

变量名称	分类指标	样本数（个）	比例（%）
	效果很好	259	25.32
	效果较好	258	25.22
畜禽养殖污染生态治理效果	效果一般	393	38.42
	效果较差	94	9.19
	效果很差	19	1.86

6.1.4　环境规制、组织模式与畜禽养殖户亲环境行为采纳实证分析

6.1.4.1　如何处理畜禽粪尿污染物的实证结果与分析

将 Y_1 如何处理畜禽粪尿污染物作为被解释变量，对赋值变量进行二元 Logistic 回归分析得出的数据处理结果。估计数据显示考克斯-斯奈尔 R^2 和内戈尔科 R^2 分别为 0.031 和 0.044，说明模型整体拟合效果良好，见表 6-7。

（1）组织模式。公司＋农户（X_{12}）系数为 0.747，符号为正，显著性为 0.071，可以看出"公司＋农户"型畜禽养殖户在处理畜禽粪尿污染物这方面更倾向亲环境行为的采纳，表明公司加农户型的组织模式对于畜禽养殖者亲环境行为的采纳具有正向影响，结果与假说 H_2 一致，原因是畜禽养殖户加入组织，组织化程度的提高对养殖的要求提高了，畜禽养殖户在满足组织要求的同时更愿意采取亲环境行为来提高畜禽的产品质量。

（2）环境规制。引导型环境规制中经济组织规章制度对养殖户污染治理的影响（X_{26}）系数为 0.171，符号为正，显著性为 0.029，表明经济组织的规章制度对畜禽养殖户亲环境行为采纳具有显著正向影响，与徐立峰等（2021）研究结果相似，结果与假说 H_1 一致，原因是经济组织的规章制度对畜禽养殖户约束力较强，畜禽养殖户基于收益动机对经济组织规章制度具有较强的遵守意愿；自愿型环境规制中与其他养殖户签订承诺书对养殖户行为的影响（X_{29}）系数为 -0.177，符号为负，显著性为 0.021，说明养殖户与其他养殖户签订协议对养殖户亲环境行为采纳产生负向影响，结果与假说 H_1 相反，是因为与其他养殖户签订承诺书后，养殖户会受到来自政府和组织以外的其他养殖户

的监管影响，加大了养殖户的治污压力，外部约束性变大，投入成本、违约风险等也变大，畜禽养殖户受此影响，采取亲环境行为的意愿反而降低。

表6-7　如何处理畜禽粪尿污染物模型回归结果

变量	B	标准误差	瓦尔德	显著性	Exp（B）
合作社农户	−0.155	0.178	0.762	0.383	0.856
公司＋农户	0.747	0.415	3.249	0.071	2.111
X_{21}（政府对养殖污染治理行为监管政策的影响）	0.031	0.078	0.157	0.692	1.031
X_{22}（政府对养殖污染治理行为处罚政策的影响）	−0.015	0.087	0.03	0.861	0.985
X_{23}（政府对养殖污染治理行为补贴政策的影响）	−0.078	0.075	1.079	0.299	0.925
X_{24}（污染治理之后才能申请保险理赔政策的影响）	0.009	0.078	0.014	0.905	1.009
X_{25}（政府对养殖污染治理技术指导政策的影响）	0.099	0.08	1.538	0.215	1.104
X_{26}（经济组织规章制度对养殖户污染治理的影响）	0.171	0.078	4.771	0.029	1.186
X_{27}（与政府签订污染治理承诺书对养殖户的影响）	0	0.083	0	0.995	1
X_{28}（与组织签订污染治理承诺书对养殖户的影响）	0.071	0.078	0.835	0.361	1.074
X_{29}（与其他养殖户签订承诺书对养殖户的影响）	−0.177	0.077	5.302	0.021	0.838
C_1（年龄）	−0.009	0.008	1.207	0.272	0.991
C_2（性别）	0.211	0.186	1.284	0.257	1.234
C_3（文化程度）	0.111	0.079	1.987	0.159	1.117
C_4（养殖人数）	0.065	0.052	1.561	0.212	1.068
C_5（养殖收入占比）	0.121	0.082	2.185	0.139	1.129
C_6（饲养数量）	−0.102	0.076	1.803	0.179	0.903
常量	0.313	0.518	0.366	0.545	1.368
−2 对数似然	1 213.694		卡方	3.37	
考克斯-斯奈尔 R^2	0.031		自由度	8	
内戈尔科 R^2	0.044		显著性	0.909	

6.1.4.2　如何处理畜禽污水污染物的实证结果与分析

将 Y_2 如何处理畜禽污水污染物作为被解释变量，对赋值变量进行二元 Logistic 回归分析得出的数据处理结果。估计数据显示 P 值为 0.683＞0.050，表明所分析的数据符合二元 Logistic 回归模型的基本条件；考克斯-斯奈尔 R^2 和内戈尔科 R^2 分别为 0.070 和 0.096，说明模型整体拟合效果良好，见表6-8。

（1）养殖户特征。性别（C_2）系数为 0.575，符号为正，显著性为 0.001，表明养殖者性别对畜禽养殖户亲环境行为采纳产生了正向影响，其可能原因是养殖户中男性养殖者的比例大于女性养殖者，在污染治理等方面男性的优势大于女性，有更多的时间和精力用于污染治理，所以养殖户更倾向于采取亲环境行为。文化程度（C_3）系数为 0.281，符号为正，显著性为 0.001，说明养殖户的知识文化水平越高，越愿意采取亲环境行为处理畜禽污染，原因是养殖户文化程度越高对污染治理的认识越深，对采纳亲环境行为的益处了解越多，就越愿意采取亲环境行为。养殖人数（C_4）系数为 0.111，符号为正，显著性为 0.030，这表明养殖户养殖人数越多养殖户越愿意采取亲环境行为处理畜禽污染，原因可能是养殖户人数越多，劳动力越充足，有更多的人力和时间来对养殖污染物进行亲环境方式处理。养殖收入占比（C_5）系数为 -0.134，符号为负，显著性为 0.079，表明畜禽养殖户的养殖收入占比越大，在畜禽养殖污染治理上越不愿意选择亲环境的行为方式，原因是养殖收入占比越大的养殖户越关心养殖收益，基于经济效益的考虑，此类养殖户较多采用成本更小的非亲环境的处理方式。

（2）组织模式。合作社农户（X_{11}）系数为 0.529，符号为正，显著性为 0.004，可以看出合作社农户型畜禽养殖户在处理畜禽粪尿污染物这方面更倾向于亲环境行为的采纳；说明合作社农户型的组织模式对于畜禽养殖户亲环境行为的采纳具有正向影响，结果与假说 H_2 一致，是因为畜禽养殖户加入组织，组织化程度提高了对养殖的要求也提高了，畜禽养殖户在满足组织要求的同时期望通过改善环境提高畜禽的产品质量，因此采取亲环境的行为发生可能性更大。

（3）环境规制。激励型环境规制中政府对养殖污染治理行为补贴政策的影响（X_{23}）系数为 -0.130，符号为负，显著性为 0.075，表明政府对养殖污染治理行为补贴政策对畜禽养殖户亲环境行为采纳具有负向影响，结果与假说 H_1 相反，是由于政府对畜禽养殖户污染治理要求高而补贴力度较弱，畜禽养殖户投入污染治理的成本与获得的环境治理补贴不对等，因此政府的补贴政策对畜禽养殖户约束力不足，呈负相关；引导型环境规制中经济组织规章制度对养殖户污染治理的影响（X_{26}）系数为 0.210，符号为正，显著性为 0.006，表明经济组织的规章制度对畜禽养殖户亲环境行为采纳的影响效果明显，与徐立峰等（2021）研究结果相似，结果与假说 H_1 一致，是由于经济组织的规章制度对畜禽养殖户约束力较强，畜禽养殖户基于收益动机对经济组织的规章制度具有较强的遵守意愿；自愿型环境规制中与其他养殖户签订承诺书对养殖户行为的影响（X_{29}）系数为 -0.125，符号为负，显著性为 0.087，与何如海等（2013）研究结果相同，说明养殖户与其他养殖户签订协议对养殖户亲环境行为采纳产生负向影响，结果与假说 H_1 相反，是因为与其他养殖户签订承诺书后，养殖户会受到来自政府和组织以外的其他养殖户的监管影响，加大了养殖户的治污压力，外部约束性变大，投入成本、违约风险等变大，畜禽养殖户受此影响，采取亲环境行为的意愿反而降低。

表 6-8　如何处理畜禽污水污染物模型回归结果

变量	B	标准误差	瓦尔德	显著性	Exp（B）
X_{11}（合作社农户）	0.529	0.184	8.26	0.004	1.697
X_{12}（公司＋农户）	0.051	0.353	0.02	0.886	1.052
X_{21}（政府对养殖污染治理行为监管政策的影响）	0.04	0.075	0.293	0.588	1.041
X_{22}（政府对养殖污染治理行为处罚政策的影响）	0.025	0.082	0.093	0.761	1.025
X_{23}（政府对养殖污染治理行为补贴政策的影响）	-0.130	0.073	3.181	0.075	0.878
X_{24}（污染治理之后才能申请保险理赔政策的影响）	0.108	0.076	2.048	0.152	1.114
X_{25}（政府对养殖污染治理技术指导政策的影响）	-0.063	0.076	0.687	0.407	0.939
X_{26}（经济组织规章制度对养殖户污染治理的影响）	0.210	0.076	7.64	0.006	1.234
X_{27}（与政府签订污染治理承诺书对养殖户的影响）	-0.112	0.079	2.042	0.153	0.894
X_{28}（与组织签订污染治理承诺书对养殖户的影响）	0.059	0.075	0.614	0.433	1.061
X_{29}（与其他养殖户签订承诺书对养殖户的影响）	-0.125	0.073	2.923	0.087	0.882
C_1（年龄）	-0.009	0.008	1.304	0.253	0.991
C_2（性别）	0.575	0.178	10.378	0.001	1.776
C_3（文化程度）	0.281	0.077	13.424	0.001	1.325
C_4（养殖人数）	0.111	0.051	4.73	0.030	1.117
C_5（养殖收入占比）	-0.134	0.076	3.084	0.079	0.874
C_6（饲养数量）	0.013	0.074	0.032	0.859	1.013
常量	-0.451	0.499	0.817	0.366	0.637
-2 对数似然	1 280.701		卡方	5.68	
考克斯-斯奈尔 R^2	0.070		自由度	8	
内戈尔科 R^2	0.096		显著性	0.683	

6.1.4.3　如何处理病死畜禽的实证结果与分析

将 Y_3 如何处理病死畜禽作为被解释变量，对赋值变量进行二元 Logistic 回归分析得出的数据处理结果。估计数据显示 P 值为 $0.533 > 0.05$，说明数据满足使用二元有序 Logistic 回归模型的条件；考克斯-斯奈尔 R^2 和内戈尔科 R^2 分别为 0.062 和 0.107，说明模型整体拟合效果良好，见表 6-9。分析结果如下：

（1）养殖户特征。性别（C_2）系数为 0.441，符号为正，显著性为 0.052，说明养殖户性别对畜禽养殖户亲环境行为采纳产生了正向影响，其可能原因是养殖户中男性养殖户的比例大于女性养殖户，在污染治理等方面男性的优势大于女性，有更多的时间和精力用于污染治理，所以养殖户更倾向于采取亲环境行为。文化程度（C_3）系数为 0.358，符号为正，显著性为 0.002，说明养殖户的知识文化水平越高，越愿意采取亲环境行为处理畜禽污染，原因是养殖户文化程度越高对污染治理的认识越深，对采纳亲环境行为的益处了解越多，就更愿意采取亲环境行为。养殖收入占比（C_5）系数为 -0.418，符号为负，显著性为 0.001，表明畜禽养殖户的养殖收入占比越大，在畜禽养殖污染治理上越不愿意选择亲环境的行为方式，可能原因是养殖收入占比越大的养殖户越关心养殖收益，基于经济效益的考虑，此类养殖户更愿意采用成本更小的非亲环境的处理方式。饲养数量（C_6）系数为 0.230，符号为正，显著性为 0.027，与张郁和江易华（2016）研究结果一致，这说明养殖规模越大的养殖户越倾向于选择亲环境的处理方式，可能是由于规模越大的养殖户对污染治理的成本投入相对越小，且基于污染治理对养殖产品、对顾客主观印象等方面的正向影响，大规模养殖户更倾向采取亲环境行为。

（2）环境规制。激励型环境规制中政府对养殖污染治理行为补贴政策的影响（X_{23}）系数为 -0.194，符号为负，显著性为 0.042，表明政府对养殖污染治理行为补贴政策对畜禽养殖户亲环境行为采纳具有负向影响，结果与假说 H_1 相反，可能是由于政府补贴政策对畜禽养殖户污染治理的要求高而补贴力度较弱，畜禽养殖户投入污染治理的成本与获得的环境治理补贴不对等，因此政府对养殖污染治理行为补贴政策对畜禽养殖户约束力不足，呈负相关；自愿型环境规制中与组织签订承诺书对养殖户行为的影响（X_{28}）系数为 0.240，符号为正，显著性为 0.014，说明养殖户与组织签订协议对养殖户亲环境行为采纳产生正向影响，与徐立峰等（2021）研究结果相似，结果与假说 H_1 相符，是因为农户与组织签订协议，使农户采取亲环境行为的投入具有一定的保障，协议的存在使农户在心理上更能放心地采取亲环境行为。

表 6-9　如何处理病死畜禽回归结果

变量	B	标准误差	瓦尔德	显著性	Exp（B）
X_{11}（合作社农户）	−0.235	0.235	0.993	0.319	0.791
X_{12}（公司＋农户）	−0.251	0.454	0.306	0.580	0.778
X_{21}（政府对养殖污染治理行为监管政策的影响）	0.010	0.100	0.010	0.919	1.010
X_{22}（政府对养殖污染治理行为处罚政策的影响）	−0.124	0.112	1.208	0.272	0.884
X_{23}（政府对养殖污染治理行为补贴政策的影响）	−0.194	0.095	4.128	0.042	0.824
X_{24}（污染治理之后才能申请保险理赔政策的影响）	0.052	0.102	0.266	0.606	1.054
X_{25}（政府对养殖污染治理技术指导政策的影响）	0.162	0.101	2.578	0.108	1.176
X_{26}（经济组织规章制度对养殖户污染治理的影响）	−0.085	0.097	0.774	0.379	0.918
X_{27}（与政府签订污染治理承诺书对养殖户的影响）	−0.136	0.103	1.717	0.19	0.873
X_{28}（与组织签订污染治理承诺书对养殖户的影响）	0.240	0.098	6.033	0.014	1.272
X_{29}（与其他养殖户签订承诺书对养殖户的影响）	0.116	0.098	1.389	0.239	1.123
C_1（年龄）	−0.007	0.010	0.433	0.510	0.993
C_2（性别）	0.441	0.227	3.780	0.052	1.555
C_3（文化程度）	0.358	0.113	9.958	0.002	1.431
C_4（养殖人数）	0.006	0.067	0.008	0.930	1.006
C_5（养殖收入占比）	−0.418	0.095	19.352	0.001	0.658
C_6（饲养数量）	0.230	0.104	4.898	0.027	1.258
常量	1.325	0.680	3.797	0.051	3.763
−2 对数似然	811.053ª	卡方	7.036		
考克斯-斯奈尔 R^2	0.062	自由度	8		
内戈尔科 R^2	0.107	显著性	0.533		

6.1.4.4　组织模式与各项环境规制交互实证结果与分析

分别验证组织模式与各类环境规制之间共计 18 个交互项在 3 个方程中

分别对畜禽养殖户采纳亲环境行为的影响，具体结果见表 6-10。

（1）显著项分析。在因变量不同的 3 个模型中，所有交互项回归结果显示有 4 个显著交互项，其中合作社农户（X_{11}）与引导型环境规制中政府对养殖污染治理技术指导政策的影响（X_{25}）交互结果显著性为 0.060，系数为正，优势比 Exp（B）为 1.413，表明合作社农户与养殖污染治理技术指导对养殖户亲环境行为采纳具有正向影响，其原因可能是污染治理技术的提高减少了养殖户治理成本的投入，又因为合作社的约束使得养殖户污染治理的积极性得以提高；公司＋农户（X_{12}）与命令型环境规制中政府对养殖污染治理行为处罚政策的影响（X_{22}）交互结果显著性为 0.178，系数为正，优势比 Exp（B）为 2.338，表明公司＋农户型组织模式与命令型环境规制中政府对养殖污染治理行为处罚政策对畜禽养殖户采纳亲环境行为具有正向显著影响。

特别提出的是合作社农户（X_{11}）与激励型环境规制中污染治理之后才能申请保险理赔政策的影响（X_{24}）在 Y_1、Y_2 交互结果均呈现显著，但系数分别为一正一负，系数为正的优势比 Exp（B）大于 1，系数为负的优势比 Exp（B）小于 1，表明合作社身份与环境规制污染治理之后才能申请保险理赔政策的影响，在不同污染物处理问题上对养殖户亲环境行为采纳具有不同的显著影响，可能原因是不同的养殖污染物其处理成本、处理技术、组织要求、环境规制补偿等差异导致对农户行为的影响也产生了较大区别。

（2）综合分析。从总体来看所有交互项中合作社农户（X_{11}）与政府对养殖污染治理行为监管政策的影响（X_{21}）、政府对养殖污染治理行为处罚政策的影响（X_{22}）、污染治理之后才能申请保险理赔政策的影响（X_{24}）、政府对养殖污染治理技术指导政策的影响（X_{25}）、经济组织规章制度对养殖户污染治理的影响（X_{26}）、与政府签订污染治理承诺书对养殖户的影响（X_{27}）、与组织签订污染治理承诺书对养殖户的影响（X_{28}）、与其他养殖户签订承诺书对养殖户行为的影响（X_{29}），公司＋农户（X_{12}）与政府对养殖污染治理行为监管政策的影响（X_{21}）、政府对养殖污染治理行为处罚政策的影响（X_{22}）、政府对养殖污染治理行为补贴政策的影响（X_{23}）、污染治理之后才能申请保险理赔政策的影响（X_{24}）、政府对养殖污染治理技术指导政策的影响（X_{25}）、与政府签订污染治理承诺书对养殖户的影响（X_{27}）、与组织签订污染治理承诺书对养殖户的影响（X_{28}）、与其他养殖户签订承诺书对养殖户行为的影响（X_{29}）交互项在所有交互结果中均至少有一次的优势比 Exp（B）大于 1，系数均为正，表明组织模式与大部分环境规制对畜禽养殖户采纳亲环境行为具有显著正向影响，假说 H_3 得以验证。

而所有交互项中仅有合作社农户（X_{11}）与政府对养殖污染治理行为补贴政策的影响（X_{23}），公司＋农户（X_{12}）与经济组织规章制度对养殖户污染治理的影响（X_{26}）两个交互项在所有方程中的优势比 Exp（B）小于 1，系数均为负，说明组织模式与部分环境规制交互对养殖户采取亲环境行为存在一定负向影响。与假说 H_3 相反。可能原因是环境规制制定的适应性不足，农户对这部分规制接纳采取度不足，导致影响力不大，故呈负向影响，结果见表 6 - 10。

表 6 - 10　交互项回归结果

变量	方程 Y_1			方程 Y_2			方程 Y_3		
	B	显著性	Exp（B）	B	显著性	Exp（B）	B	显著性	Exp（B）
合作社农户×政府对养殖污染治理行为监管政策的影响	−0.106	0.58	0.899	0.22	0.285	1.246	−0.111	0.657	0.895
合作社农户×政府对养殖污染治理行为处罚政策的影响	0.142	0.517	1.152	−0.015	0.95	0.985	0.218	0.433	1.244
合作社农户×政府对养殖污染治理行为补贴政策的影响	−0.152	0.350	0.859	−0.017	0.925	0.983	−0.155	0.441	0.856
合作社农户×污染治理之后才能申请保险理赔政策的影响	−0.290	0.085	0.748	0.358	0.06	1.431	−0.142	0.483	0.867
合作社农户×政府对养殖污染治理技术指导政策的影响	0.346	0.060	1.413	−0.108	0.547	0.898	−0.064	0.777	0.938
合作社农户×经济组织规章制度对养殖户污染治理的影响	0.168	0.327	1.183	−0.047	0.813	0.954	−0.011	0.958	0.989
合作社农户×与政府签订污染治理承诺书对养殖户的影响	0.007	0.972	1.007	−0.344	0.101	0.709	0.108	0.682	1.114

（续）

变量	方程 Y_1			方程 Y_2			方程 Y_3		
	B	显著性	Exp（B）	B	显著性	Exp（B）	B	显著性	Exp（B）
合作社农户×与组织签订污染治理承诺书对养殖户的影响	−0.052	0.764	0.949	0.195	0.335	1.215	0.064	0.775	1.066
合作社农户×与其他养殖户签订承诺书对养殖户行为的影响	−0.032	0.866	0.969	−0.02	0.917	0.98	0.123	0.611	1.13
公司+农户×政府对养殖污染治理行为监管政策的影响	−0.752	0.21	0.471	−0.944	0.15	0.389	0.095	0.862	1.1
公司+农户×政府对养殖污染治理行为处罚政策的影响	0.849	0.178	2.338	1.263	0.05	3.537	0.704	0.238	2.022
公司+农户×政府对养殖污染治理行为补贴政策的影响	0.275	0.554	1.316	0.837	0.101	2.309	0.404	0.486	1.497
公司+农户×污染治理之后才能申请保险理赔政策的影响	−0.58	0.244	0.56	0.315	0.493	1.37	0.21	0.656	1.234
公司+农户×政府对养殖污染治理技术指导政策的影响	1.13	0.182	3.095	0.344	0.514	1.411	−0.314	0.52	0.731
公司+农户×经济组织规章制度对养殖户污染治理的影响	−1.297	0.136	0.273	−0.418	0.401	0.658	−0.835	0.219	0.434
公司+农户×与政府签订污染治理承诺书对养殖户的影响	0.113	0.846	1.12	−0.46	0.371	0.631	−0.036	0.963	0.965
公司+农户×与组织签订污染治理承诺书对养殖户的影响	0.703	0.28	2.019	−0.737	0.117	0.479	0.63	0.354	1.878
公司+农户×与其他养殖户签订承诺书对养殖户行为的影响	0.086	0.857	1.09	−0.144	0.752	0.866	−0.716	0.13	0.489
−2 对数似然	1 233.696			1 320.552			867.809		
考克斯-斯奈尔 R^2	0.017			0.037			0.009		
内戈尔科 R^2	0.025			0.05			0.016		

6.1.5 结论与对策建议

6.1.5.1 结论

（1）现状分析结果显示贵州当前的环境规制约束力较强，但是具有组织模式的养殖户远远少于环境规制约束力较弱的个体养殖户；养殖户会自发避免高费用治理畜禽污染，导致养殖户较强的污染治理意愿与亲环境行为实际行动之间存在相互矛盾。同时政府在环境规制方面的补贴政策存在不足，覆盖面较小，针对适用性不强，导致规章管理制度对养殖户约束力不足，对养殖户亲环境行为采纳影响较小。

（2）通过对如何处理畜禽粪尿污染物的实证分析得出：组织模式方面，公司＋农户型的组织模式对于畜禽养殖户亲环境行为的采纳具有显著的正向影响，环境规制方面，经济组织的规章制度对畜禽养殖户采纳亲环境行为的影响效果显著。

（3）通过对如何处理畜禽污水污染物的实证分析得出：性别、文化程度、养殖人数等对畜禽养殖户采纳亲环境行为显著正向影响；合作社农户型组织模式的畜禽养殖户处理畜禽污染物倾向于亲环境行为的采纳，经济组织的规章制度对畜禽养殖户亲环境行为采纳的影响效果显著。

（4）通过对如何处理病死畜禽的实证分析得出：性别、文化程度、饲养数量等农户特征和与组织签订承诺书这一自愿型环境规制对畜禽养殖户采纳亲环境行为影响显著。

（5）通过对组织模式与各项环境规制交互实证结果得出：合作社农户与养殖污染治理技术指导对养殖户亲环境行为采纳具有正向影响；公司＋农户型组织模式与命令型环境规制中政府对养殖污染治理行为处罚政策对畜禽养殖户采纳亲环境行为具有正向显著影响；合作社身份与环境规制污染治理之后才能申请保险理赔政策交互作用下，在不同污染物处理问题上对养殖户亲环境行为采纳具有不同的显著影响；所有交互项中仅有合作社农户与政府对养殖污染治理行为补贴政策的影响、公司＋农户与经济组织规章制度对养殖户污染治理两个交互项对养殖户采取亲环境行为存在一定负向影响，组织模式与大部分环境规制对畜禽养殖户采纳亲环境行为具有显著正向影响。

综上总结得出结论：环境规制对畜禽养殖户亲环境行为采纳具有显著的正向影响，其中引导型环境规制和激励型环境规制影响显著，命令型环境规制具有正向影响；组织模式对畜禽养殖户亲环境行为采纳具有显著的正向影响。大部分环境规制通过对组织的约束力对组织化的畜禽养殖户亲环境行为影响显著，存在较小部分交互项为负向影响。

6.1.5.2　对策建议

一是加大对合作社、公司＋农户等畜禽养殖组织模式的支持力度，适度提高组织化养殖的宣传与激励，正确引导畜禽养殖户选择合适的组织模式，引导更多的普通养殖户主动向组织规模化发展，提高畜禽养殖户亲环境行为的采纳。

二是合作社、公司＋农户等组织主体适当提高农户利益分配，采用技术支持，技能培训等形式，通过养殖户实例展现组织化与普通个体户相比的优势、变化，吸引普通个体养殖户主动向组织规模化发展，提高畜禽养殖户亲环境行为的采纳。

三是因地制宜地完善政府对于畜禽养殖户的政策制度，提高政策制度的合理化；结合地区养殖种类、养殖户情况、外部环境等制定针对性的环境规制，提高环境规制的约束力，降低养殖户对环境规制的执行难度，提升养殖户对环境规制的信服度。

四是因户制宜地针对普通养殖户、组织化养殖户分别调整要求，最大程度地提高政策的适应性，降低养殖户对环境规制的执行难度，提升养殖户对环境规制的信服度，引导畜禽养殖户亲环境行为的采纳。

五是加强环境规制和组织模式的协同性，探寻两者最优化搭配，以此提高畜禽养殖户亲环境行为意愿与实践高度融合，促进畜禽养殖户亲环境行为的采纳，推动养殖业绿色发展。

6.2　环境规制对贵州畜禽养殖户养殖行为影响评估及应对策略

本节基于贵州 1 003 份畜禽养殖户问卷调查数据，运用有序 Logistics 模型对贵州畜禽养殖户的养殖行为和环境规制构建评价体系，厘清二者之间的关联性，同时基于研究结论提出相关对策建议。

6.2.1 理论分析与研究假说

根据外部性理论，政府主要通过制定相关的法律法规来约束养殖户的污染行为和激励养殖户进行粪污资源化处理，通过调整市场资源配置与养殖户行为，将环境成本的外部不经济进行内部化。而外部性内部化的手段通常通过政府强制或者引导养殖户在养殖过程中实现环境保护，而政府补贴是必要手段。政府监管严格、规制压力能促进养殖户自愿实施环境治理；政府政策与相关法律法规认知的变化能改变养殖户处理行为，相关补贴政策和养殖保险政策对畜禽无害化处理行为有促进作用。政府需要采取适当的环境政策工具或环境政策工具的组合来约束养殖户破坏生态环境的负外部性行为，鼓励农户控制畜禽养殖的外部成本，达到改善和保护环境的目的。

环境规制是指以环境保护和资源节约为目的，政府对企业或个人的资源利用进行直接或者间接的控制和干预行为。在畜禽养殖方面，相关的环境规制主要是通过政府直接或间接干预农户行为，以实现环境保护和农业发展双赢为目标的相关政策。相关研究表明，环境规制会对养殖户养殖成本和养殖行为变化产生显著影响，政府通过制定法律、法规和政策，改变农户对农业治理的预期收益和预期成本。农户认为违规成本高于违规收益时，理性的农户会主动遵守监管目标，施行污染治理等行为。因此，本章在外部性理论和环境规制理论的基础上，将环境规制政策变量纳入影响养殖户养殖行为的影响因素，并提出如下假说。

（1）养殖成本。在严格的环境政策约束下，养殖户若违反环保政策将付出较高的违约成本，使其不得不投入一定的资金治理污染，减少养殖所产生的负外部性，避免因违约而付出额外的养殖成本。在此情形下，必然会影响养殖户治理成本投入的变化，当投入的养殖成本过高时，养殖户会根据自身的资源禀赋对养殖规模、出栏数量、销售价格等行为做出调整，以保证畜禽养殖能达到预期的收益。借鉴田文勇（2018）、司瑞石（2020）等的研究，本节从政策、养殖户的个体特征、养殖特征等层面研究环境规制对养殖成本投入的影响，提出以下假说。

H_1：环境规制对养殖户养殖治理成本投入变化有正向影响。政府环境规制越严格，激励程度越大，推广和宣传力度越强，养殖户投入的治污成本越高。

H_2：环境规制对养殖户养殖规模变化有负向影响。政府环境规制越严格，养殖户需要投入的养殖成本就越高，促使养殖户不得不保持现有的养殖规模或缩减养殖规模，以避免投入过高的养殖成本，保证养殖收益。

H_3：环境规制对养殖户畜禽出栏数量变化有负向影响。受环境规制的影响，养殖户的养殖规模会受到限制，进而使畜禽增量受到影响，在规模不变的情况下，养殖户的畜禽出栏量必然会减少。

H_4：环境规制对养殖户畜禽销售价格变化有正向影响。在环境规制的情形下，养殖户的养殖成本会随之提高，为保证自身的养殖利润，养殖户必然会提高畜禽的销售价格。

（2）行为决策。司瑞石等（2020）、林丽梅等（2019）研究表明环境规制强度越大，对养殖户养殖污染治理投入成本就越高。环境规制政策执行越严格，畜禽养殖户的养殖成本必然会随之增加，当养殖成本上升到养殖户能承受的极限后，养殖户会根据当下资源现状和环境规制现状进行决策，是否选择治理效果更好的新技术，选择新技术的成本与收益能否成正比，或者对养殖产业的布局及收入结构进行调整，提高兼业收入占比，抑或迁往其他规制强度更低的区域或考虑是否退出养殖行业，这些都是养殖户在严格的环境规制政策下需要做出的行为博弈决策，综上分析，提出以下假说。

H_5：环境规制对养殖户退出畜禽养殖行业变化有正向影响。在面临过高的环境规制时，养殖户的经营决策会根据自身的资源禀赋调整，养殖规模较小和专业化程度不高的养殖户，其抗政策风险和市场风险能力都相对较弱，更容易退出养殖行业。

H_6：环境规制对养殖户生计变化有正向影响。在环境规制强度过高时，规模较小的养殖户，在变卖资产的策略选择下，可以迅速转入到获利较高的产业中，其生计变化更显著。

H_7：环境规制对养殖户污染治理技术变化有正向影响。在环境规制情形下，处罚政策、补贴政策、村规民约等因素都会推动养殖户污染治理技术更新，且新的污染治理技术相较传统技术产生的收益更高。

H$_8$：环境规制对畜禽养殖场所位置变化有正向影响。当环境规制强度过高时，养殖户倾向于转移至规制较弱的区域，养殖户会根据组织条件、资源禀赋等因素调整自己的养殖产业布局。

6.2.2　研究方法、指标选取及数据来源

6.2.2.1　研究方法

为研究环境规制对养殖行为变化的影响，本章采用有序 Logistic 回归模型通过对核心变量环境规制进行赋值评估，研究环境规制对因变量养殖户的养殖行为的影响。在研究中，为保证数据的真实性，加入养殖户的年龄、性别、学历程度、养殖人数、养殖规模、养殖收入占比等控制变量，以保证模型尽可能与实际观测值吻合。模型如下：

$$\ln\left(Y_i = \frac{p}{1-p} = \beta_0 + \beta_1\chi_1 + \beta_2\chi_2 + \cdots + \beta_n\chi_n + \varepsilon\right) \qquad (6-3)$$

式中，Y_i 表示被解释变量，表示环境规制对畜禽养殖户养殖行为影响的变化程度，分别为 1、2、3（未变化＝1；变化较小＝2；变化较大＝3）、和 1、2、3、4，（退出行业＝1；缩小规模＝2；维持现状＝3；扩大规模＝4）属于有序多分类离散变量且具有等级递增关系，其变量取值的设计参照了田文勇（2018）的研究。β_0 为各影响因素回归系数；χ 为核心解释变量和控制变量，即环境规制政策的影响程度（无影响＝1；影响较小＝2；影响一般＝3；影响较大＝4；影响很大＝5），环境规制变量的取值设计参照了司瑞石（2020）的研究。ε 为随机误差项。

6.2.2.2　指标选取

（1）核心解释变量。当前对于环境规制的强度衡量没有明确的指标，一般是选择代理变量拟合的方法估算环境规制强度。在现有的研究中对环境规制强度变量的选取主要有 4 类：一是用某种污染物治污水平衡量环境规制，例如二氧化硫去除率、废水达标率等。二是治理污染的总投入与总成本的比值；三是污染治理相关部门或环保政策的执行力度；四是使用经济发展水平

或者人均收入水平作为衡量环境规制的内生变量。基于此，本章的环境规制变量借鉴司瑞石等（2020）的研究，采取综合指标，根据养殖户对规制要素的影响评价，对指标影响度进行赋值，1表示完全无影响，5表示影响很大，见表6-11。

表6-11　核心解释变量定义及赋值

变量名称	变量说明	均值	标准差
政府对养殖户污染治理行为监管政策的影响（X_1）	无影响＝1；影响较小＝2；影响一般＝3；影响较大＝4；影响很大＝5	2.9	1.343
政府对养殖户污染治理行为处罚政策的影响（X_2）	无影响＝1；影响较小＝2；影响一般＝3；影响较大＝4；影响很大＝5	2.93	1.217
政府对养殖户污染治理行为补贴政策的影响（X_3）	无影响＝1；影响较小＝2；影响一般＝3；影响较大＝4；影响很大＝5	2.84	1.270
污染治理之后才能申请保险理赔政策的影响（X_4）	无影响＝1；影响较小＝2；影响一般＝3；影响较大＝4；影响很大＝5	2.56	1.216
政府对养殖户污染治理技术指导政策的影响（X_5）	无影响＝1；影响较小＝2；影响一般＝3；影响较大＝4；影响很大＝5	2.59	1.237
经济组织规章制度对养殖户污染治理的影响（X_6）	无影响＝1；影响较小＝2；影响一般＝3；影响较大＝4；影响很大＝5	2.66	1.231
与政府签订污染治理承诺书对养殖户的影响（X_7）	无影响＝1；影响较小＝2；影响一般＝3；影响较大＝4；影响很大＝5	2.5	1.265
与组织签订污染治理承诺书对养殖户的影响（X_8）	无影响＝1；影响较小＝2；影响一般＝3；影响较大＝4；影响很大＝5	2.66	1.298
与其他养殖户签订承诺书对养殖户行为的影响（X_9）	无影响＝1；影响较小＝2；影响一般＝3；影响较大＝4；影响很大＝5	2.44	1.253

注：资料由调查问卷整理所得。

（2）被解释变量。基于已有的研究，养殖户养殖行为变量的选取借鉴参考田文勇（2017）的研究，被解释变量为畜禽养殖户养殖行为变化，包括养殖污染治理投入成本变化、畜禽养殖规模变化、养殖户畜禽出栏数量变化、养殖户畜禽销售价格、养殖户生计发生变化、养殖户退出畜禽养殖行业变化、养殖户污染治理技术变化、畜禽养殖场所位置变化共8个被解释变量。见表6-12。

表 6-12　被解释变量定义及赋值

变量名称	变量说明	均值	标准差
养殖污染治理投入成本变化	未增加=1；增加较少=2；增加较多=3	2.09	0.978
畜禽养殖规模发生变化	退出行业=1；缩小规模=2；维持现状=3；扩大规模=4	2.14	0.868
养殖户畜禽出栏数量变化	未变化=1；变化较小=2；变化较大=3	2.06	0.725
养殖户畜禽销售价格变化	未变化=1；变化较小=2；变化较大=3	2.23	0.737
养殖户生计发生变化	未变化=1；变化较小=2；变化较大=3	2.01	0.726
养殖户退出畜禽养殖行业	未变化=1；变化较小=2；变化较大=3	1.76	0.744
养殖户污染治理技术变化	未变化=1；变化较小=2；变化较大=3	2.03	0.739
畜禽养殖场所位置变化	未变化=1；变化较小=2；变化较大=3	1.79	0.759

注：资料由调查问卷整理所得。

（3）控制变量。本章的控制变量选择借鉴了司瑞石等（2020）、谭永风等（2022）、张淑霞等（2016）的研究，选取性别、年龄、受教育程度、养殖人数、年均总收入、养殖收入占比、养殖规模作为控制变量，见表6-13。

表 6-13　控制变量定义及赋值

变量名称	变量说明	均值	标准差
年龄（C_1）	以实际年龄为准	43.21	9.688
性别（C_2）	男=1；女=0	0.83	0.372
受教育程度（C_3）	小学及以下=1；初中=2；高中（中专）=3；大专=4；本科及以上=5	2.31	0.998
养殖人数（C_4）	以实际人数为准	2.41	1.477
年均总收入（C_5）	以实际收入为准	1.64	0.861
养殖收入占比（C_6）	30%及以下=1；31%~50%=2；51%~70%=3；71%以上=4	1.65	1.082
养殖规模（C_7）	30只（头）以下=1；30~100只（头）=2；101~500只（头）=3；500~1 000只（头）=4；1 001只（头）以上=5	1.693	1.011

注：资料由调查问卷整理所得。

6.2.2.3　数据来源

数据来自2020年7月—2021年3月贵州生态畜牧业发展背景下畜禽养殖户污染治理对策研究课题组对贵州省畜禽养殖户的实地问卷调查，问卷样本涉及贵州省9个市、地、州40个县（区）80个乡镇176个村寨，其中遵义县、威宁县、习水县、开阳县为国家级畜牧养殖大县。国家级畜牧养殖大县的问卷调查由项目负责人完成，其他由样本区附近的铜仁学院学生利用寒暑假期完成。本次共发放问卷1 100份，根据本章研究需要，剔除无效样本，获得有效问卷1 003份，有效率为91.18%。

6.2.3 环境规制变量描述性统计分析

6.2.3.1 环境规制识别

由表6-14数据统计结果可知，环境规制政策的9个指标中，对养殖户行为影响程度的分布相对均衡，各指标对养殖户的影响差异度相对较小，环境规制的总体影响平均值为2.69，表明外部因素会对养殖户的养殖行为产生一定的影响。

在所有二级指标中，命令型规制的二级两个指标所占权重均大于其他类型的指标，其中"污染治理行为处罚政策"指标的权重最高，养殖户对命令型规制的敏感度更高，对养殖户的行为约束更强。在所有二级指标中，自愿型规制的3个指标所占权重均低于其他类型的指标，其中"与其他养殖户签订承诺书"指标的权重最低，养殖户对自愿型规制的敏感度更低，对养殖户的行为约束更弱。

表6-14 环境规制变量识别

一级指标	二级指标	均值	标准偏差
命令型规制	政府对养殖户污染治理行为监管政策的影响	2.899	1.344
	政府对养殖户污染治理行为处罚政策的影响	2.939	1.240
激励型规制	政府对养殖户污染治理行为补贴政策的影响	2.844	1.268
	污染治理之后才能申请保险理赔政策的影响	2.572	1.244
引导型规制	政府对养殖户污染治理技术指导政策的影响	2.645	1.835
	经济组织规章制度对养殖户污染治理的影响	2.671	1.278
自愿型规制	与政府签订污染治理承诺书对养殖户的影响	2.504	1.295
	与组织签订污染治理承诺书对养殖户的影响	2.665	1.321
	与其他养殖户签订承诺书对养殖户行为的影响	2.443	1.253

注：资料由调查问卷整理所得。

6.2.3.2 环境规制影响

本节变量的选取为养殖户行为的变化，包括养殖污染治理投入成本增加的变化和养殖户污染治理技术的变化2个指标体系。

（1）对养殖行为变化的影响。由表6-15统计数据可知，从整体的评价状况来看，贵州省环境规制政策对畜禽养殖户产生了一定的影响，政策实施过后，有74.6%养殖户的养殖污染治理成本出现了变化，其中42.7%的养殖户污染治理成本投入稍有增加，31.9%的养殖户污染治理成本投入增加较多，由此可见，环境规制政策对养殖户成本投入有较大的影响；在污染治理技术方面，有74.1%的养殖户改变了原有的污染治理技术，其中28.7%的养殖户的污染治理技术变化较大，说明环境政策对养殖污染治理技术有一定的影响，能显著改变养殖户传统的污染治理技术。

表6-15　环境规制对养殖行为的影响

类型	未增加（%）	增加较少（%）	增加较多（%）
养殖污染治理投入成本增加的变化	25.4	42.7	31.9
养殖户污染治理技术的变化	25.9	45.4	28.7

注：数据由调查问卷整理所得。

（2）期望出台的环境政策。由表6-16可知，在养殖户期待出台的环境规制政策中，选择"引进粪尿处理企业统一回收处理"政策的频率为64.4%；选择"加大资金补贴力度，改扩建沼气池"政策的频率为58.8%；选择"建立公共废弃物处理设施"政策的频率为56.5%；选择"提高病死畜禽补偿标准"政策的频率为46.9%；选择"其他"政策的频率为25.5%。从养殖户对政策的总体反馈来看，激励型政策相较其他政策来说，更容易被养殖户接受，实施阻力相对较小。

表6-16　期望出台的环境政策

名称	引进粪尿处理企业统一回收处理	加大资金补贴力度，改扩建沼气池	建立公共废弃物处理设施	提高病死畜禽补偿标准	其他
频率（%）	64.4	58.8	56.5	46.9	25.5

注：数据由调查问卷整理所得。

6.2.4　实证结果分析

考虑所有控制变量对被解释变量的影响，运用 Spss 软件对样本数据进行有序 Logistic 回归处理，结果见表 6 - 17，具体分析如下：

表 6 - 17　养殖行为变化有序 Logistic 回归模型

变量名称	治理成本投入变化	养殖规模变化	出栏数量变化	退出养殖行业变化	销售价格变化	生计变化	治理污染技术变化	养殖场所位置变化
年龄（C_1）	−0.007*	−0.002*	−0.007*	−0.003	−0.004	−0.005	−0.004	−0.002
	(−1.777)	(−0.513)	(−1.665)	(−0.739)	(−1.061)	(−1.252)	(−0.909)	(−0.549)
性别（C_2）	0.142	0.003	0.022	−0.087	0.089	−0.100	0.194**	0.098
	(1.467)	(0.465)	(0.233)	(−0.899)	(0.927)	(−1.040)	(2.013)	(1.002)
受教育程度（C_3）	0.059*	0.043*	0.069*	0.053	0.084**	−0.022	0.087**	0.042
	(1.508)	(0.086)	(1.793)	(1.354)	(2.150)	(−0.560)	(2.246)	(1.085)
养殖人数（C_4）	−0.046*	−0.018	0.009	−0.002	0.047*	0.061**	0.019	0.037
	(−1.843)	(−0.767)	(0.370)	(−0.078)	(1.863)	(2.433)	(0.780)	(1.500)
年均总收入（C_5）	0.028	0.020	0.042	−0.001	0.053	−0.001	0.061	−0.013
	(0.611)	(0.463)	(0.926)	(−0.012)	(1.135)	(−0.018)	(1.339)	(−0.284)
养殖收入占比（C_6）	−0.002	−0.021	0.135***	−0.173***	−0.151***	−0.027	0.110***	−0.159***
	(−0.050)	(−0.521)	(3.256)	(−4.038)	(−3.600)	(−0.660)	(−2.641)	(−3.723)
养殖规模（C_7）	0.056*	0.036*	0.056	0.007	0.024	−0.004	0.008	−0.010
	(1.460)	(0.957)	(1.460)	(0.167)	(0.608)	(−0.114)	(0.205)	(−0.261)
政府对养殖户污染治理行为监管政策的影响（X_1）	0.153***	−0.069*	−0.079**	0.144***	0.134***	0.099**	0.048	−0.028
	(3.891)	(−1.827)	(−2.012)	(−3.597)	(3.374)	(2.535)	(1.212)	(−0.703)
政府对养殖户污染治理行为处罚政策的影响（X_2）	0.055	0.038	0.063	0.064	0.005	−0.021	0.012	0.082*
	(1.258)	(0.905)	(1.446)	(1.443)	(0.122)	(−0.476)	(0.285)	(1.856)
政府对养殖户污染治理行为补贴政策的影响（X_3）	0.099***	0.095***	−0.012	−0.102***	0.025	0.023	0.107***	−0.051
	(2.599)	(2.614)	(−0.313)	(−2.683)	(0.653)	(0.597)	(2.825)	(−1.332)
污染治理之后才能申请保险理赔政策的影响（X_4）	−0.015	−0.001	−0.001	0.032	0.024	0.088**	0.040	0.048
	(−0.382)	(−0.025)	(−0.033)	(0.813)	(0.593)	(2.241)	(1.005)	(1.213)
政府对养殖户污染治理技术指导政策的影响（X_5）	0.023	0.130***	0.061	0.020	−0.043	−0.040	0.206***	−0.198***
	(0.584)	(3.349)	(1.532)	(0.504)	(−1.067)	(−0.994)	(5.114)	(4.865)
经济组织规章制度对养殖户污染治理的影响（X_6）	0.016	0.011	−0.090**	−0.010	0.031	0.053	−0.100	−0.034
	(0.016)	(0.295)	(2.316)	(−0.248)	(0.787)	(1.371)	(−2.552)	(−0.854)

（续）

变量名称	治理成本投入变化	养殖规模变化	出栏数量变化	退出养殖行业变化	销售价格变化	生计变化	治理污染技术变化	养殖场所位置变化
与政府签订污染治理承诺书对养殖户的影响（X_7）	0.110*** (2.650)	−0.064 (−1.595)	−0.074 (−1.800)	−0.074 (−1.776)	0.013 (0.305)	0.134*** (−3.225)	0.089** (2.145)	0.059 (1.397)
与组织签订污染治理承诺书对养殖户的影响（X_8）	0.114*** 2.887	−0.012 (−0.331)	−0.099 (−2.576)	0.015 (0.398)	0.067* (1.687)	0.076** (1.989)	0.047 (1.230)	0.164*** (−4.082)
与其他养殖户签订承诺书对养殖户行为的影响（X_9）	−0.052 (−1.339)	−0.064* (−1.719)	−0.101*** (2.586)	0.036 (0.907)	0.080 (2.045)	−0.187*** (−4.748)	−0.089 (−2.277)	0.072* (1.850)

注：*、**、***分别表示在10%、5%和1%水平下显著。

6.2.4.1 养殖户治理成本投入变化实证结果分析

（1）年龄在10%水平上显著，系数为负，表明年龄越大对污染治理成本的投入意愿越低，与杨皓天和马骥（2020）的研究相反，原因可能是年龄较大的养殖户其文化水平普遍不高，对养殖场所环境风险防范程度不高，对养殖成本的变化更敏感，养殖污染治理成本投入意愿不高。

（2）受教育程度在10%水平上显著，系数为正，与杨皓天和马骥（2020）的结论一致，说明养殖户的受教育程度越高，其生产行为的决策越理智，也具有更高的社会责任感，更愿意采用清洁处理技术等行为，所以其治理成本投入意愿更强。

（3）养殖人数、养殖规模在10%的水平下显著，养殖人数系数为负，养殖规模系数为正，表明养殖投入人数少、养殖规模大的养殖户，其治理成本投入的意愿更高，与张郁和江易华（2016）的结论一致，其原因可能是养殖投入人数少且养殖规模大的养殖户，其养殖专业化程度与组织化程度较高，该类养殖户对环境风险感知程度会更敏感，会更注意对养殖风险的防范，因此更愿意增加污染治理投入来规避相应的处罚风险。

（4）治理行为监管政策、治理行为补贴政策、与政府签订污染治理承诺书和与组织签订承诺书在1%水平上显著，系数为正，表明监管政策和补贴政策、与政府和组织签订承诺书能显著促进养殖户治理成本的投入，与假说H_1一致，其原因可能是政府的监管力度越大，对养殖户的污染行为约束力就越高，养殖户迫于压力会增加污染治理投入；政府的补贴政策能降低养殖户的污染治理成本，在一定程度上提高了养殖户污染治理能力，从而激发了养殖户污染治理成本的投入意愿；在签订承诺书后，承诺书会在一定程度上规范养殖户的养殖污染治理行为，因此养殖户会自觉增加污染治理投入。

6.2.4.2　畜禽养殖规模变化实证结果分析

（1）年龄在 10% 的水平上显著，系数为负，表明养殖户的年龄越大，越不容易改变养殖规模，与侯国庆和马骥（2017）的结论相同，其可能原因是年龄较大的养殖户思想比较保守，对于风险把控比较敏感，不愿意采取激进的行为去扩大养殖规模。

（2）受教育程度在 10% 的水平上显著，系数为正，表明养殖户受教育程度越高越倾向于改变养殖规模，与田文勇（2018）的结论相同，表明养殖户的文化水平能显著正向影响养殖规模，原因是受教育水平高的养殖户在市场信息获取方面比较容易，风险控制能力较好，因此更愿意扩大养殖规模。

（3）养殖规模在 10% 的水平上显著，系数为正，表明养殖规模越大越容易改变养殖规模，与田文勇（2018）的研究结论部分一致，其可能的原因是不同养殖数量的养殖户在面对风险时决策不同，随着养殖规模的扩大，养殖规模的促进作用增强，一方面，规模越大，养殖户越重视生产技术的运用，越能享受到技术进步带来的生产力提高，有利于规模发展；另一方面，规模越大，养殖户资本和技术积累越好，技术创新投入越多，规模化经营发展的条件就越有利。

（4）污染治理行为监管政策在 10% 的水平上显著，系数为负，表明监管政策强度越大养殖户改变养殖规模的意愿越低，与假说 H_2 一致，与田文勇（2018）、侯国庆和马骥（2017）的研究结论一致，其可能原因是监管政策会不断地去约束养殖户污染治理行为，养殖户为规避监管处罚，会增加更多的成本去治理养殖污染，导致用来扩大规模养殖的资金变少，进而限制其养殖规模的发展。

（5）养殖污染治理补贴政策在 1% 的水平上显著，系数为正，表明治理补贴政策会推动养殖户改变养殖规模，与假说 H_2 相反，与田文勇（2018）

的研究结论一致，其可能原因是补贴政策会对养殖规模起促进作用，养殖规模的大小与补贴额度挂钩，养殖规模越大，获得的补贴就越多，养殖户扩大养殖规模的意愿会越强，越有利于养殖规模化发展。

（6）养殖污染治理技术指导政策在1％的水平上显著，系数为正，表明治理技术指导政策会提高养殖户改变养殖规模的意愿，与假说 H_2 相反，与赵会杰和胡宛彬（2021）的研究结论一致，其可能原因是技术指导政策能帮助养殖户提高养殖技术，规模越大的养殖主体在资金和技术积累方面更具优势，还能够通过对技术创新投入的增加进一步强化自身在生产技术方面的优势，为规模化经营的发展创造更为有利的条件。同时，政府对养殖户进行技术指导，减少了养殖户学习污染治理技术的成本，降低了养殖污染治理的成本，使养殖户有更多的资金用于扩大养殖规模。

（7）与其他养殖户签订承诺书在10％的水平上显著，系数为负，表明签订承诺书会降低养殖户改变养殖规模的意愿，与假说 H_2 一致，原因是养殖户签订了承诺书就必须严格按照相关规定来进行养殖，对于养殖污染也必须处理妥善，间接地增加了治污成本，使其不得不调整养殖规模，以减轻治污成本带来的压力。

6.2.4.3 畜禽出栏数量变化实证结果分析

（1）年龄在10％的水平上显著，系数为负，表明养殖户年龄越大，畜禽出栏数量越少，与周建军等（2018）的研究一致，其可能原因是在同等条件下，养殖户各方面的能力随着年龄的增大而减弱，养殖规模受到限制，影响了畜禽出栏数量。

（2）受教育程度在10％的水平上显著，系数为正，表明养殖户受教育程度越高，畜禽出栏数量越多，与曾昉等（2021）的研究结果相同。其可能原因是养殖户受教育程度越高，对市场、政策等信息的掌握程度越高，能对市场行情做出理性决策，尽可能地把畜禽出栏数量保持在最合理水平，使畜禽出栏数量更具优势。

（3）养殖收入占比在1％的水平上显著，系数为正，表明养殖户养殖收入占比越高，畜禽出栏数量越多，与周建军等（2018）的研究一致，其可能原因是养殖户专业化程度高，养殖收入在其收入占比中会处于较高的水平，专业化养殖户的养殖规模往往也较大，畜禽出栏数量也会更多。

（4）政府对养殖户污染治理行为监管政策的影响在5%的水平上显著，系数为负，表明监管政策越严厉，出栏数量越低，与假说 H_3 一致，与周建军等（2018）的研究相同，其可能原因是监管力度越大，养殖户养殖污染治理成本投入也就越大，当养殖成本投入增加与养殖规模收益呈负向影响时，养殖户会缩减养殖规模，以减少养殖污染治理成本的投入，使其维持在养殖户认为达到收益预期的水平上，养殖规模的负向影响同时也会使畜禽出栏数量减少。

（5）经济组织规章制度在5%的水平上显著，系数为负，表明经济组织的规章制度会限制养殖户的畜禽出栏数量，与假说 H_3 一致，与曾昉等（2021）的研究一致，其可能原因是养殖户不仅会面临来自政府规制政策的压力，同时还要面临来自经济组织制度的约束，使养殖户不得不投入更多的成本用于污染治理，限制了其养殖规模的发展，影响畜禽的出栏数量。

（6）与其他养殖户签订承诺书在1%的水平上显著，系数为负，表明与其他养殖户签订承诺书限制了养殖户的畜禽出栏数量，与假说 H_3 一致，与侯国庆和马骥（2017）的研究一致，其可能原因是签订承诺书后养殖户面临其他养殖户的监督，当养殖户违反约定时，会付出一定的违约成本，使养殖户不得不把养殖规模和出栏数量维持在自己能承受的合理范围内，避免付出更多的违约成本，进而影响畜禽的出栏数量。

6.2.4.4　养殖户是否退出养殖行业实证结果分析

（1）养殖收入占比在1%的水平上显著，系数为负，表明养殖收入占比越高养殖户越不容易退出畜禽养殖业。其可能的原因是养殖收入占比越高，往往代表养殖户养殖专业化程度越高和养殖规模越大，其应对政策变化和市场风险的程度越高，越不容易退出养殖行业。

（2）政府对养殖污染治理行为监管政策的影响在1%的水平上显著，系数为正，表明污染治理监管政策会使养殖户更倾向于退出养殖行业，与假说 H_4 一致，其可能原因是当养殖污染治理监管政策的执行力度增大，意味着畜禽养殖户需要提升治污成本使养殖污染达标，当监管政策力度使成本超过养殖收益或养殖户认为养殖收益不经济时，养殖专业化程度相对较低的养殖户便会选择退出养殖行业。

（3）政府对养殖污染治理行为补贴政策在1%水平上显著，系数为负，表明补贴政策会提高养殖户继续从事养殖行业的意愿，与假说 H_4 相反，可能原因是污染治理补贴会减少畜禽养殖户治理成本投入，即意味着养殖户养殖收益可能会增加，使更多的养殖户选择继续从事养殖行业。

6.2.4.5 畜禽销售价格变化实证结果分析

（1）受教育程度在5%的水平上显著，系数为正，表明养殖户受教育程度越高，畜禽销售价格越高，与陈蓉等（2012）的研究一致，其可能原因是养殖户受教育程度越高，对市场行情变化的掌握程度越高，对信息的处理效能也就越高，能迅速准确地针对消费者的需求做出决策，从而对禽畜的销售价格做出调整，以尽可能使其利润达到最大。

（2）养殖人数在10%的水平上显著，系数为正，表明养殖人数越多畜禽销售价格越高，与沈鑫琪和乔娟（2019）的研究一致，其可能原因是当养殖人数增多时，养殖人力成本会增加，畜禽的销售价格便会相应地提高，这样才能使养殖户有足够的收益获取生产资料，继续下一周期的生产活动。

（3）养殖收入占比在1%的水平上显著，系数为负，表明收入占比越高，畜禽销售价格越低，与郭聘婷等（2017）的研究部分一致，养殖收入占比越高往往意味着养殖户更有可能是规模化养殖，养殖规模越大，单只畜禽养殖成本越低，在销售的时候能以低价优势在市场上获得更强的竞争力。

（4）政府对养殖污染治理行为监管政策在1%的水平上显著，系数为正，表明监管政策会提高畜禽销售价格，与假说 H_5 一致，与陈蓉等（2012）的研究部分一致，其可能原因是严格的监管政策使养殖户投入更多养殖污染治理成本，当生产总成本增加时，养殖户需要提高畜禽销售价格，以保证达到预期养殖收益。

（5）与组织签订承诺书在10%的水平上显著，系数为正，表明与组织签订承诺书会提高畜禽销售价格，与假说 H_5 一致，与郭聘婷等（2017）的部分研究结论一致，其原因可能是签订承诺书后，养殖户污染治理行为受到限制，需付出更多的污染治理成本以保证自己不会违约，同时良好的养殖环境能使其生产的畜禽品质更好，销售价格得以提高。

6.2.4.6　养殖户生计变化实证结果

（1）养殖人数在 5% 的水平上显著，系数为正，表明随着养殖人数增多会提高养殖户生计改变的意愿，与司瑞石等（2019）的研究一致，当养殖人数过多时，具有兼业行为的养殖户就越多，受外部性影响就越大，当目前从事的行业收益达不到预期值时，其改变生计的可能性就越高。

（2）政府对养殖污染治理行为监管政策在 5% 的水平上显著，系数为正，表明污染治理监管政策会提高养殖户生计改变的意愿，与假说 H_6 一致，与田文勇（2018）的研究结论部分一致，其可能原因是养殖户需要投入比以往更多的污染治理成本，购入污染处理设备或学习新的污染处理技术，必然导致养殖户的养殖成本和时间成本的增加，当监管力度超过养殖户的承受能力时，部分养殖户的生计会发生变化。

（3）污染治理之后才能申请理赔政策在 5% 的水平上显著，系数为正，与假说 H_6 一致，与刘忆兰（2018）的研究结论相同，表明污染治理之后才能申请理赔政策对养殖户生计变化产生了正向影响，污染治理之后才能申请理赔政策且理赔过程烦琐，受教育程度较低的农户本能地对知识类的事物有抗拒心理，加上对保险公司的信任程度低等因素，使治理后才能申请理赔的政策与养殖户生计变化呈正向影响。

（4）与政府签订承诺书在 1% 的水平上显著，系数为正，与假说 H_6 一致，表明与政府签订污染治理承诺书对养殖户生计变化产生了正向影响，签订污染治理承诺书会加大对养殖户的约束力，限制养殖户的污染行为，使养殖户不得不加大投入养殖污染治理的成本，当污染治理成本增加到一定限度时，会迫使养殖户改变其生计策略。

（5）与组织签订污染治理承诺书对养殖户的影响在 5% 的水平上显著，系数为正，与假说 H_6 一致，表明与组织签订污染治理承诺书会对养殖户生计变化产生正向影响，承诺书在一定程度上会约束养殖户养殖行为，当养殖户违约后，可能面临经济组织的处罚，付出违约成本，当违约成本过高时，会在一定程度上改变养殖户生计策略。

（6）与其他养殖户签订承诺书在 1% 的水平上显著，系数为正，表明与其他养殖户签订承诺书会对养殖户生计变化产生负向影响，其可能的原因是组织和其他养殖户对养殖户的约束力弱，强制性不足，当养殖户违背了承诺后，其付出的违约成本低，对养殖户不造成影响。

6.2.4.7 污染治理技术变化实证结果分析

（1）性别在5％的水平上显著，系数为正，表明性别对污染治理技术变化产生了正向影响，其可能原因是养殖从业人员中男性的比重大于女性，在污染治理方面男性的优势强于女性，有更多的时间和精力用于污染治理。

（2）受教育程度在5％的水平上显著，系数为正，表明受教育程度会提高养殖户污染处理技术改变的意愿，与谭永风等（2021）结论一致，文化水平高的养殖户对新技术的接受和学习能力强，愿意通过更新改变污染处理技术以减少污染治理成本的投入，且文化水平高的养殖户社会责任意识和环保意识强，更愿意改变污染处理技术。

（3）养殖收入占比在1％的水平上显著，系数为正，表明养殖收入占比会提高养殖户污染治理技术改变的意愿，与谭永风等（2021）结论一致，其可能原因是养殖收入占比高的往往其养殖专业化程度高、规模大，这类养殖户养殖污染治理成本高，更倾向于更新污染处理技术以减少成本，且新技术更有利于能够达到排污的环保标准，避免因环保不达标而导致产生其他额外的生产成本。

（4）政府对养殖污染治理行为补贴政策、政府对养殖污染治理技术指导政策在1％的水平上显著，系数为正，表明补贴政策会提高养殖户污染治理技术改变的意愿，与司瑞石（2019）的结论一致，与假说 H_7 一致，养殖污染处理行为补贴政策对于养殖户而言，是最直接、最有效减少污染处理成本的方式，补贴政策减少了养殖户改变养殖污染处理技术所需的成本，使养殖户改变污染治理技术的意愿更高；技术指导政策能有效减少养殖户学习新的污染处理技术的成本和时间，使养殖户以更低的成本获得新技术，从而减少在处理养殖污染上所花费的成本，提高其养殖收益。

（5）与政府签订养殖污染治理承诺在5％的水平上显著，系数为正，表明养殖户与政府签订承诺书会促进养殖户改变养殖污染的处理技术，与假说 H_7 一致，与司瑞石（2019）的研究一致，当养殖户违背承诺时，可能会付出较高的违约成本，政府会减少补贴力度或对养殖户进行高额处罚，导致养殖户改变传统的污染处理技术，以更经济的方式处理养殖污染。

6.2.4.8　养殖场所位置变化实证结果分析

（1）养殖收入占比在1%的水平上显著，系数为负，表明养殖收入占比越高养殖户改变养殖场所位置的意愿越低，与王善高等（2020）的研究结论一致，其原因可能是养殖收入占比越高，养殖户的养殖规模越大、专业化程度越高，其改变养殖场所位置的成本就会远远大于养殖污染处理成本，改变养殖场所位置意味着需要重新对养殖场所进行选址，与当地组织和村民签订新的协议，重新对养殖场的营业资质进行审批等。

（2）政府对养殖户污染治理行为处罚政策的影响在10%的水平上显著，系数为正，表明污染治理处罚政策会提高养殖户改变养殖场所的意愿，与假说H_8一致，与曾昉等（2021）的研究一致，表明政府对养殖污染治理行为的处罚力度执行力度越大，越能约束养殖户的养殖污染处理行为，使其必须投入相对较高的污染治理成本，导致养殖户投入养殖污染治理的成本大于养殖场所位置改变的成本，进而选择改变养殖场所位置，这类养殖户往往是养殖规模较小、专业化程度较低的个体养殖户。

（3）政府对养殖户污染治理技术指导政策在1%的水平上显著，系数为负，表明技术指导政策能降低养殖户改变养殖场所的意愿，与假说H_8相反，与谭莹和胡洪涛（2021）的研究结果相同，可能原因是污染治理行为指导政策会减少养殖户在养殖污染处理行为技术上所投入的成本，让养殖户以更经济的方式进行养殖污染治理行为，综合改变养殖场所位置所花费的成本，养殖户更倾向于拒绝改变养殖场所位置，这类养殖户往往是养殖规模较大、专业化程度较高的养殖户。

（4）与组织签订污染治理承诺书在1%的水平上显著，系数为正，表明与组织签订承诺会提高养殖户改变养殖场所位置的意愿，与假说H_8一致，与林丽梅等（2019）的研究结论相同，村规民约根植于乡村的日常生产生活和独特风俗习惯，这种非正式制度在一定程度上会对养殖户的污染防治行为的实施具有约束力，治污成本压力过大时，养殖户改变养殖场所位置的意愿会变强。

（5）与其他养殖户签订承诺书在10％的水平上显著，系数为正，表明与其他养殖户签订承诺书会使养殖户改变养殖场所位置的意愿提高，与假说 H_8 一致，与林丽梅等（2019）的研究结论相同，当养殖户签订承诺书后，就意味着养殖户必须履行约定，当养殖户违约后，会与其他养殖户产生一定的违约成本，当违约成本过高时，养殖户便会选择改变养殖场所位置，避免因违约而提高养殖成本。

6.2.5　结论与建议

6.2.5.1　结论

（1）在所有规制类型中，命令型规制对畜禽养殖户的影响程度最高，对养殖户的养殖行为约束力最强，自愿型规制对畜禽养殖户的影响程度最低，对养殖户的养殖行为约束力最弱，养殖户最期望出台的环境规制政策是激励型规制政策，这类型的政策能提高养殖户的养殖热情。

（2）从养殖户个体特征来看，年龄会对养殖户的养殖行为负向影响，受教育程度、养殖人数、养殖规模等控制变量对养殖户养殖行为具有正向的显著影响，且影响具有差异性，在不同的特征阶段产生的影响效果是不同的。

（3）环境规制政策会对养殖户的养殖行为呈正向影响，但当环境规制强度过大时，养殖户会基于自身的资源禀赋做出理性决策，做出最经济最有利的行为选择，或改变养殖规模，或退出养殖行业，或向规制强度较弱的地区转移。

6.2.5.2　建议

（1）结合养殖户的实际情况，合理地、灵活地搭配调整环境规制政策，更有效、更经济、更积极地引导养殖户进行养殖决策。激励型规制与命令型规制相结合，通过补贴政策与处罚政策相结合，同时运用和强化非正式制度的纪律监督和传递内化功能，从而使政策对农户的养殖行为产生积极的影响。

（2）根据养殖户不同的年龄、受教育程度、养殖规模等特点，需要灵活运用政策工具，制定差异化政策；针对不同养殖规模和不同专业化程度的养殖户制定不同的执行标准，实施不同力度的监管政策，同时还要细化监管处罚措施和激励措施。利用宣传、教育和普法等方式，引导年龄较大和受教育程度低的养殖户学习了解环保政策。同时应加强技术培训、生态补贴、集中型治污设施的投入等，为养殖户提供技术及经济等条件支持。

（3）政策的制定要兼顾养殖户的经济效益和环境的生态效益，在制定补贴政策和提供技术支持时要多听取养殖户意见，并通过协商、对话与决策等渠道达成合理及适用处罚、补贴区间，提高养殖户对规制措施的心理接受程度，降低养殖户进行污染防治的相对成本，在使环境规制的强度保持在养殖户的承受阈值之内的同时，也使生态环境同时获益，以保证养殖行业的正常可持续发展。

第7章 贵州畜禽养殖户养殖污染治理效果与治理技术采用研究

畜禽养殖业导致的环境污染不仅影响了人们正常的生产生活，也会影响畜牧养殖业的可持续发展，养殖户作为污染治理主体，其治理方式决定了最终的治理效果。本章将基于贵州畜禽养殖户的实际情况，分析当前养殖户的治理效果及影响因素，同时基于当前治理现状，探讨如何提升养殖户的治理能力，为相关部门在畜禽规划及政策制定方面提供参考借鉴。

7.1 贵州畜禽养殖户养殖污染治理效果及影响因素分析

本章根据贵州畜禽养殖户的调查数据，基于养殖污染治理效果视角，运用多元有序 Logistic 回归模型，实证分析了贵州畜禽养殖户养殖污染治理效果的影响因素，并基于研究结论提出相关对策建议。

7.1.1 研究方法、数据来源及变量选取

7.1.1.1 研究方法

由于选择的因变量有 5 个选项，且各选项之间存在递进关系，因此选择多元有序 Logistic 回归模型比较合适。

假设 $y^* = \beta X_i + \varepsilon$（$y^*$ 表示观测现象内在趋势，不能被直接测量），选择规则为：

$$y \begin{cases} 0, & \text{若 } y^* \leqslant r_0 \\ 1, & \text{若 } r_0 \leqslant y^* \leqslant r_1 \\ 2, & \text{若 } r_1 < y^* \end{cases} \tag{7-1}$$

其中，$r_0 < r_1$，为待估系数，即"切点"；y 表示效果程度由高到低排序；X_i 表示 5 类影响因素中的 17 个具体变量；β 为自变量系数；ε 为残差项。假设残差项 ε 服从 Logistic 分布，得到有序 Logistic 模型概率形式：

$$p(y_{li} > j) = \Phi(\gamma_i - X_i\beta) = \frac{\exp(\gamma_i - X_i\beta)}{1 + \exp(\gamma_i - X_i\beta)} \tag{7-2}$$

式（7-2）中，j 表示效果程度由高到低排序（$j = 0，1，2，\cdots，n$）；i 表示样本序号，X_i 为自变量；β 为估计参数。

7.1.1.2　变量选取

根据研究需要及样本区实际情况，在借鉴宾幕容等（2020）的研究基础上，选取如下 17 个自变量，各变量之间的均值、方差及变量解释见表 7-1。

表 7-1　变量选取

变量类型	变量名称	变量定义	均值	方差
因变量	畜禽养殖污染治理效果（Y）	5＝效果很好，4＝效果较好，3＝效果一般，2＝效果较差，1＝效果很差	3.61	0.99
个体特征	年龄（X_1）	连续变量，以年为单位	43.22	85.40
	性别（X_2）	1＝男，0＝女	0.84	0.14
	文化程度（X_3）	5＝本科及以上，4＝大专，3＝高中（中专），2＝初中，1＝小学及以下	2.32	0.96
	身份属性（X_4）	1＝个体养殖户，0＝非个体养殖户	0.45	0.25
经营特征	养殖年限（X_5）	连续变量，以年为单位	9.13	70.42
	养殖人数（X_6）	连续变量，以人为单位	2.46	2.11
	养殖收入占比（X_7）	1＝30%及以上；2＝30%～50%；3＝51%～70%；4＝71%以上	1.72	1.05
	饲养数量（X_8）	5＝1 001 只（头）以上，4＝500～1 000 只（头），3＝101～500 只（头），2＝30～100 只（头），1＝30 只（头）以下	1.65	1.16
认知特征	周边污染程度（X_9）	3＝较严重，2＝一般，1＝较小	1.56	0.55
	污染能否控制（X_{10}）	3＝可以完全控制，2＝只能部分控制，1＝无法控制	2.47	0.36
	是否清楚减少养殖污染物的方法（X_{11}）	1＝清楚，0＝不清楚	0.61	0.24

（续）

变量类型	变量名称	变量定义	均值	方差
行为特征	养殖污染治理培训（X_{12}）	3＝经常参加，2＝偶尔参加，1＝没有参加过	1.67	0.55
	治理养殖污染意愿（X_{13}）	1＝愿意，0＝不愿意	0.93	0.07
	增加养殖污染投入意愿（X_{14}）	1＝愿意，0＝不愿意	0.81	0.16
外部环境	养殖污染物排泄管理规章制度（X_{15}）	1＝有，0＝没有	0.54	0.25
	对相关法律法规的了解程度（X_{16}）	3＝很熟悉，2＝知道小部分，1＝不知道	1.86	0.34
	有无政府补贴（X_{17}）	1＝有，0＝没有	0.22	0.17

7.1.1.3　数据来源

数据来自 2020 年 7 月—2021 年 3 月贵州生态畜牧业发展背景下畜禽养殖户污染治理对策研究课题组对贵州省畜禽养殖户的实地问卷调查，问卷样本涉及贵州省 9 个市、地、州 40 个县（区）80 个乡镇 176 个村寨，其中遵义县、威宁县、习水县、开阳县为国家级畜牧养殖大县。国家级畜牧养殖大县的问卷调查由项目负责人完成，其他由样本区附近的铜仁学院学生利用寒暑假期完成。本次共发放问卷 1 100 份，根据本章研究需要，剔除无效样本，获得有效问卷 870 份，有效率为 79.09％。

7.1.2　贵州畜禽养殖户养殖污染治理效果现状分析

7.1.2.1　养殖户的污染治理效果认知

由表 7-2 可知，在 870 个被调查样本中，有 205 人认为畜禽养殖污染治理效果很好，占 23.5％；有 231 人认为畜禽养殖污染治理效果较好，占 26.5％；有 340 人认为畜禽养殖污染治理效果一般，占 39.1％；有 81 人认为畜禽养殖污染治理效果较差，占 9.3％；有 13 人认为畜禽养殖污染治理效果很差，占 1.5％。由此可见，样本区内的养殖户认为当地养殖污染治理效果并不差，但同时也未达到很好的效果，而是介于一般到很好之间。

表 7-2　治理效果

变量名称	变量类型	样本数（人）	比例（%）
养殖污染治理效果	效果很好	205	23.5
	效果较好	231	26.5
	效果一般	340	39.1
	效果较差	81	9.3
	效果很差	13	1.5

7.1.2.2　养殖户的污染处理方式

由表 7-3 可知，养殖户在处理不同污染物时采用的方式存在较大差异，在处理粪尿污染物时最常用的方式是堆积发酵做肥料和直接施于农田，分别出现 630 人次、573 人次，占比分别是 69.31%、63.04%，最少的是直接排到水沟里；在处理污水污染物时，大部分养殖户选择了比较科学环保的"净化处理"方式，占比 73.70%，但同时仍然有部分养殖户会选择直接排放；而在处理病死畜禽时，绝大多数的养殖户会选择深埋的方式去治理。总体上样本区内的养殖户在治理不同污染物时所选择的方式比较环保，但仍然有较大改进空间。

表 7-3　畜禽污染物处理方法

变量	变量类型	采用数（人次）	比例（%）
畜禽粪尿污染物处理方法	堆积发酵做肥料	630	69.31
	直接排到水沟里	127	13.97
	直接施于农田	573	63.04
	建沼气池，作为沼气原料	370	40.70
	丢弃	172	18.92
畜禽污水污染物处理方法	直接排放	322	37.00
	净化处理	641	73.70
病死畜禽处理方法	深埋	667	73.38
	焚烧	70	7.70
	高温消毒	41	4.51
	丢弃	100	11.00
	其他	32	3.52

7.1.2.3 相关补贴获取状况

通常在建设养殖场的粪便污垢治理的设备过程中，地方政府部门机构会给予一定的资金补贴，来缓解养殖户的资金压力，但由表7-4可知，样本区内77.56%的养殖户未得到过政府的沼气建设补贴，并且政府对后续再建沼气的相关费用也几乎没有补贴，但仍有部分养殖户得到过这类补贴，并且承认补贴政策有效，出现这样的现象可能是因为样本区内多为小规模养殖户或散户，这类人群对相关补贴政策的了解程度不高，且对污染的治理意识也不强，造成大多数人并不知道有这类补贴政策，并且对建设沼气的意愿也不强。

表7-4　养殖户获政府补贴情况

变量	变量类型	样本数（人）	比例（%）
建设沼气系统政府补贴	无政府补贴	705	77.56
	1 000 元以内	64	7.04
	1 000～5 000 元	107	11.77
	5 000 元以上	33	3.63
再建沼气系统政府补贴	无政府后续补贴	775	85.26
	500 元以内	51	5.61
	500～2 000 元	48	5.28
	2 000 元以上	35	3.85

7.1.3 贵州畜禽养殖户养殖污染治理效果影响因素实证分析

本节采用 SPSS 软件对贵州 870 份问卷数据进行多元有序 Logistic 回归模型分析，结果见表7-5。

表7-5　模型回归结果

变量	系数	标准错误	瓦尔德	显著性	95%置信区间 下限	上限
年龄（X_1）	0.011	0.007	2.245	0.134	−0.003	0.026
性别（X_2）	−0.05	0.178	0.079	0.778	−0.399	0.299
文化程度（X_3）	−0.138*	0.074	3.473	0.062	−0.284	0.007
身份属性（X_4）	−0.11	0.142	0.596	0.44	−0.389	0.169

（续）

变量	系数	标准错误	瓦尔德	显著性	95％置信区间 下限	上限
养殖年限（X_5）	0.001	0.008	0.005	0.945	−0.015	0.016
养殖人数（X_6）	0.047	0.047	1.025	0.311	−0.044	0.139
养殖收入占比（X_7）	0.051	0.075	0.464	0.496	−0.096	0.198
饲养数量（X_8）	−0.106	0.07	2.264	0.132	−0.244	0.032
周边污染程度（X_9）	−0.316***	0.089	12.703	0.00	−0.49	−0.142
污染能否控制（X_{10}）	0.606***	0.117	27.088	0.00	0.378	0.835
是否清楚减少养殖污染物的方法（X_{11}）	0.401***	0.142	7.973	0.005	0.123	0.679
养殖污染治理培训（X_{12}）	0.186*	0.096	3.789	0.052	−0.001	0.374
治理养殖污染意愿（X_{13}）	0.463*	0.256	3.275	0.07	−0.038	0.964
增加养殖污染投入意愿（X_{14}）	0.762***	0.181	17.666	0.00	0.407	1.118
是否有养殖排泄物规章制度（X_{15}）	0.302**	0.138	4.757	0.029	0.031	0.573
对相关法律的了解程度（X_{16}）	0.401***	0.128	9.761	0.002	0.15	0.653
有无政策补贴（X_{17}）	−0.005	0.159	0.001	0.975	−0.317	0.307
Nagelkerke 伪 R^2				0.203		
平行线检验				0.131		

注：*、**、***分别表示在10％、5％、1％显著水平上显著。

养殖户个体特征。文化程度（X_3）系数为−0.138在10％水平上显著，且系数为负，表明文化程度与治理效果之间呈负向显著影响。原因是样本区内的养殖户文化程度较高的多是兼业农户，畜禽养殖并不是其唯一经济来源，反而文化程度较低的养殖户凭借以往经验进行污染治理，所以文化程度与治理效果呈负向显著影响。年龄（X_1）、性别（X_2）和身份属性（X_4）影响均不显著，三者对畜禽污染治理效果影响较小。年龄不显著的原因是样本区的养殖户总体年龄偏大，对污染治理的观念不强，导致治理效果较低。性别不显著的原因是样本区的养殖户多以男性为主，容易忽视养殖场卫生，污染治理效果低。身份属性不显著的原因是样本区的养殖户老龄化严重，对污染治理意愿不强，治理效果差。

养殖户经营特征。养殖经营特征中养殖年限（X_5）、养殖人数（X_6）、养殖收入占比（X_7）、饲养数量（X_8）均不显著，表明养殖户的相关经营因素对污染治理效果并无显著影响，其中养殖年限（X_5）、养殖人数（X_6）、养殖收入占比（X_7）的系数为正，表明养殖户的养殖年限越长、养殖人数越多、养殖收入占比越高,其污染治理效果越好。饲养数量(X_8)的影响系数为负,表明饲养数量越多,养殖户的污染治理效果越差,可能原因是养殖户的饲养数量越大,其污染产生量也就越多,治理也就越困难,所以治理效果越差。

养殖户认知特征。周边污染程度(X_9)系数为-0.316在1%水平上显著,且系数为负,表明周边污染程度与治理效果之间呈负向显著影响,其可能原因是周边污染程度越高,养殖户的惰性越强,使得治理效果逐渐下降。畜禽污染能否控制(X_{10})和是否清楚减少养殖污染物的方法(X_{11})均在1%水平上显著,且系数均为正,表明这两类因素与治理效果之间是正向显著影响,其原因可能是:一方面当畜禽污染对环境造成破坏时,污染了自己周边的环境,养殖户的基本生活受到了影响,所以会自觉地去治理以此来改变周边环境;另一方面养殖户参与养殖畜禽,其目的是获取经济上的收益,当养殖户发现污染会对畜禽和人类身体健康造成危害,会损失自己应当获得的经济价值时,养殖户理所应当地会投入养殖污染治理这一过程中。

养殖户行为特征。养殖污染治理培训(X_{12})、治理养殖污染意愿(X_{13})在10%水平上显著,增加养殖污染投入意愿(X_{14})在1%水平上显著,且系数均为正,表明这三类因素与治理效果之间呈正向显著影响,其原因可能是参与养殖污染治理培训越多,养殖户接受新知识、新技术越多,新技术、新知识就更加与时俱进,污染治理效果就越好,并且治理愿意越强、有增加污染治理投入想法的养殖户环保意识肯定越强,因此治理效果会更好。

外部环境特征。是否有养殖排泄物规章制度(X_{15})、对相关法律的了解程度(X_{10})分别在5%、1%水平上显著,且影响系数均为正,表明这两类因素与治理效果之间呈正向显著影响,原因是养殖排泄物规章制度能够对养殖户起到很强的约束作用,并且养殖户对相关法律的了解程度越高,养殖户对随意排放的利害认知就越清楚,为规避处罚,养殖户自然而然地会增加污染治理,因此治理效果会更好,而有无政府补贴(X_{17})影响不显著的原因是样本区的养殖户基本没有获得过政府补贴或获得的补贴较少。

7.1.4 结论与建议

7.1.4.1 结论

根据以上研究可知,样本区内养殖户对当前的治理效果认知总体较好,且对于不同污染物的治理方式也相对环保，但得到政策补贴的养殖户不多，表明该区域在污染治理方面仍有较大改进空间。而在具体的影响因素中污染能否控制、是否清楚减少养殖污染物的方法、养殖污染治理培训、治理养殖污染意愿、增加养殖污染投入意愿、是否有养殖排泄物规章制度、对相关法律的了解程度对污染治理效果有显著正向影响，而养殖户文化程度和周边污染程度对污染治理效果有显著负向影响。

7.1.4.2　建议

（1）建立畜禽养殖污染防治环境变化监测预警机制。一是政府部门需配备专业的数据采集人员，定时、定点采集畜禽养殖环境变化的相关信息，通过微信公众号、今日头条、电视广播等途径向公众及时发布相关数据信息，以此来提高信息使用者获取信息的便捷性；二是政府部门要加强与科研机构的合作，联合研发畜禽养殖环境变化预警监测模型，用来分析畜禽养殖环境的趋势走向，及时更新政策体系，以此来加强农村养殖户对养殖污染的认知程度与治理行为。

（2）提高畜禽养殖污染防治相关技术服务的覆盖率。一是在实施过程中，相关工作人员在提供咨询和技术指导服务时，需保持友善和耐心，以保障农户的学习效率和服务效率；二是在国家研究出最新的治污技术时，要广泛宣传，组织农户学习，保障每位农户都能知晓并及时学习新技术。

（3）加大畜禽养殖户畜禽养殖污染防治资金的投入。一是地方政府应适当增加畜禽养殖污染防治技能培训资金，有利于更多农村养殖户积极参与和配合，积累良好的养殖理论知识，以此来纠正养殖户的认知偏差，提高养殖户的治理意识；二是地方政府应适当增加购买资源化利用、粪便污垢治理等设备的补贴力度，以及增加后期维修设备的费用，以此来激励养殖户在污染治理方面投入更多，使所有的污染物都经无害化处理后再排放。

7.2　贵州畜禽养殖户养殖污染治理技术采用研究——基于环梵净山区域的调查

环梵净山区域是国家级自然保护区，生态环境格外重要，而畜禽养殖业又无法从该区域彻底搬离，因此厘清该区域养殖户养殖污染的技术采用及影响因素能对贵州实施生态畜牧业提供很好的案例参考价值。本节将以环梵净山区域养殖户为研究对象，运用有序 Logistic 回归模型和二元 Logistic 回归模型，对该区域养殖户畜禽污染治理技术采用进行分析，并基于研究结论提出相关对策建议。

7.2.1 研究方法、指标选取及数据来源

7.2.1.1 研究方法

（1）问卷调查法。结合研究目的，通过精心设计调查问卷，向环梵净山区域的 3 个县（松桃、江口、印江）12 个乡镇（缠溪镇、德旺乡、罗场乡、闵孝镇、木黄镇、怒溪镇、太平镇、乌罗镇、杨柳镇、洋溪镇、寨英镇、紫薇镇）发放问卷调查表收集养殖户的第一手资料，再运用相关软件如 SPSS 对问卷数据进行分析处理，整理得到本节研究所需要数据。

（2）描述性统计分析。运用该方法对养殖户的个体特征、养殖污染治理方式选择以及治理意愿等进行描述性分析。

（3）计量分析法。二元 Logistic 回归模型。选用该模型方法对养殖户在畜禽污水治理技术采用方面的影响因素进行回归分析，模型的基本形式如下：

$$P_i = F\left(\alpha + \sum_{i=1}^{n}\beta_j X_{ij}\right) - \frac{1}{1+\exp\left(-\alpha+\sum_{i=1}^{n}\beta_j X_{ij}\right)} + e_i \qquad (7-3)$$

式（7-3）中，P_i 表示畜禽污水治理技术采用（直接排放、净化后再治理）的需求概率，β_j 是 4 类因素（养殖户的个体特征、经营特征、认知特征、外部环境特征）14 个自变量（年龄、性别、文化程度、身份属性、养殖种类、养殖年限、养殖人数、养殖收入占比、饲养数量、对相关法律的了解程度、污染对畜禽健康的影响程度、畜禽污染能不能被控制、养殖污染治理培训、有无排污规章制度）的回归系数；n 表示自变量的个数，$n=$ 14；X_{ij} 是自变量，表示第 j 种影响因素；α 为回归截距；e_i 表示随机扰动项。

多元有序 Logistic 回归模型。假设 $y^* = \beta X_i + \varepsilon$（$y^*$ 表示观测现象内在趋势，不能被直接测量），选择规则为：

$$y \begin{cases} 0, & \text{若 } y^* \leqslant r_0 \\ 1, & \text{若 } r_0 \leqslant y^* \leqslant r_1 \\ 2, & \text{若 } r_1 < y^* \end{cases} \quad (7-4)$$

其中，$r_0 < r_1$，为待估系数，即"切点"；y 表示技术含量由低到高排序；X_i 表示 4 类影响因素中的 14 个具体变量；β 为自变量系数；ε 为残差项。假设残差项 ε 服从 Logistic 分布，得到有序 Logistic 模型概率形式：

$$p(y_{li} > j) = \Phi(\gamma_i - X_i\beta) = \frac{\exp(\gamma_i - X_i\beta)}{1 + \exp(\gamma_i - X_i\beta)} \quad (7-5)$$

式（7-5）中，j 表示技术含量由低到高排序（$j = 0, 1, 2, \cdots, n$）；i 表示样本序号，X_i 为自变量；β 为估计参数。

7.2.1.2　指标选取

根据实际情况，在参考已有的如张维平（2018）和姚文捷（2016）研究的基础上，将因变量中畜禽粪尿治理采用技术 Y_1 和病死畜禽治理采用技术 Y_3 按照技术含量从低到高进行排列，然后进行有序 Logistic 回归；畜禽污水治理采用技术 Y_2 进行二元 Logistic 回归。选取变量见表 7-6。

7.2.1.3　数据来源

7.2.1.3.1　样本来源

本次研究的数据来自 2020 年 2 月—2020 年 10 月贵州省畜禽养殖户的实地问卷调查。为确保调查信息的准确性和可靠性，运用分层抽样方法选取环梵净山区域的松桃、江口、印江 3 个县的 12 个乡镇（缠溪镇、德旺乡、罗场乡、闵孝镇、木黄镇、怒溪镇、太平镇、乌罗镇、杨柳镇、洋溪镇、寨英镇、紫薇镇）为问卷样本区，采用问答形式对样本区畜禽养殖户进行实地问卷调查获得第一手数据。共发放调查问卷 1 000 份，剔除关键数据缺失及无效问卷，收回有效问卷 841 份，有效率为 84.1%，基本能代表环梵净山区域畜禽养殖户的基本情况，问卷分布情况见图 7-1。

表7-6 相关变量说明

	变量名称		变量定义	均值	标准偏差
因变量	采用技术	畜禽粪尿治理采用技术（Y_1）	1＝直排技术；2＝种养结合技术；3＝沼气发酵技术；4＝制有机肥技术	2.45	0.76
		畜禽污水治理采用技术（Y_2）	0＝直接排放；1＝净化治理	0.67	0.47
		病死畜禽治理采用技术（Y_3）	1＝其他技术；2＝深埋技术；3＝焚烧技术；4＝高温消毒技术	2	0.63
自变量	个体特征	年龄（X_1）	连续变量	43.74	9.21
		性别（X_2）	0＝女；1＝男	0.83	0.38
		文化程度（X_3）	1＝小学及以下；2＝初中；3＝高中（中专）；4＝大专；5＝本科及以上	2.31	1.01
		身份属性（X_4）	0＝非专业养殖；1＝专业养殖户	0.52	0.5
	经营特征	养殖种类（X_5）	0＝猪；1＝其他畜禽	0.49	0.5
		养殖年限（X_6）	连续变量	8.78	7.49
		养殖人数（X_7）	连续变量	2.41	1.37
		养殖收入占比（X_8）	1＝30％及以下；2＝31％～50％；3＝51％～70％；4＝71％以上	1.76	1.04
		饲养规模（X_9）	1＝散养；2＝小规模；3＝中等规模；4＝大规模	1.66	1.07
	认知特征	对相关法律的了解程度（X_{10}）	1＝不知道；2＝知道小部分；3＝很熟悉	1.87	0.6
		污染对畜禽健康影响程度（X_{11}）	1＝不知道；2＝无影响；3＝影响较小；4＝影响较大	3.1	0.98
		畜禽污染能不能被控制（X_{12}）	1＝无法控制；2＝只能部分控制；3＝可以完全控制	2.48	0.59
	外部环境特征	养殖污染治理培训（X_{13}）	1＝没参加过；2＝偶尔参加；3＝经常参加	1.68	0.75
		有无排污规章制度（X_{14}）	0＝没有；1＝有	0.54	0.5

7.2.1.3.2 样本特征

由表7-7可知，本次调查的样本中，大部分为青壮年，年龄集中在36～55岁，文化程度以初中文化为主，且男性养殖户比重较大有697人；

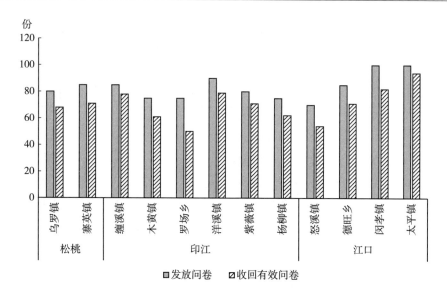

图 7-1　问卷分布情况

养殖户的身份属性更多的为非专业养殖户，饲养的种类以猪为主，并且养殖年限主要集中在 1～10 年，其中饲养 5 年及以下的养殖户最多，占总样本的 46.8%，20 年以上的最少仅占总样本的 8%；在养殖人数方面大部分集中在 5 人及以下，占总样本的 96.6%，而促使农户养殖的所有诱因中最多的是因为没有找到合适的工作，占总样本的 30.8%；在养殖收入占比中以 30% 及以下为主，占总样本的 57.8%；在饲养规模上大部分为散养，规模养殖涉及较少。从养殖场距水源的距离上来看大部分养殖户都将养殖场建在了距水源 500 米以外，占总样本的 45.2%，但仍有 13.8% 的养殖户把养殖场建在了距水源 50 米以内；并且在这次调查的样本中有 48.8% 的人没有参加过养殖污染治理培训，即使参加过培训的样本中更多的也只是偶尔参加。

表 7-7　养殖户基本特征

	类别	次数（次）	百分比（%）
年龄	25 岁及以下	26	3.1
	25～35 岁	112	13.3
	36～45 岁	346	41.1
	46～55 岁	288	34.2
	大于 55 岁	69	8.2

（续）

	类别	次数（次）	百分比（％）
性别	男	697	82.9
	女	144	17.1
文化程度	小学及以下	155	18.4
	初中	415	49.3
	高中（中专）	159	18.9
	大专	77	9.2
	本科及以上	35	4.2
身份属性	专业养殖户	405	48.2
	非专业养殖户	436	51.8
养殖种类	猪	429	51.0
	其他禽类	412	49.0
养殖年限	5 年及以下	394	46.8
	6~10 年	240	28.5
	11~15 年	55	6.5
	16~20 年	85	10.1
	大于 20 年	67	8.0
养殖人数	5 人及以下	812	96.6
	大于 5 人	29	3.4
养殖诱因	市场行情好	207	24.6
	政策支持	110	13.1
	家里粮食多	111	13.2
	没有找到更合适的工作	259	30.8
	其他	154	18.3
养殖收入占比	30％及以下	486	57.8
	31％~50％	162	19.3
	51％~70％	101	12.0
	71％以上	92	10.9
养殖规模	散养	533	63.4
	小规模	167	19.9
	中等规模	108	12.8
	大规模	33	3.9

（续）

类别		次数（次）	百分比（%）
距水源距离	50 米以内	116	13.8
	50~100 米以内	143	17.0
	100~500 米以内	202	24.0
	500 米以上	380	45.2
养殖污染治理培训	经常参加	142	16.9
	偶尔参加	289	34.4
	没有参加过	410	48.8

7.2.2　环梵净山区域畜禽养殖污染治理技术采用现状分析

7.2.2.1　养殖户治理意愿现状分析

由表 7-8 可知，环梵净山区域的养殖户对于畜禽污染的治理意愿是非常强烈的，在 841 个有效样本中有 767 户愿意治理，占总样本的 91.20%，不愿意治理的仅有 74 户，占总样本的 8.80%。

表 7-8　养殖户的整体治理意愿

类型	数量（个）	比例（%）
愿意	767	91.20
不愿意	74	8.80

由表 7-9 可知，不同养殖规模的养殖户对于畜禽养殖污染治理的意愿是不同的，其中大规模养殖的治理意愿比例最高，占比 97.00%，其次是散养，占比 91.90%，小规模占比 89.80%，中等规模占比 88.00%。

表 7-9　不同养殖规模对于畜禽污染治理意愿

类别	计数	不愿意	愿意
散养	数量（个）	43	490
	百分比（%）	8.10	91.90
小规模	数量（个）	17	150
	百分比（%）	10.20	89.80

（续）

类别	计数	不愿意	愿意
中等规模	数量（个）	13	95
	百分比（%）	12.00	88.00
大规模	数量（个）	1	32
	百分比（%）	3.00	97.00

由表 7-10 可知，养殖身份属性不同对于污染治理意愿会存在差异，其中非普通养殖户意愿治理畜禽污染的比例高于普通个体养殖户。

表 7-10　不同身份属性对于畜禽污染治理意愿

类别	计数	不愿意	愿意
普通个体户	数量（个）	32	373
	百分比（%）	43.20	48.60
非普通养殖户	数量（个）	42	394
	百分比（%）	56.80	51.40

由表 7-11 可知，不同性别的养殖户对于畜禽污染治理意愿是不同的，在所调查的样本中，92.40% 的男性养殖户愿意治理畜禽养殖污染，高于女性养殖户的 85.40%。

表 7-11　不同性别养殖户的治理意愿

类别	计数	愿意	不愿意
男	数量（个）	644	53
	百分比（%）	92.40	7.60
女	数量（个）	123	21
	百分比（%）	85.40	14.60

7.2.2.2　畜禽污染治理效果现状分析

由表 7-12 可知，有超过一半的养殖户对于当前畜禽污染治理现状持不满意态度，占总样本量的 53.20%，可见当前该区域的畜禽污染治理并不乐观。

表 7 - 12　污染治理现状满意程度

	类型	数量（个）	比例（%）
满意程度	满意	394	46.80
	不满意	447	53.20

由表 7 - 13 可知，不同养殖规模的养殖户对于污染治理现状的满意程度存在差异，在所有调查样本中，饲养规模为大规模的养殖户对于养殖污染治理满意程度最高，占比 60.60%，其次是中等规模占比 49.10%、小规模占比 46.70%、散养占比 45.60%。

表 7 - 13　不同养殖规模对污染治理现状满意程度

类别	计数	满意	不满意
散养	计数（个）	243	290
	百分比（%）	45.60	54.40
小规模	计数（个）	78	89
	百分比（%）	46.70	53.30
中等规模	计数（个）	53	55
	百分比（%）	49.10	50.90
大规模	计数（个）	20	13
	百分比（%）	60.60	39.40

7.2.2.3　畜禽污染治理技术采用现状分析

由表 7 - 14 可知，养殖户更倾向于使用种养结合的技术治理畜禽粪尿污染物，占总样本的 63.7%，仅有 22 户选择丢弃或直排技术占总样本的 2.6%；在畜禽污水治理方面超过一半的养殖户愿意采用净化后治理技术，占总样本量的 66.7%；而在病死畜禽治理方面 72.4% 的养殖户还是采用传统的深埋技术，采用现代高温消毒技术的仅占总样本数的 4.0%。

由表 7 - 15 可知，不同规模的养殖户在治理不同畜禽污染物的技术采用上差异不明显，养殖户在治理粪尿污染物时更倾向于采用种养结合技术；在治理病死畜禽污染物时更倾向于深埋技术；而在治理污水污染物时更倾向于净化治理技术。

表 7-14　养殖户治理养殖污染物技术方式

类型	技术	数量（个）	百分比（%）
粪尿	丢弃或直排	22	2.6
	种养结合	536	63.7
	沼气发酵技术	169	20.1
	制有机肥技术	114	13.6
污水	直排技术	280	33.3
	净化治理技术	561	66.7
病死畜禽	其他技术	135	16.1
	深埋技术	609	72.4
	焚烧技术	63	7.5
	高温消毒技术	34	4.0

表 7-15　不同饲养规模的养殖户对于不同畜禽污染的技术采用

类别	技术	散养（户/%）	小规模（户/%）	中等规模（户/%）	大规模（户/%）
粪尿	丢弃或直排	13 (2.4)	5 (3.0)	4 (3.7)	0 (0.0)
	种养结合	359 (67.4)	96 (57.5)	62 (57.4)	19 (57.6)
	沼气池技术	93 (17.4)	40 (24.0)	26 (24.1)	10 (30.3)
	制有机肥技术	68 (12.8)	26 (15.6)	16 (14.8)	4 (12.1)
	其他技术	84 (15.8)	27 (16.2)	21 (19.4)	3 (9.1)
病死畜禽	深埋技术	388 (72.8)	131 (78.4)	69 (63.9)	21 (63.6)
	焚烧技术	44 (8.3)	6 (3.6)	8 (7.4)	5 (15.2)
	高温消毒技术	17 (3.2)	3 (1.8)	10 (9.3)	4 (12.1)
污水	直排技术	186 (34.9)	49 (29.3)	41 (38.0)	4 (12.1)
	净化治理技术	347 (65.1)	118 (70.7)	67 (62.0)	29 (87.9)

7.2.3　环梵净山区域畜禽养殖污染治理技术采用实证分析

7.2.3.1　研究假说

7.2.3.1.1　畜禽污水治理技术采用假说

通过文献整理，发现影响养殖户畜禽污水治理技术采用的因素有很多，在借鉴宾幕容等（2017）、王晓莉等（2017）的研究基础上，本研究从养殖户的个体特征、经营特征、认知特征、外部环境特征 4 个方面提出以下假说。

（1）养殖户的个体特征假说。

H_{1a}：文化程度会正向影响养殖户畜禽污水治理技术采用，文化程度越高的养殖户在治理畜禽污水上会更偏向于净化后再治理。

H_{1b}：专业养殖户相比非专业养殖户在畜禽污水治理技术上更愿意采用净化后再治理。

（2）养殖户的经营特征假说。

H_{2a}：饲养种类为猪的养殖户会比饲养其他禽类的养殖户在畜禽污水治理技术上更愿意采用净化后再治理。

H_{2b}：养殖收入占比会正向影响养殖户畜禽污水治理技术采用，收入占比越高的养殖户在治理畜禽污水上会越偏向于净化后再治理。

H_{2c}：饲养规模会正向影响养殖户畜禽污水治理技术采用，饲养规模越大的养殖户在治理畜禽污水上会越偏向于净化后再治理。

（3）养殖户的认知特征假说。

H_{3a}：对相关法律的了解程度会正向影响养殖户畜禽污水治理技术采用，对相关法律了解程度越高的养殖户在治理畜禽污水上会更偏向于净化后再治理。

H_{3b}：污染对畜禽健康的影响会正向影响养殖户畜禽污水治理技术采用，污染对畜禽健康的影响越大养殖户在治理畜禽污水上会更偏向于净化后再治理。

H_{3c}：污染能不能被控制会正向影响养殖户畜禽污水治理技术采用，越认为污染能被控制的养殖户在治理畜禽污水上会越偏向于净化后再治理。

（4）养殖户的外部环境特征假说。

H_{4a}：污染治理培训会正向影响养殖户污水治理技术采用，参与过污染治理培训的养殖户在治理畜禽污水上会更偏向于净化后再治理。

H_{4b}：是否有排污制度会正向影响养殖户污水治理技术采用，养殖场有排污制度的养殖户在治理畜禽污水上会更偏向于净化后再治理。

7.2.3.1.2　畜禽粪尿治理技术采用假说

通过文献整理，发现影响养殖户畜禽粪尿治理技术采用的因素有很多。

在借鉴潘丹和孔凡斌（2015）、王桂霞和杨义风（2017）、陈菲菲等（2017）的研究基础上，本研究从养殖户的个体特征、经营特征、认知特征、外部环境特征4个方面提出以下假说：

（1）养殖户的个体特征假说。

H_{5a}：养殖户的年龄会反向影响养殖户对于畜禽粪尿治理技术的采用，养殖户的年龄越大在治理畜禽粪尿上会采用技术含量越高的治理技术。

H_{5b}：文化程度会正向影响养殖户畜禽污水治理技术采用，文化程度越高的养殖户在治理畜禽粪尿上会采用技术含量越高的治理技术。

H_{5c}：专业养殖户相比非专业养殖户在畜禽粪尿治理技术上更愿意采用净化后再治理。

（2）养殖户的经营特征假说。

H_{6a}：养殖收入占比会正向影响养殖户畜禽粪尿治理技术采用，收入占比越高的养殖户在治理畜禽粪尿上会采用技术含量越高的治理技术。

H_{6b}：饲养规模会正向影响养殖户畜禽污水治理技术采用，饲养规模越大的养殖户在治理畜禽粪尿上会采用技术含量越高的治理技术。

（3）养殖户的认知特征假说。

H_{7a}：对相关法律的了解程度会正向影响养殖户畜禽粪尿治理技术采用，对相关法律了解程度越高的养殖户在治理畜禽粪尿上会采用技术含量越高的治理技术。

（4）养殖户的外部环境特征假说。

H_{8a}：污染治理培训会正向影响养殖户畜禽粪尿治理技术采用，参与过污染治理培训的养殖户在治理畜禽粪尿上会采用技术含量更高的治理技术。

H_{8b}：是否有排污制度会正向影响养殖户畜禽粪尿治理技术采用，有排污制度的养殖场养殖户在治理畜禽粪尿上会采用技术含量更高的治理技术。

7.2.3.1.3 病死畜禽治理技术采用假说

通过文献整理，发现影响养殖户病死畜禽治理技术采用的因素有很多，在借鉴王志伟（2019）、司瑞石（2020）的研究基础上，本研究从养殖户的个体特征、经营特征、认知特征、外部环境特征4个方面提出以下假说：

（1）养殖户的个体特征方面假说。

H_{9a}：养殖户的年龄会反向影响养殖户对于病死畜禽治理技术的采用，

养殖户的年龄越大，其思想越僵硬因此在传统思想的束缚下，就越不愿意花更多的钱去选择技术含量较高的病死畜禽治理技术。

H_{9b}：男性会比女性更愿意采用技术含量更高的病死畜禽治理技术。

H_{9c}：文化程度会正向影响养殖户对于病死畜禽治理技术的采用，文化程度越高的养殖户在治理病死畜禽上会采用技术含量越高的治理技术。

H_{9d}：专业养殖户会比非专业养殖户更愿意采用技术含量更高的病死畜禽治理技术。

（2）养殖户的经营特征假说。

H_{10a}：养殖年限会正向影响养殖户对于病死畜禽治理技术的采用，养殖年限越大的养殖户在病死畜禽治理技术的选择上就越愿意采用技术含量更高的治理技术。

H_{10b}：养殖收入占比会正向影响养殖户对于病死畜禽治理技术的采用，养殖收入占比越大的养殖户在病死畜禽治理技术的选择上就越愿意采用技术含量更高的治理技术。

H_{10c}：饲养规模会正向影响养殖户对于病死畜禽治理技术的采用，饲养规模越大的养殖户在病死畜禽治理技术的选择上就越愿意采用技术含量更高的治理技术。

（3）养殖户的认知特征假说。

H_{11a}：对相关法律的了解程度会正向影响养殖户对于病死畜禽治理技术的采用，对相关法律了解程度越高的养殖户在病死畜禽治理技术的选择上就越愿意采用技术含量更高的治理技术。

H_{11b}：污染对畜禽健康的影响会正向影响养殖户对于病死畜禽治理技术的采用，认识到污染对畜禽健康的影响越大的养殖户在病死畜禽治理技术的选择上就越愿意采用技术含量更高的治理技术。

H_{11c}：污染能不能被控制会正向影响养殖户对于病死畜禽治理技术的采用，越认为污染能被控制的养殖户在病死畜禽治理技术的选择上就越愿意采用技术含量更高的治理技术。

（4）养殖户的外部环境特征假说。

H_{12a}：污染治理培训会正向影响养殖户对于病死畜禽治理技术的采用，参与过污染治理培训的养殖户在病死畜禽治理技术的选择上就更愿意采用技术含量更高的治理技术。

H_{12b}：是否有排污制度会正向影响养殖户对于病死畜禽治理技术的采用，有排污制度的养殖场养殖户在病死畜禽治理技术的选择上就更愿意采用技术含量更高的治理技术。

7.2.3.2 实证结果分析

7.2.3.2.1 畜禽污水治理技术采用实证结果分析

运用 SPSS 23 软件对养殖户污水治理技术采用进行二元 Logistics 回归分析，结果显示在模型拟合度方面－2 对数似然值为 891.441，Cox & Snell R^2 和 Nagelkerke R^2 分别为 0.191 和 0.266,；*Sig.* 值小于 0.05 表明本次回归结果能够很好地拟合观察数据，具体结果见表 7－16，分析结果如下：

（1）养殖户的个体特征。身份属性（X_4）Exp（B）值为 1.471，在 5% 的显著水平下显著，表明专业养殖户在畜禽污水治理技术上采用净化治理技术的概率是非专业养殖户的 1.471 倍，结果与假说 H_{1b} 一致，原因是专业养殖户由于养殖规模大，产生的污水较多，对环境危害较大，相应地在养殖过程中会主动采用净化治理技术，而非专业养殖户养殖规模相对较小对环境污染程度小，因此选择净化治理技术较少。

（2）养殖户的经营特征。养殖种类（X_5）Exp（B）值为 1.703，在 1% 的显著水平下显著，表明养殖种类为其他畜禽的养殖户在畜禽污水治理技术上采用净化治理技术的概率是养殖种类为猪的养殖户的 1.703 倍，结果与假说 H_{2a} 相反，原因是养殖种类为其他畜禽类的养殖户饲养种类繁多，所产生的污染量与污染物会有差异，因此在治理技术上更倾向于净化后再治理，而养殖种类为猪的养殖户因养殖种类单一所以在治理技术上选择净化后再治理的就要低于养殖种类为其他畜禽的养殖户。

（3）养殖户的认知特征。对相关法律的了解程度（X_{10}）的 Exp（B）值为 2.883，在 1% 的显著水平下显著，表明对相关法律的了解程度每增加一个单位就会导致养殖户在畜禽污水治理技术上采用净化治理技术的概率提升 2.883 倍，结果与假说 H_{3a} 一致，原因是法律法规对畜禽污水的排放具有很强的约束力，养殖户对相关法律的了解程度越高，那么养殖户在治理畜禽污水时就会越愿意采用净化后再治理；污染对畜禽健康影响（X_{11}）的 Exp

（B）值为 1.224，在 5% 的显著水平下显著，表明污染对畜禽健康影响程度每增加一个单位就会导致养殖户在畜禽污水治理技术上采用净化治理技术的概率提升 1.224 倍，结果与假说 H_{3b} 一致，原因是养殖户是靠养殖给自身创收，污染对畜禽健康的影响越大养殖户所面临的损失风险就越大，导致养殖户在污水治理技术上采用净化后再治理的意愿就越高。畜禽污染能不能被控制（X_{12}）的 Exp（B）值为 1.400，在 5% 的显著水平下显著，表明畜禽污染能被控制的程度每增加一个单位就会导致养殖户在畜禽污水治理技术上采用净化治理技术的概率提升 1.400 倍，结果与假说 H_{3c} 一致，原因是养殖户认为畜禽污染越能够被控制，其治理意愿就会越强，对治理好畜禽污染的信心也就越大，在技术的采用上也就越偏向于净化后再治理技术。

（4）养殖户的外部环境特征。有无养殖排污制度（X_{14}）的 Exp（B）值为 1.795，在 1% 的显著水平下显著，表明有排污制度的养殖户在畜禽污水治理技术上采用净化治理技术的概率是没有排污制度的养殖户的 1.795 倍，结果与假说 H_{4b} 一致，原因是所居住的村或所建造的养殖场在设有养殖排污制度的情况下会对养殖户在养殖过程中产生的畜禽污水排放有很强的约束性，从而迫使养殖户在畜禽污水治理技术的采用上选择净化后再治理。

表 7-16　畜禽污水治理技术采用回归结果

解释变量	系数	标准误	沃尔德	显著性	Exp（B）	95% 置信区间用于 Exp（B）	
						下限	上限
年龄	-0.001	0.01	0.011	0.916	0.999	0.979	1.019
性别	0.11	0.222	0.248	0.618	1.117	0.723	1.724
文化程度	0.007	0.095	0.006	0.938	1.007	0.836	1.213
身份属性	0.386**	0.185	4.344	0.037	1.471	1.023	2.116
养殖种类	0.532***	0.176	9.179	0.002	1.703	1.207	2.402
养殖年限	-0.013	0.012	1.201	0.273	0.987	0.964	1.01
养殖人数	0.071	0.067	1.101	0.294	1.073	0.94	1.225
养殖收入占比	0.011	0.092	0.014	0.905	1.011	0.845	1.21
饲养规模	-0.021	0.09	0.054	0.816	0.979	0.821	1.168
对相关法律的了解程度	1.059***	0.16	43.622	0.000	2.883	2.106	3.948

生态畜牧业发展背景下贵州畜禽养殖户养殖污染治理对策研究

（续）

解释变量	系数	标准误	沃尔德	显著性	Exp（B）	95%置信区间用于 Exp（B）	
						下限	上限
污染对畜禽健康的影响程度	0.202**	0.085	5.713	0.017	1.224	1.037	1.445
畜禽污染能不能被控制	0.336**	0.145	5.369	0.020	1.400	1.053	1.86
有无参加养殖污染治理培训	0.196	0.125	2.443	0.11©8	1.216	0.952	1.555
是否有养殖排泄物规章制度	0.585***	0.172	11.612	0.001	1.795	1.282	2.513
常量	−3.772	0.729	26.77	0.000	0.023		
−2 对数似然				891.441			
考克斯-斯奈尔 R^2				0.191			
内戈尔科 R^2				0.266			
Sig. 值				0.036			

注：*、**、***分别表示在10%、5%、1%显著水平上显著。

7.2.3.2.2 畜禽粪尿治理技术采用实证结果分析

把畜禽粪尿治理技术按技术含量由低到高进行排序然后运用SPSS 23软件进行有序 Logistic 回归分析，结果显示 Sig. 值为 0.004，小于 0.05，说明模型有统计学意义，模型通过检验，且模型的考克斯-斯奈尔 R^2 和内戈尔科伪 R^2 分别为 0.461 和 0.370，均处于较低值，说明模型对原始变量变异的解释程度较好，只有一小部分信息无法解释，拟合程度比较优秀。具体结果见表 7-17 模型 1，分析结果如下。

表 7-17 粪尿及病死畜禽治埋技术采用回归结果

变量名称	模型 1	模型 2
年龄	(0.02) 0.062**	(0.032) −0.020**
性别	(0.562) −0.116	(0.338) 0.203
文化程度	(0.002) 0.074***	(0.074) 0.160*
身份属性	(0.107) 0.258	(0.957) −0.009
养殖种类	(0.163) −0.211	(0.287) 0.176
养殖年限	(0.306) −0.011	(0.058) −0.021*
养殖人数	(0.145) 0.08	(0.431) −0.048
养殖收入占比	(0.036) −0.062**	(0.000) −0.383***

（续）

变量名称	模型1	模型2
饲养数量	（0.888）0.011	（0.041）0.174**
对污染法律方面的了解程度	（0.018）0.32**	（0.001）0.483***
污染对畜禽健康影响	（0.668）0.032	（0.377）0.071
畜禽污染能不能被控制	（0.204）0.169	（0.66）−0.062
养殖污染治理培训	（0.004）0.296***	（0.003）0.348***
是否有养殖排泄物规章制度	（0.068）−0.280*	（0.073）−0.299*
卡方检验值	65.284	59.364
考克斯-斯奈尔 R^2	0.461	0.427
内戈尔科伪 R^2	0.370	0.120
$Sig.$ 值	0.004	0.037

注：*、**、***分别表示在10%、5%、1%显著水平上显著；括号内的值为 P 值，括号外的值为系数。

（1）养殖户的个体特征。年龄（X_1）系数为0.062，在5%的显著水平上显著，符号为正，表明养殖户的年龄越大在畜禽粪尿治理技术上越愿意采用技术含量更高的治理技术，结果与假说 H_{5a} 相反，原因是养殖户的年龄越大对各种粪尿治理技术的效果了解程度越高，因此在治理畜禽粪尿时就会选择技术含量更高的治理技术；文化程度（X_3）系数为0.074，在1%的显著水平上显著，符号为正，表明养殖户的文化程度越高在畜禽粪尿治理技术上就越愿意采用技术含量更高的治理技术，结果与假说 H_{5b} 一致，原因是养殖户文化程度越高其所拥有的专业知识也就越多，对整个行业的把控也就越精准，在治理畜禽粪尿时越会选择技术含量更高的治理技术。

（2）养殖户的经营特征。养殖收入占比（X_8）系数为−0.062，在5%的显著水平上显著，符号为负，表明养殖户的养殖收入占比越大在畜禽粪尿治理技术上反而越愿意采用技术含量更低的治理技术，结果与假说 H_{6b} 相反，原因是养殖收入占比越大的养殖户对于养殖收益注重越重，更倾向于采用经济成本较低、技术含量较低的畜禽粪尿治理技术。

（3）养殖户的认知特征。对相关法律的了解程度（X_{10}）系数为0.320，在5%的显著水平上显著，符号为正，表明养殖户对相关法律的了解程度越高在畜禽粪尿治理技术上越愿意采用技术含量更高的治理技术，结果与假说

H_{7b}一致，原因是由于法律对于畜禽粪尿的治理具有很强的约束力，养殖户对相关法律的了解程度越高，那么养殖户在治理畜禽粪尿时就会越顺从法律所规定的治理技术，因此法律的强制性会促使养殖户采用更环保的技术含量更高的畜禽粪尿治理技术。

（4）养殖户的外部环境特征。有无参加养殖污染治理培训（X_{13}）系数为 0.296，在 1%的显著水平上显著，符号为正，表明参与过养殖污染治理培训的养殖户在畜禽粪尿治理技术上更愿意采用技术含量更高的治理技术，结果与假说 H_{8a} 一致，原因是参与过养殖污染治理培训的养殖户对相关污染治理技术的效果了解更全面，所以在治理畜禽粪尿时会采用技术含量更高的治理技术；有无养殖排污制度（X_{14}）系数为－0.280，在 10%的显著水平上显著，符号为负，表明没有养殖排污制度的养殖户在畜禽粪尿治理技术上反而更愿意采用技术含量更高的治理技术，结果与假说 H_{8b} 相反，原因是养殖户的生活水平在逐渐提高对生活质量的追求也在提高，潜移默化地促使了养殖户在治理畜禽粪尿时更倾向采用技术含量更高的治理技术。

7.2.3.2.3 病死畜禽治理技术采用实证结果分析

对养殖户的病死畜禽治理技术按技术含量由低到高进行排序然后运用多元有序 Logistics 有序回归分析，结果显示 $Sig.$ 值为 0.037，小于 0.05，说明模型有统计学意义，模型通过检验，且模型的考克斯-斯奈尔 R^2 和内戈尔科伪 R^2 分别为 0.427 和 0.120，均处于较低值，说明模型对原始变量变异的解释程度较好，拟合程度比较优秀。具体结果见表 7 - 17 模型 2，分析结果如下：

（1）养殖户的个体特征。年龄（X_1）系数为－0.020，在 5%的显著水平上显著，符号为负，表明养殖户的年龄越大在病死畜禽治理技术上反而越愿意采用技术含量更低的治理技术，结果与假说 H_{9a} 一致，原因是养殖户的年龄越大其传统思想就越僵硬，在处理病死畜禽时不愿意花更多钱去选择技术含量较高的技术，反而偏向于采用像深埋、焚烧等技术含量较低的治理技术；文化程度（X_3）系数为 0.160，在 10%的显著水平上显著，符号为正，表明养殖户的文化程度越高在病死畜禽治理技术上就越愿意采用技术含量更高的治理技术，结果与假说 H_{9b} 一致，原因是养殖户文化程度越高其所拥有的专业知识也就越多，对整个行业的把控也就越精准，在处理病死畜禽时就会选择技术含量更高的治理技术。

（2）养殖户的经营特征。饲养年限（X_6）系数为-0.021，在10%的显著水平上显著，符号为负，表明养殖户的饲养年限越久在病死畜禽治理技术上反而越愿意采用技术含量更低的治理技术，结果与假说 H_{10a} 相反，原因是养殖年限越久的养殖户对于畜禽的照顾程度会越精细，产生的病死畜禽也就越少，所以在病死畜禽的治理技术选择上就不用花更多的钱去采用技术含量更高的治理技术；养殖收入占比（X_8）系数为-0.383，在1%的显著水平上显著，符号为负，表明养殖户的养殖收入占比越大在病死畜禽治理技术上反而越愿意采用技术含量更低的治理技术，结果与假说 H_{10b} 相反，原因是养殖收入占比越大的养殖户对于养殖收益注重越重，更倾向于采用经济成本较低、技术含量较低的病死畜禽治理技术；饲养数量（X_9）系数为 0.174，在5%的显著水平上显著，符号为正，表明养殖户的饲养数量越大在病死畜禽治理技术上越愿意采用技术含量更高的治理技术，结果与假说 H_{10c} 一致，原因是饲养数量越大的养殖户所面临的畜禽疾病风险越大，在病死畜禽治理的压力方面也就会越大，因此他们会提前采用一些技术含量较高的病死畜禽治理技术来预防可能存在的风险。

（3）养殖户的认知特征。对相关法律的了解程度（X_{10}）系数为 0.483，在1%的显著水平上显著，符号为正，表明养殖户对相关法律的了解程度越高在病死畜禽治理技术上越愿意采用技术含量更高的治理技术，结果与假说 H_{11b} 一致，原因是法律对于病死畜禽的治理具有很强的约束力，养殖户对相关法律的了解程度越高，那么养殖户在治理病死畜禽时就会更加顺从法律所规定的治理技术，因此法律的强制性会促使养殖户采用更环保的技术含量更高的病死畜禽治理技术。

（4）养殖户的外部环境特征。有无参加养殖污染治理培训（X_{13}）系数为 0.348，在1%的显著水平上显著，符号为正，表明参加过养殖污染治理培训的养殖户在病死畜禽治理技术上更愿意采用技术含量更高的治理技术，结果与假说 H_{12a} 一致，原因是参加过养殖污染治理培训的养殖户对相关污染治理技术的效果了解更全面，所以在治理病死畜禽时会采用技术含量更高的治理技术；有无养殖排污制度（X_{14}）系数为-0.299，在10%的显著水平上显著，符号为负，表明没有养殖排污制度的养殖户在病死畜禽治理技术上反而更愿意采用技术含量更高的治理技术，结果与假说 H_{12b} 相反，原因是养殖户的生活水平在逐渐提高对生活质量的追求也在提高，潜移默化地促使了养殖户在治理病死畜禽时更倾向于采用技术含量更高的治理技术。

7.2.4 结论与建议

7.2.4.1 结论

（1）粪尿治理方面，采用最多的技术是种养结合技术。养殖户的年龄、文化程度、对相关法律的了解程度和有无参加养殖污染治理培训因素对养殖户采用技术含量更高的粪尿治理技术有正向影响，而养殖收入占比和是否有养殖排污制度对养殖户采用技术含量更高的畜禽粪尿治理技术有反向影响，其他因素影响较小或不显著。

（2）污水治理方面，采用最多的是净化治理技术。养殖户的身份属性、饲养种类、对相关法律的了解程度、污染对畜禽健康的影响程度、污染能不能被控制、有无排污制度对采用净化后再治理有正向影响，其他因素影响不显著。

（3）病死畜禽治理方面，采用最多的是深埋技术。养殖户的文化程度、饲养数量、对污染法律方面的了解程度和是否参加过养殖污染治理培训对养殖户采用技术含量更高的病死畜禽治理技术有正向影响，而养殖年限、养殖收入占比和是否有养殖排污制度对养殖户采用技术含量更高的病死畜禽治理技术有反向影响，其他因素影响较小或不显著。

7.2.4.2 建议

（1）积极开展粪尿资源化利用。对于耕地面积大、土地消纳能力相对较高的区域，鼓励养殖户进行种养结合实现全部就地就近资源化利用，对于土地消纳能力不足的地区，政府必须严格控制养殖规模探索新资源化利用模式或寻找第三方治理机构进行污染治理，同时政府应加大扶持有条件的养殖场进行粪尿肥料化生产，并且鼓励种植企业向养殖企业购买有机肥，提高畜禽粪尿资源化利用效益，促进畜禽养殖是为经济发展做贡献，而不是为生态治理发愁。

（2）严格监测养殖户的污水排放。畜禽养殖过程中产生的污水作为一种液体污染，能通过流动渗透进土壤里，很难从表面上看出污染程度，通常成为养殖户忽视治理的重要环节，容易滋生养殖户直接排放的心理。因此政府部门必须重视畜禽污水的治理环节，要加大对养殖户或养殖场的监管力度，同时制定严格的污水排放标准，对于采用不净化就直接排放的养殖户进行罚款处罚，对于采用不净化就直接排放的养殖场不仅进行罚款还应取消其养殖执照或缩小其养殖规模。

（3）扎实推进病死畜禽无害化治理工作。病死畜禽的治理是个复杂的过程，首先要开展针对性病死畜禽治理宣传。重点给年龄大、文化水平低的养殖户开展病死畜禽治理宣传，年龄大、文化水平低的养殖户通常思想僵硬，对病死畜禽随意丢弃的危害了解甚微，对于新技术的了解也少，甚至存在食用病死畜禽的想法。因此政府部门必须加强宣传力度，从思想上改变养殖户对于病死畜禽的认知，促使养殖户自觉进行病死畜禽无害化治理。其次要提高养殖户的养殖技术，可以通过开通远程视频、技术专线、专家下基层的模式为养殖户提供养殖技术讲解或答疑，从源头上减少病死畜禽的产生。最后积极推广技术含量更高的无害化病死畜禽治理技术，增加养殖户治理病死畜禽的途径。

第8章 贵州畜禽养殖户养殖污染治理政策认知与补贴政策优化研究

《畜禽养殖污染防治条例》指出"养殖业属于弱势产业，污染防治不宜给养殖者造成不必要的负担，不宜简单采用工业污染治理的制度和措施"，道出了养殖污染治理的特殊性。近些年国内外的成功经验告诉我们，畜禽养殖污染治理应该搭配相应的补贴政策才能更好地激发养殖户的污染治理行为，从而促进畜牧业可持续发展。本章将从治理政策角度分析贵州畜禽养殖户的政策认知现状，并基于当前实际，探讨相应的补贴政策优化路径。

8.1 贵州畜禽养殖户养殖污染治理政策认知

本节以贵州畜禽养殖户为研究对象，以农户行为理论为支撑，运用多元有序 Logistic 模型对养殖污染治理政策认知的影响因素进行实证分析，并基于研究结论提出相关对策建议。

8.1.1 研究方法、变量选取及数据来源

8.1.1.1 研究方法

（1）描述性统计分析法。运用此分析方法，分别对贵州省畜禽养殖发展与养殖污染治理政策认知现状进行描述性统计分析。

（2）计量分析法。运用多元有序 Logistic 模型方法对贵州畜禽养殖户养殖污染治理政策认知及影响因素进行实证分析。该模型基本形式如下：假设 $yi^* = \beta X_i + \varepsilon$（$y^*$ 表示观测现象内在趋势，不能被直接测量），选择规则为：

$$y=\begin{cases} 1，\text{若 } y^*\leqslant r_1 \\ 2，\text{若 } r_1\leqslant y^*\leqslant r_2 \\ 3，\text{若 } r_2\leqslant y^* \end{cases} \qquad (8-1)$$

式（8-1）中，$r_1<r_2$，为待估系数，即"切点"；y 表示养殖户政策认知程度；X_i 表示影响因素中的 17 个具体变量；β 为自变量系数；ε 为残差项。假设残差项 ε 服从 Logistic 分布，得到有序 Logistic 模型概率形式如下。

$$p(y_{li}>j)=\Phi(\gamma_i-X_i\beta)=\frac{\exp(\gamma_i-X_i\beta)}{1+\exp(\gamma_i-X_i\beta)} \qquad (8-2)$$

式（8-2）中，j 表示养殖户政策认知程度（$j=0$，1，2，$\cdots$，n）；i 表示样本序号，X_i 为自变量；β 为估计参数。

8.1.1.2　变量选取

本节在借鉴彭新宇（2007）、孔祥才和王桂霞（2017）、朱哲毅（2016）等现有相关研究的基础上，结合研究实际状况，选择影响畜禽养殖户养殖污染治理政策认知的影响因素变量，见表 8-1。

表 8-1　变量表

变量类型	变量名称	指标说明	均值	标准偏差
因变量	是否知道政策（Y）	不知道=1；知道小部分=2；很熟悉=3	1.875	0.603
自变量	年龄（X_1）	连续性变量，以岁为单位	43.744	9.205
	性别（X_2）	男=1；女=0	0.828	0.378
	文化程度（X_3）	小学及以下=1；初中=2；高中（中专）=3；大专=4；本科及以上=5	2.312	1.010
	身份属性（X_4）	合作社或协会成员、公司+农户会员=1；普通个体养殖户、村干部和其他=0	0.234	0.424
	养殖种类（X_5）	猪=1；牛、羊、禽类和其他=0	0.510	0.500
	养殖年限（X_6）	连续性变量，以年为单位	9.291	8.181
	养殖人数（X_7）	连续性变量，以人为单位	2.427	1.353
	年均总收入（X_8）	5 万元以下=1；5 万～9 万元=2；10 万～15 万元=3；16 万元以上=4	1.659	0.857

（续）

变量类型	变量名称	指标说明	均值	标准偏差
自变量	养殖收入占比（X_9）	30% 及以下＝1；31%～50%＝2；51%～70%＝3；71%以上＝4	1.761	1.039
	饲养数量（X_{10}）	30 只（头）以下＝1；30～100 只（头）＝2；101～500 只（头）＝3；501～1 000 只（头）＝4；1 001 只（头）以上＝5	1.662	1.074
	养殖场所距水源（X_{11}）	50 米以内＝1；50～100 米以内＝2；100～500 米以内＝3；500 米以上＝4	3.005	1.085
	治理培训（X_{12}）	没有参加过＝1；偶尔参加＝2；经常参加＝3	1.687	0.752
	自有耕地（X_{13}）	连续性变量，以亩为单位	7.248	16.647
	排污达标状况（X_{14}）	连续性变量，以次为单位	1.046	1.891
	年缴纳排污费与环保罚款（X_{15}）	连续性变量，以元为单位	94.894	577.645
	是否有养殖排泄物规章制度（X_{16}）	有＝1；没有＝0	0.536	0.499
	治理效果（X_{17}）	无影响＝1；影响一般＝2；影响很大＝3	2.039	0.727

资料来源：问卷调查。

8.1.1.3 数据来源

数据来自 2020 年 7 月—2021 年 3 月贵州生态畜牧业发展背景下畜禽养殖户污染治理对策研究课题组对贵州省畜禽养殖户的实地问卷调查，问卷样本涉及贵州省 9 个市、地、州 40 个县（区）80 个乡镇 176 个村寨，其中遵义县、威宁县、习水县、开阳县为国家级畜牧养殖大县。国家级畜牧养殖大县的问卷调查由项目负责人完成，其他由样本区附近的铜仁学院学生利用寒暑假期完成。本次共发放问卷 1 100 份，根据本章研究需要，剔除无效样本，获得有效问卷 841 份，有效率为 76.45%。

8.1.2 贵州畜禽养殖户养殖污染治理政策认知现状分析

8.1.2.1 养殖户养殖现状分析

由表 8-2 可知，性别上男性养殖户较多，占比 82.8%，年龄上主要集中于 40～49 岁，占比 42.93%，原因是男性在养殖方面更具专业化，年龄越大，养殖年限越长，对养殖污染治理认知程度就越高；文化程度较多为初中文化，所占比例 49.2%，说明文化程度越高的养殖户相对于文化水平低的，养殖污染治理意愿越强烈；普通个体养殖户在畜禽养殖户中占比最大，所占比例为 36.3%，养殖人数在 1～5 人较多，占比 96.5%，养殖诱因最大的是没有找到合适的事业，所占比例为 30.7%，大多普通个体养殖户由于缺乏年轻的劳动力又没有找到合适的工作，靠养殖来维持生活。

养殖户年均总收入主要集中在 5 万元以下，占比 54.8%，而养殖收入占家庭总收入为 30% 及以下的养殖户较多，占比 57.8%，饲养数量集中在 30 头以下，占比 63.4%；即养殖规模小，带来的收入较低，导致大多养殖户舍弃养殖另寻其他行业发展；大多养殖类型中养猪的养殖户较多，占比 20.2%，因为其他畜禽种类相比猪肉来说，价格过高；多数养殖户养殖场所距离水源都在 500 米以外，有利于保证水质，减少养殖污染带来的危害；48.8% 的养殖户并没有受到畜禽养殖污染治理的专业培训，说明政府在这方面的扶持力度明显不够；多数养殖户自有耕地较少，普遍少于 10 亩地，说明养殖户自有耕地面积可能会对他们的养殖规模带来一定程度的影响。

年养殖排污达标状况（次/年）小于 5 次甚至没有的养殖户较多，占比 97.9%，养殖户缴纳罚款的金额在 0～1 000 元的占比最大，所占比例为 99.8%，说明地方环保政策的执行力度不够，对养殖污染的监管不到位。

表 8-2　样本状况

特征	类别	户数（户）	比例（%）
性别	男	696	82.8
	女	145	17.2
年龄（岁）	20～29	56	6.66
	30～39	202	24.02
	40～49	361	42.93
	50～59	198	23.54
	60～69	17	2.02
	70～79	7	0.83

生态畜牧业发展背景下贵州畜禽养殖户养殖污染治理对策研究

（续）

特征	类别	户数（户）	比例（%）
文化程度	小学及以下	156	18.5
	初中	414	49.2
	高中（中专）	159	18.9
	大专	77	9.2
	本科及以上	35	4.2
养殖属性	普通个体养殖户	305	36.3
	合作社或协会成员	60	7.1
	公司＋农户会员	18	2.1
	村干部	193	22.9
	其他	79	9.4
养殖种类	猪	170	20.2
	牛	54	6.4
	羊	41	4.9
	禽类	132	15.7
	其他	122	14.5
养殖人数（人）	1～5	812	96.5
	6～10	29	3.5
养殖年限（年）	1～10	634	75.4
	11～30	193	22.9
	31～50	14	1.7
养殖诱因	畜禽市场行情好	208	24.7
	政策支持	110	13.1
	家里粮食多	111	13.2
	没有找到更合适的事业	258	30.7
	其他	154	18.3
年均总收入（元）	5万以下	461	54.8
	5万～9万	246	29.3
	10万～15万	94	11.2
	16万以上	40	4.8
养殖占家庭收入	30%及以下	486	57.8
	31%～50%	162	19.3
	51%～70%	101	12.0
	71%以上	92	10.9

（续）

特征	类别	户数（户）	比例（%）
养殖数量（头/只）	30 以下	533	63.4
	30~100	167	19.9
	101~500	66	7.8
	501~1 000	42	5.0
	1 001 以上	33	3.9
养殖距水源（米）	50 以内	116	13.8
	50~100	144	17.1
	100~500	201	23.9
	500 以上	380	45.2
养殖污染治理培训	经常参加	143	17.0
	偶尔参加	288	34.2
	没有参加过	410	48.8
自有耕地（亩）	0.1~2	236	28.1
	2.1~5	338	40.1
	5.1~10	172	20.5
	10.1 以上	95	11.3
养殖排污达标状况（次/年）	0~5	823	97.9
	6~10	12	1.4
	11 以上	6	0.7
环保罚款费用（元）	0~1 000	839	99.8
	1 001~2 000	1	0.1
	2 001~5 000	1	0.1

资料来源：问卷调查。

8.1.2.2 养殖户养殖污染治理与政策认知现状分析

由表 8-3 可知，多数养殖户认为养殖污染对周边环境的污染程度影响较小，所占比例为 60.2%；认为养殖污染对人体健康和畜禽健康产生的影响较大，分别占比 32.0%、43.16%，说明大多数养殖户的畜禽养殖污染认知程度不高，环保意识有待提高。

由表 8-4 可知，多数养殖户认为畜禽养殖污染治理主要是政府和养殖户的"共同责任"，所占比例 48.6%，表明养殖户的责任意识较强，对污染治理的责任划分的认知程度有一定的了解。

表 8 - 3 养殖污染认知

特征	类型	户数（户）	比例（%）
养殖污染对周边环境污染程度	较小	503	60.2
	一般	218	26.0
	较严重	116	13.8
养殖污染对人体健康影响	不知道	85	10.1
	无影响	144	17.1
	影响较小	340	40.4
	影响较大	272	32.0
养殖污染对畜禽健康影响	不知道	84	9.99
	无影响	113	13.44
	影响较小	281	33.41
	影响较大	263	43.16

资料来源：问卷调查。

表 8 - 4 谁承担污染治理责任

名称	数量（个）	比例（%）
政府责任	21	3.7
养殖户责任	401	47.7
共同责任	409	48.6

由表 8 - 5 可知，养殖户认为导致畜禽养殖污染的原因主要是畜禽圈舍建址不合理和治污力度不够，分别占比 23.63%、23.19%，说明多数养殖户能意识到自身决策存在的问题，对造成养殖污染的因素有一定的认知。

表 8 - 5 养殖污染因素

类型	频数	比例（%）
畜禽圈舍建址不合理	547	23.63
种养分离	203	8.77
治污力度不够	537	23.19
治污优惠政策缺失	271	11.71
当地缺少治理设施与监督机构	299	12.92
治理成本较高不愿治理	257	11.1

资料来源：问卷调查。

由表8-6可知，841份问卷调查中，村镇有养殖排泄物管理规章制度的有451户养殖户，占53.6%，表明仍有大部分村镇没有养殖污染物排泄管理规章制度，未对养殖户的排污行为做出制度约束；知道小部分《中华人民共和国环境保护法》《畜禽污染防治条例》等政策法规的养殖户较多，占比62.1%，说明养殖规章制度政策的宣传和落实不到位，养殖户对环保政策的认知程度仍有待提高。

表8-6 政策法规认知

特征	类型	频数	比例（%）
规章制度	有	451	53.6
	没有	390	46.4
政策法规	不知道	212	25.2
	知道小部分	522	62.1
	很熟悉	107	12.7

资料来源：问卷调查。

由表8-7可知，养殖户较多地了解政府关于畜禽养殖污染治理方面政策措施的是治理宣传教育、污染治理技术培训和达标排放技术标准，分别占比24.62%、18.93%、14.10%，但是从整体来看，养殖户对政策措施的了解程度仍然处于较低水平，其原因是养殖户文化程度普遍不高，对养殖污染带来的危害了解不多，对政策的认知水平低，接受养殖污染治理的意愿不强烈。

表8-7 政策措施

类型	频数	比例（%）
治理宣传教育	576	24.62
放弃养殖重新谋生	127	5.43
污染治理技术培训	443	18.93
达标排放技术标准	330	14.10
因环保关闭或拆迁的猪场数量	109	4.66
村或乡镇禁止粪污直排的规定	258	11.03
排污费	87	3.72
沼气补贴	195	8.33
粪肥交易市场	37	1.58
其他	178	7.6

资料来源：问卷调查。

由表8-8可知，畜禽养殖户对关于贵州实施的养殖污染处理出台的补贴政策知道较多的是沼气补贴和全面技术补贴，分别占比25.70%、18.10%，说明政府在沼气补贴和全面技术补贴政策方面扶持力度比较大。

表8-8　补贴政策

类型	频数	比例（%）
沼气补贴	488	25.70
排污费用补贴	274	14.44
全面技术培训补贴	343	18.10
粪肥交易补贴	135	7.12
环境保护政策补贴	267	14.10
绿色补贴	171	9.01
其他	219	11.53

资料来源：问卷调查。

8.1.2.3　养殖户养殖污染治理政策实际情况分析

由表8-9可知，在畜禽污染治理相关方面，政府给予的政策补贴中，未获得补贴政策的养殖户有651户，所占比例为77.41%，说明污染治理补贴政策未能惠及大部分养殖户，其原因可能是现有的治理补贴政策获取的门槛相对较高，只有少部分养殖户达到获领标准，同时间接反映了畜禽养殖户的污染治理工作效果较差。

表8-9　补贴情况

名称	户数（户）	比例（%）
获得	190	22.59
未获得	651	77.41

由表8-10可知，在获得补贴的养殖户中，大部分获得沼气补贴，补贴金额为100～10 000元的就有139人，表明大部分养殖户的污染处理方式是以建沼气池为主，利用养殖污染废弃物来制沼气。获得其他补贴类型的养殖户较少，其可能原因是其他污染处理方式的成本过高，养殖户的投入意愿低。

表 8 - 10　获得政府补贴状况

类型	金额（元）	人数（人）
沼气补贴	100～10 000	139
	11 000～20 000	4
	21 000 以上	3
污染治理补贴	50～1 000	21
	1 100～3 000	9
	3 100～5 000	6
圈舍改造	100～5 000	73
	5 100～10 000	2
	11 000 以上	2
粪肥交易	100～1 000	7
	1 100～3 000	12
	3 100～5 000	5
环境保护	100～1 000	12
	1 100～3 000	4
	5 000 以上	2
其他	100～2 000	14
	2 100～5 000	9
	5 100～10 000	3

资料来源：问卷调查。

由表 8 - 11 可知，在假设政府给予部分补贴中，养殖户自行治理养殖废弃物意愿方面愿意治理的有 654 户，占 77.76％，不愿意治理的有 187 户，占 22.24％，表明大部分养殖户在投入成本相对不高的情况下愿意进行污染治理，部分养殖户不愿意进行治理的可能原因是政策补贴的获取门槛高，获得的补贴额度较低，自己需要投入的治理成本较高。

表 8 - 11　养殖户治理意愿

名称	数量（人）	比例（％）
愿意	654	77.76
不愿意	187	22.24

由表 8-12 可知，治理方式为直接发放现金和技术指导（次/年）的养殖户较多，其中希望直接发放金额 100～2 000 元的人数占比较大，有 280 人，技术指导一年 1～5 次的人数有 336，说明在各种补贴形式中，养殖户更愿意接受资金补贴和技术指导，其可能原因是这两种形式养殖户自身需要投入的治理成本较低。

表 8-12　治理方式

方式	金额	人数（人）
直接发放现金（元）	100～2 000	280
	2 100～5 000	150
	5 100～10 000	53
	11 000 以上	16
技术指导（次/年）	1～5	336
	5～10	26
	10 以上	15
免费建筑费（元）	100～1 000	44
	1 100～3 000	54
	3 100～10 000	48
	11 000 以上	5
补助贷款信息费（元）	100～5 000	83
	5 100～30 000	54
	31 000 以上	27
税收优惠（%）	1～10	34
	11～50	46
	51～100	10
其他（元）	100～3 000	1
	3 100～5 000	1
	5 100 以上	2

资料来源：问卷调查。

由表 8-13 可知，大部分养殖户不愿意治理养殖废弃物，原因是缺乏治理技术指导和治理费用高不划算，表明部分部门对养殖污染治理工作的重视程度有待提高，未能根据养殖户的实际需求提供相应的政策服务。

表 8-13 不愿意治理原因

名称	缺乏治理技术指导	治理费用高不划算	不重要且不受益	对政府没信心	其他
户数（人）	68	66	11	8	19
比例（%）	39.53	38.37	6.4	4.65	11.05

资料来源：问卷调查。

由表 8-14 可知，养殖户认为现有治理政策补贴对畜禽养殖污染治理产生的效果影响很大和影响一般的较多，比例分别为 28.42%、47.09%，但选择无影响的养殖户比例也达到了 24.49%，表明现有的污染治理补贴政策取得了一定的成效，但是效果并不理想，未能有效提高养殖户的污染治理意愿。

表 8-14 治理效果

名称	影响很大	影响一般	无影响
数量（人）	239	396	206
比例（%）	28.42	47.09	24.49

资料来源：问卷调查。

8.1.3 贵州畜禽养殖户养殖污染治理政策认知及影响因素实证分析

8.1.3.1 养殖基本特征对养殖户养殖污染治理政策认知影响分析

年龄在 10% 的水平上正向显著影响，表明年龄越大的养殖户对污染治理政策认知越深刻，可能原因是年龄越大的养殖户从业时间越久，对各种养殖污染治理政策越了解和熟悉；性别在 1% 的水平上负向显著影响，表明性别反向影响养殖户的政策认知，可能原因是受传统观念影响的女性，其文化水平普遍低于男性，对养殖污染政策的理解程度不足，养殖污染治理意愿也不高；文化程度在 5% 的水平上正向影响显著，表明文化程度越高的养殖户对政策认知的程度越高，可能原因是文化水平越高的养殖户接收信息的渠道越多，对政策的理解越深刻，污染治理意愿越高。

养殖年限在 10% 的水平上负向影响显著，表明养殖年限越长的养殖户，其政策认知程度越低，可能原因是养殖年限越长的养殖户有其常用的污染处理方式，比如说制沼气和还田等，改变原有的污染处理方式的意愿不强，受政策的影响越小。养殖人数在5%水平上正向影响显著，表明养殖人数越多的养殖户，其政策认知程度越高，可能原因是养殖人数越多，养殖的专业化程度越高、规模越大，对政府畜禽养殖补贴政策越支持，养殖户对政策认知程度越高。

8.1.3.2 养殖基本情况对养殖户养殖污染治理政策认知影响分析

年均总收入在1%的水平上正向影响显著，表明年均总收入越高，养殖户的政策认知影响越高，可能原因是年均总收入越高养殖专业化程度越高，越容易受到外部监管，政策认知程度越高；自有耕地在5%的水平上负向影响显著，说明养殖户自有耕地越多对政策的认知影响程度越小，可能原因是自有耕地多的养殖户能把养殖废弃物还于自家耕地，因而自有耕地越多受政策认知的影响程度小；污染治理培训在1%的水平上正向影响显著，说明污染治理培训能提高养殖户的政策认知，可能原因是经常参加培训的养殖户相对于偶尔参加和没有参加过培训的养殖户来说对政策认知的程度更高，养殖污染处理意愿更强。缴纳排污费与环保罚款在5%的水平上正向影响显著，说明缴纳排污费与环保罚款能促进养殖户的政策认知，可能原因是养殖户有损失厌恶心理，天然地排斥抗拒罚款，为了免于罚款处罚，会主动学习和遵守相关政策法规。

8.1.3.3 规章制度、政策认知对养殖户养殖污染治理政策认知影响分析

政策认知在1%的水平上正向影响显著，表明养殖户政策认知水平越高越容易受到政策认知的影响，政策认知水平越高的养殖户了解并熟悉畜禽养殖污染治理政策，对政策的正确解读程度越高，越能利用政策中的优惠措施促进自家养殖事业的发展；规章制度在1%的水平上负向影响显著，表明规章制度会制约影响养殖户的政策认知，可能原因是养殖户受自身文化程度和自身精力的影响，抗拒投入过多的成本去学习和熟悉过于繁杂的规章制度和法规，使其过多地占有自己的生产时间，影响自己的本职工作，简单明了的政策环境反而更容易让养殖户理解和接受，这与黄钧瑶等（2019）对养猪场

（户）灾害补偿满意度的分析结果相似（表8-15）。

表8-15 回归结果

		估计	标准错误	Wald检验	显著性	95%置信区间	
						下限	上限
临界值	[政策认知＝1.00]	0.783	0.631	1.541	0.214	−0.453	2.019
	[政策认知＝2.00]	4.404	0.655	45.223	0.000	3.120	5.688
位置	年龄	0.015	0.009	2.950	0.086	−0.002	0.033
	养殖年限	−0.016	0.010	2.726	0.099	−0.035	0.003
	养殖人数	0.164	0.058	7.938	0.005	0.050	0.278
	自有耕地	−0.009	0.005	4.025	0.045	−0.019	0.000
	排污达标状况	0.048	0.043	1.252	0.263	−0.036	0.133
	缴纳排污费与环保罚款	0.001	0.000	4.309	0.038	1.767	0.001
	文化程度	0.204	0.082	6.188	0.013	0.043	0.365
	年均总收入	0.306	0.096	10.082	0.001	0.117	0.494
	养殖收入占比	−0.051	0.084	0.366	0.545	−0.216	0.114
	饲养数量	−0.115	0.083	1.920	0.166	−0.277	0.047
	养殖距水源	−0.027	0.068	0.162	0.688	−0.161	0.106
	污染治理培训	0.536	0.110	23.753	0.000	0.320	0.751
	治理效果	0.091	0.103	0.780	0.377	−0.111	0.292
	[性别＝0.00]	−0.669	0.196	11.709	0.001	−1.053	−0.286
	[性别＝1.00]	0a	.	.	.	.	.
	[身份属性＝0.00]	−0.066	0.180	0.135	0.713	−0.420	0.287
	[身份属性＝1.00]	0a	.	.	.	.	.
	[养殖种类＝0.00]	0.242	0.153	2.511	0.113	−0.057	0.541
	[养殖种类＝1.00]	0a	.	.	.	.	.
	[规章制度＝0.00]	−1.074	0.157	46.705	0.000	−1.382	−0.766
	[规章制度＝1.00]	0a	.	.	.	.	.

8.1.4 结论与建议

8.1.4.1 结论

（1）地方环保监管和补贴政策的宣传和实施执行力度不够，养殖户环保政策认知影响程度较小；环保责任划分应是养殖户和政府的共同责任；养殖户虽对养殖污染有一定的认知，但部分村镇缺乏相应的规章制度对养殖户进行约束。

（2）在补贴政策的实施过程中，多数养殖户未能享受到补贴政策；若在享受补贴的情况下，绝大多数养殖户愿意进行养殖污染治理，且养殖户希望在现金补贴和技术指导上获得补贴；缺乏技术指导和治理费用高是制约养殖户进行污染治理的主要因素，且多数养殖户认为现有的治理补贴政策的影响效果不佳。

（3）影响畜禽养殖户养殖污染治理政策认知的因素较多。其中文化程度、养殖人数、年均总收入、污染治理培训、缴纳排污费与环保罚款、是否知道政策法规对治理政策具有正向显著影响，性别、自有耕地、规章制度负向显著影响。

8.1.4.2　对策建议

（1）制定养殖排泄物管理规章制度，明晰各方的污染治理责任。畜禽养殖排泄物管理规章制度一定程度上对养殖户活动中可能会造成环境污染的行为进行制约，规范其养殖行为，从源头上控制畜禽养殖污染，明晰政府和养殖户的责任义务，各方共同努力积极促进养殖业更好地发展。

（2）扩大补贴政策普惠群体，加强对养殖户的技术指导。政府应适度降低治理补贴政策的获取门槛，让更多的养殖户能享受补贴政策，降低其污染治理投入的成本。同时加大畜禽养殖治理技术培训，提供机会让更多的养殖户参与学习，提高养殖污染承受能力，降低养殖易损性，提高养殖户污染治理积极性，使污染治理补贴政策能达到预期的效果。

（3）提升养殖户的政策认知水平，制定差异化的政策实施标准。对文化程度较低畜禽养殖户开展政策认知教育培训，提高其政策认知水平和养殖污染治理意愿。基于养殖户的个性化特征实施不同的政策执行标准，根据其实际补贴需求提供补贴政策奖励，有利于提升养殖户对养殖污染治理的热情。

8.2　贵州畜禽养殖户养殖污染治理补贴政策优化

本节基于公共政策执行理论，以贵州省 1 023 个畜禽养殖户为研究对象，运用描述性统计分析方法分析贵州畜禽养殖户养殖污染治理补贴政策现状，并采用有序 Logistic 模型实证分析污染治理补贴政策效果的影响因素，同时基于研究结论提出相关对策建议。

8.2.1　理论分析

本节主要运用到的是公共政策执行理论。陈卉（2007）指出所谓公共政策执行就是政策执行主体为了实现公共政策目标，通过采取各种措施和手段作用于政策对象，使公共政策内容变为现实的行动过程，而这一过程通常包括诸如政策宣传、物质准备、政策试验、全面实施等阶段。张弛（2020）认为公共政策执行是指政策执行人员运用一定的组织形式，整合各种政策资源，通过合理的解释、精准的执行、贴心的服务和广泛的宣传，将政策抽象化的内容转化为具象的实际效果，最终实现既定目标的全过程。本章运用公共政策执行理论来评估畜禽养殖污染治理补贴政策在实施过程中的执行情况，并针对现存的问题，提出了改进对策。

8.2.2　研究方法、指标选取及数据来源

8.2.2.1　研究方法

本节采用有序 Logistic 模型，通过对核心变量现有政策补贴对污染治理的效果影响进行赋值评估，研究政策补贴效果的影响因素。运用 Logistic 模型分析政策补贴效果的影响因素，模型结构如下，假设 $y^* = \beta X_i + \varepsilon$（$y^*$ 表示观测现象内在趋势，不能被直接测量），选择规则为：

$$y \begin{cases} 0, & \text{若 } y^* \leqslant r_0 \\ 1, & \text{若 } r_0 \leqslant y^* \leqslant r_1 \\ 2, & \text{若 } r_1 < y^* \end{cases} \quad (8-3)$$

式（8-3）中，$r_0 < r_1$，为待估系数，即"切点"；y 表示政策补贴效果影响程度由小到大排序；X_i 表示影响因素中的 24 个具体变量；β 为自变量系数；ε 为残差项。假设残差项 ε 服从 Logistic 分布，得到有序 Logistic 模型概率形式：

$$p(y_{li} > j) = \Phi(\gamma_i - X_i\beta) = \frac{\exp(\gamma_i - X_i\beta)}{1 + \exp(\gamma_i - X_i\beta)} \quad (8-4)$$

式（8-4）中，j 为政策补贴效果影响程度由小到大排序（$j=0$，1，2，…，n）；X_i 为 24 个自变量；β 为估计参数。

8.2.2.2 指标选取

在参考宾幕容（2020）、潘丹（2017）研究的基础上，选取变量如下：

（1）被解释变量。补贴政策对养殖污染治理效果的影响，划分为三个级别，分别是无影响、影响一般、影响很大。

（2）解释变量。选取年龄、性别、文化程度、身份属性、饲养畜禽种类、养殖年限、从事畜禽养殖人数、养殖诱因、畜禽养殖收入所占比重、养殖规模、养殖场离水源的距离、养殖污染治理培训、自有耕地面积、环保罚款、周边环境的污染程度认知、人体健康的影响认知、畜禽健康的影响认知、污染控制程度认知、污染治理责任、管理规章制度的制定情况、养殖户政策法规认知、获得政策补贴情况、获得补贴额度、政府给予补贴自行治理意愿共 24 个变量，具体变量选择见表 8-16。

表 8-16 变量表

变量类型	变量名称	变量说明	均值	标准差
被解释变量	补贴政策对养殖污染治理效果的影响	无影响＝0；影响一般＝1；影响很大＝2	2.05	0.727
解释变量	年龄	25 岁及以下＝1；26～35 岁＝2；36～45 岁＝3；46～55 岁＝4；大于 55 岁＝5	3.26	0.971
	性别	男＝1；女＝0	0.83	0.372
	文化程度	小学及以下＝1；初中＝2；高中（中专）＝3；大专＝4；本科及以上＝5	2.31	0.998
	身份属性	合作社或协会成员、公司＋农户会员＝1；普通养殖户、村干部和其他＝0	0.23	0.420
	饲养畜禽种类	猪＝1；其他（猪以外的畜禽）＝0	0.50	0.500

（续）

变量类型	变量名称	变量说明	均值	标准差
解释变量	养殖年限	5年及以下=1；6～10年=2；11～15年=3；16～20年=4；大于20年=5	1.98	1.263
	从事畜禽养殖人数	5人及以下=1；大于5人=0	0.98	0.142
	养殖诱因	政策支持=1；其他（政策诱因以外部分）=0	0.14	0.345
	畜禽养殖收入所占比重	30%以下=1；31%～50%=2；51%～70%=3；71%以上=4	1.70	1.009
	养殖规模	30只（头）以下=1；30～100只（头）=2；101～500只（头）=3；501～1 000只（头）=4；1 001只（头）以上=5	1.65	1.080
	养殖场距水源	50米以内=1；50～100米=2；100～500米=3；500米以上=4	2.99	1.103
	养殖污染治理培训	没有参加过=0；偶尔参加=1；经常参加=2	1.66	0.737
	自有耕地面积	2亩及以下=1；2.1～10亩=2；10.1～20亩=3；20.1～40亩=4；40亩以上=5	1.86	0.781
	环保罚款	500元及以下=1；大于500元=0	0.99	0.082
	周边环境的污染程度认知	较小=0；一般=1；较严重=2	1.54	0.739
	人体健康的影响认知	不知道=0；无影响=1；影响较小=2；影响较大=3	2.97	0.961
	畜禽健康的影响认知	不知道=0；无影响=1；影响较小=2；影响较大=3	3.12	0.986
	污染控制程度认知	无法控制=0；只能部分控制=1；可以完全控制=2	2.48	0.598
	污染治理责任	养殖户=0；政府=1；政府与养殖户=2	1.97	0.982
	管理规章制度的制定情况	有=1；没有=0	0.54	0.499

（续）

变量类型	变量名称	变量说明	均值	标准差
解释变量	养殖户政策法规认知	不知道=0；知道小部分=1；很熟悉=2	1.86	0.590
	获得政策补贴情况	是=1；否=0	0.21	0.407
	获得补贴额度	1 000 元及以下=1；大于 1 000 元=0	0.85	0.361
	政府给予补贴自行治理意愿	愿意=1；不愿意=0	0.81	0.395

资料来源：问卷调查。

8.2.2.3 数据来源

（1）样本来源。数据来自 2020 年 7 月—2021 年 3 月贵州生态畜牧业发展背景下畜禽养殖户污染治理对策研究课题组对贵州省畜禽养殖户的实地问卷调查，问卷样本涉及贵州省 9 个市、地、州 40 个县（区）80 个乡镇 176 个村寨，其中遵义县、威宁县、习水县、开阳县为国家级畜牧养殖大县。国家级畜牧养殖大县的问卷调查由项目负责人完成，其他由样本区附近的铜仁学院学生利用寒暑假期完成。本次共发放问卷 1 100 份，根据本章研究需要，剔除无效样本，获得有效问卷 1 023 份，有效率为 93.00%。

（2）样本特征。问卷整理见表 8-17，由表 8-17 可知大部分养殖户为青壮年，年龄大多集中在 36~55 岁，占总样本的 72.4%；在性别方面男性占据绝大多数，有 855 人，占总样本 83.5%；被调查者的文化程度主要以初中文化为主，占总样本的 49.6%，几乎占据样本的 1/2，而大专及以上的仅占总样本的 13.2%；养殖户的养殖年限主要集中在 1~10 年，占总样本的 77.4%，其中以 5 年及以下的养殖户最多，占总样本的 49.0%，20 年以上的最少，仅占总样本的 7.4%；在养殖人数方面大部分集中在 5 人及以下，占总样本的 95.7%；促使养殖户养殖的所有诱因中最多的是因为没有找到合适的工作，占总样本的 29.7%；在年均总收入方面大部分养殖户只能达到 5 万元以下的收入，占总样本的 56.2%；在养殖收入占比中以 30% 及以下为主，占总样本的 60.9%；被调查的养殖场畜禽养殖数量主要集中

在 30 头以下，占 64.7%，而养殖 501 头（只）以上的只有 8.8%，其中 1
001 头（只）以上更是只有 4.1%，由此可知养殖的规模化程度不高，大部
分以家庭散养（30 头或只以下）养殖为主，规模化（1 001 头或只以上）的
养殖只有很少一部分；从养殖场距水源的距离上来看大部分养殖户都将养殖
场建在了距水源 500 米以外，占总样本的 45.7%，但仍有 14.3% 的养殖户
把养殖场建在了距水源 50 米以内；并且在这次调查的样本中有 50.2% 的人
没有参加过养殖污染治理培训，即使参加过培训也只是偶尔参加；在所调查
的养殖户中其自有耕地集中在 10 亩及以下，其中 2.1～10 亩的样本最多，
有 58.5%；在所有的样本中有 99.1% 的养殖户只受到过 500 元以内的环保
罚款，但仍有 0.9% 的养殖户受到过大于 500 元的环保罚款。

表 8-17 养殖户基本特征

项目	类别	个数（个）	百分比（%）
年龄	25 岁及以下	74	7.2
	26～35 岁	158	15.4
	36～45 岁	396	38.8
	46～55 岁	344	33.6
	大于 55 岁	51	5.0
性别	男	855	83.5
	女	168	16.5
文化程度	小学及以下	183	17.9
	初中	507	49.6
	高中（中专）	198	19.3
	大专	98	9.6
	本科及以上	37	3.6
养殖年限	5 年及以下	501	49.0
	6～10 年	291	28.4
	11～15 年	57	5.6
	16～20 年	98	9.6
	大于 20 年	76	7.4
从事畜禽养殖人数	5 人及以下	979	95.7
	大于 5 人	44	4.3

（续）

项目	类别	个数（个）	百分比（%）
养殖诱因	市场行情好	234	22.9
	政策支持	138	13.5
	家里粮食多	141	13.8
	没有找到更合适的工作	304	29.7
	其他	206	20.1
年总收入	5 万元以下	575	56.2
	5 万～9 万元	289	28.3
	10 万～15 万元	107	10.5
	16 万元以上	52	5.0
养殖收入占比	30%及以下	624	60.9
	31%～50%	184	18.0
	51%～70%	116	11.4
	71%以上	99	9.7
养殖数量	30 只（头）以下	662	64.7
	30～100 只（头）	187	18.3
	101～500 只（头）	83	8.2
	501～1 000 只（头）	48	4.7
	1 001 只（头）以上	42	4.1
距水源距离	50 米以内	146	14.3
	50～100 米	175	17.2
	100～500 米	234	22.8
	500 米以上	468	45.7
养殖污染治理培训	经常参加	163	15.9
	偶尔参加	346	33.8
	没有参加过	514	50.2
自有耕地	2 亩及以下	311	30.4
	2.1～10 亩	599	58.5
	10.1～20 亩	78	7.6
	20.1～40 亩	14	1.4
	40 亩以上	21	2.1
环保罚款	500 元及以下	1 014	99.1
	大于 500 元	9	0.9

8.2.3　贵州畜禽养殖户养殖污染治理补贴政策现状分析

8.2.3.1　畜禽养殖污染治理政策制定现状分析

由表 8-18 可知，在本次调查的 1 023 个畜禽养殖户中，有 548 个养殖户表示本村庄有养殖排泄物管理规章制度，占比 53.57%；有 475 个表示本村庄没有养殖排泄物管理规章制度，占比 46.43%。由此可见贵州省畜禽污染治理情况并不乐观，特别是对于村庄一级的污染治理需要协调统一。

表 8-18　村庄是否有养殖排泄物管理规章制度

选项	有	没有
数量及占比（个/%）	548（53.57）	475（46.43）

资料来源：问卷调查。

8.2.3.2　畜禽养殖户对污染治理政策类型及了解度分析

由表 8-19 可知，在调查的 1 023 个畜禽养殖户中，在"贵州实施的养殖污染处理补贴政策了解情况"问题上，选择沼气补贴的占 17.8%；选择排污费用补贴的占 15.0%；选择全面技术培训补贴的占 19.9%；选择粪肥交易补贴的占 13.3%；选择环境保护政策补贴的占 14.4%；选择绿色补贴的占 7.8%；选择其他的占 11.7%，各类型政策的选择占比都处于较低水平，表明大部分养殖户都不了解相关的养殖污染补贴政策，其可能原因是养殖户的文化程度较低，限制了其认知水平，同时政府在政策的宣传上仍然存在不足之处，不能覆盖大多数养殖户，因此政府需要加强对污染治理补贴政策的宣传推广工作，提高养殖户的政策认知水平。

表 8-19　养殖户对贵州实施的养殖污染处理补贴政策了解情况

选项	选择频数及占比（个/%）
沼气补贴	640（17.8）
排污费用补贴	542（15.0）
全面技术培训补贴	720（19.9）
粪肥交易补贴	480（13.3）

（续）

选项	选择频数及占比（个/%）
环境保护政策补贴	520（14.4）
绿色补贴	280（7.8）
其他	420（11.7）

资料来源：问卷调查。

由表 8-20 可知，在被调查的 1 023 个贵州省畜禽养殖户中，在"政府对养殖户污染治理行为补贴政策的影响"问题上，选择影响较小和影响一般的个数相近，两者共占 53.4%，其中选择影响一般的占 26.9%；选择影响很大的养殖户占 13.2%。表明贵州畜禽污染治理补贴政策对畜禽养殖户的影响程度较低，没有达到政策制定的预期效果，所以政府需要进一步完善在补贴政策的实施执行方面的工作，提高治理补贴政策对养殖户的影响程度，使多数养殖户能认识并享受到政策补贴，以促进养殖污染治理工作的效果。

表 8-20　政府对养殖户污染治理行为补贴政策的影响

选项	数量及占比（个/%）
无影响	170（16.6）
影响较小	271（26.5）
影响一般	276（26.9）
影响较大	171（16.7）
影响很大	135（13.2）

资料来源：问卷调查。

8.2.3.3　畜禽养殖户期望出台的政策分析

由表 8-21 可知，养殖户最希望出台的政策是"引进粪尿处理企业统一回收处理"，占 65.5%；其次是希望"加大资金补贴力度，改扩建沼气池"，占 21.5%；"建立公共废弃物处理设施"和"提高病死猪补偿标准"的占比相近，分别是 6.1% 和 5.1%；"期望出台其他补贴政策措施"的最少，占 3.9%。由此可知，养殖户对环境污染治理的问题还更倾向于外部处理，自身对养殖污染的处理积极性不高，需要提高养殖户的环保认知。

表 8－21　期望出台的环境政策占比

选项	选择频数及占比（个/%）
引进粪尿处理企业，专业统一回收处理	670（65.5）
加大资金补贴力度，改扩建沼气池	220（21.5）
建立公共废弃物处理设施	71（6.1）
提高病死猪补偿标准	52（5.1）
其他	40（3.9）

资料来源：问卷调查。

8.2.4　贵州畜禽养殖户养殖污染治理补贴政策效果评价

8.2.4.1　畜禽养殖户污染治理补贴政策实施效果评价

由表 8－22 可知，在被调查的 1 023 个贵州畜禽养殖户中，在"你觉得现有治理政策补贴对畜禽养殖污染治理产生的效果如何"问题上，有 120 个养殖户选择了无影响，占比 11.73%；有 640 个选择了影响一般，占比 62.56%；有 263 个选择了影响很大，占比 25.71%。由此不难看出，贵州畜禽养殖户对政策认知的程度不高，政府在治理补贴政策的宣传和实施方面存在不足，需要提高养殖户的政策认知水平。

表 8－22　养殖户对于畜禽污染治理补贴政策实施效果认知情况

选项	数量及占比（个/%）
无影响	120（11.73）
影响一般	640（62.56）
影响很大	263（25.71）

资料来源：问卷调查。

8.2.4.2　畜禽养殖户污染治理补贴政策实施中存在的问题

由表 8－23 可知，在所调查的 1 023 个畜禽养殖户中，已经接受补贴的养殖户与没有接受补贴的养殖户占比分别为 40.4%、59.6%，表明接受污染治理补贴的养殖户占少数，多数养殖户未能享受到补贴政策的扶持，其可能原因是养殖户获取补贴政策的门槛较高或政策实施力度不够，覆盖范围较小。

表 8 - 23 养殖户接受污染治理政策补贴情况

选项	是	否
数量及占比（个/%）	413（40.4）	610（59.6）

资料来源：问卷调查。

由表 8 - 24 可知，在各项补贴类型中，获得沼气构建补贴的养殖户最多，共有 169 个，占比为 40.9%，补贴金额主要集中在 1 000～3 000 元；获得环境保护政策补贴的最少，占比为 7.0%，且补贴额度主要集中在 1 000 元以内。由此可见贵州各类补贴政策多偏向于制沼气，表明贵州省更青睐修建沼气池来处理畜禽养殖污染。

表 8 - 24 养殖户获得补贴类型及额度

补贴类型	选择频数及占比（个/%）	补贴额度（元）	选择频数及占比（个/%）
沼气池构建补贴	169（40.9）	1 000 以下	42（24.9）
		1 000～3 000	87（51.5）
		3 000 以上	40（23.6）
污染治理补贴	55（13.3）	1 000 以下	19（34.5）
		1 000～3 000	30（54.5）
		3 000 以上	6（10.9）
圈舍改建资金	92（22.3）	1 000 以下	22（23.9）
		1 000～3 000	54（58.7）
		3 000 以上	16（17.4）
粪肥交易补贴	30（7.3）	1 000 以下	6（20.0）
		1 000～3 000	19（63.3）
		3 000 以上	5（16.7）
环境保护政策补贴	29（7.0）	1 000 以下	16（55.2）
		1 000～3 000	10（34.5）
		3 000 以上	3（10.3）
其他政策补贴	38（9.2）	1 000 以下	10（26.3）
		1 000～3 000	22（57.9）
		3 000 以上	6（15.8）

资料来源：问卷调查。

由表 8 - 25 可知，在本次调查的 1 023 个畜禽养殖户中，不知道《中华人民共和国环境保护法》《畜禽污染防治条例》等政策法规的占 25.32%；知道小部分《中华人民共和国环境保护法》《畜禽污染防治条例》等政策法规的占 62.56%；很熟悉《中华人民共和国环境保护法》《畜禽污染防治条例》等政策法规的占 12.12%。由此可见，大部分养殖户对《中华人民共和国环境保护法》《畜禽污染防治条例》等政策法规生疏，只有少部分养殖户熟悉这类政策法规，表明贵州畜禽养殖户的政策认知水平仍处于较低的水平，其主要原因有三个：一是政府对相关政策法规的宣传不到位；二是当地的环保部门对污染治理情况执法不严，且没有对规模化畜禽养殖场征收强制性的排污费；三是养殖户对相关部门公开征收畜禽养殖业排污费不理解，对征收排污费存在抗拒心理。

表 8-25 《中华人民共和国环境保护法》《畜禽污染防治条例》
等政策法规了解情况

选项	不知道	知道小部分	很熟悉
选择频数及占比（个/%）	259（25.32）	640（62.56）	124（12.12）

资料来源：问卷调查。

由表 8-26 可知，在被调查的 1 023 个畜禽养殖户中，愿意自行治理养殖废弃物的占 46.92%，不愿意的占 53.08%，；在愿意治理当中，养殖户更希望政府免费提供水泥等建筑材料，占 25.4%；在不愿意治理的因素中有过半的养殖户认为"缺乏治理技术指导"，占 56.3%；还有大部分养殖户认为"治理费高不划算"，占 31.7%，表明贵州畜禽养殖户在污染治理政策的扶持下还存在补贴形式不够具体、缺乏技术指导、少数养殖户对政府没有信心等问题，政府应当加大对养殖户污染治理技术指导，引进先进技术，技术人员定期对养殖户进行指导，同时提升补贴政策额度和增加补贴类型，以提高养殖户的污染治理意愿。

8.2.4.3 污染治理补贴效果影响因素实证分析

表 8-27 数据为被解释变量污染治理效果与解释变量影响因素进行有序 Logistic 回归的结果。总体来看回归结果较为理想，模型拟合度比较好，具体分析如下：

表 8-26　贵州省畜禽养殖户在污染治理方面意愿及反馈情况

主选项	个数（个/%）	内容	副选项	个数（个/%）
愿意	480（46.92）	希望的补贴形式	直接发放现金	109（22.7）
			免费提供技术指导	87（18.1）
			免费提供水泥等材料	122（25.4）
			补助贷款信息	58（12.1）
			税收优惠	70（14.6）
			其他	34（7.1）
不愿意	543（53.08）	不愿意的原因	缺乏治理技术指导	307（56.3）
			治理费用高不划算	172（31.7）
			不重要且不受益	15（2.9）
			对政府没信心	10（1.8）
			其他	39（7.2）

资料来源：问卷调查。

（1）养殖户特征。文化程度变量系数为正，且在1%显著性水平下通过检验，表明养殖户的文化程度越高，越愿意对畜禽污染进行治理，对补贴政策的理解越深刻，治理补贴政策产生的畜禽养殖污染治理效果影响越大。文化程度与宾幕容（2016）研究结果不一致，与潘丹（2017）研究结果一致，可能原因是教育程度差异化大，普遍性不同。

（2）养殖特征。畜禽养殖收入所占比重变量系数为负，且在1%显著性水平下通过检验，表明畜禽养殖收入所占比重越大，对现有补贴政策产生治理效果的影响就越小，与潘丹（2017）研究结果不一致，其可能原因是畜禽养殖收入所占比重越大的养殖户专业化水平越高，对畜禽污染进行治理越重视，治理投入越多，但治理补贴政策的补贴额度较少，对养殖户的治理决策产生的影响较小；养殖场距水源距离变量系数为正，且在5%的显著性水平下通过检验，表明养殖场距离水源或河道越远，环境越能得到保护，对现有治理补贴政策产生的污染治理效果影响越好。养殖污染治理培训变量系数为正，且在5%的显著水平下通过检验，表明经常参加养殖污染治理培训的养殖户对污染治理的积极性更高，对现有治理补贴政策产生的治理效果影响更大。

（3）环境特征。周边环境的污染程度认知变量系数为正，且在10%显著性水平下通过检验，表明养殖户对周边环境的污染程度认知度越高，则对现有治理补贴政策产生的畜禽养殖污染治理效果影响越大；人体健康的影响认知变量系数为正，且在 10％显著性水平下通过检验，表明养殖污染对人体健康的影响认知度越高，污染治理意愿越高，因此对现有治理补贴政策产生的畜禽养殖污染治理效果影响越大；养殖户政策法规的认知变量系数为正，且在 10％显著性水平下通过检验，表明养殖户对政策法规的认知度越高，对现有治理补贴政策产生的畜禽养殖污染治理效果影响越大，与宾幕容（2020）研究结果不一致，与潘丹（2017）的研究结果一致，其可能原因是养殖户对环境保护政策的认知程度越高，越能意识到畜禽污染处理的重要性，对污染治理补贴政策效果的影响可能性越大。陈春霞（2008）指出传统理性经济人假设以选择最优为可行目标，农户对政策法规的认知程度越高，对政策法规中畜禽养殖污染的处罚力度和补贴力度就越了解，对畜禽养殖污染防治补贴的期望价值与感知价值之间的心理落差会越小，从而导致对政策补贴效果影响程度越高。

表 8 - 27　模型结果

变量类型	回归系数	标准误差	Wald	P 值	95％置信区间	
					下限	上限
常数	2.493**	1.071	5.418	0.020	0.394	4.592
年龄	−0.003	0.068	0.003	0.959	−0.137	0.130
性别	0.050	0.169	0.086	0.769	−0.282	0.381
文化程度	0.243***	0.068	12.629	0.000	0.109	0.377
身份属性	−0.163	0.152	1.146	0.284	−0.461	0.135
饲养畜禽种类	−0.096	0.128	0.562	0.454	−0.346	0.155
养殖年限	−0.007	0.051	0.019	0.890	−0.107	0.093
从事畜禽养殖人数	−0.029	0.441	0.004	0.948	−0.892	0.835
养殖诱因	−0.086	0.184	0.217	0.642	−0.447	0.275
畜禽养殖收入所占比重	−0.236***	0.072	10.857	0.001	−0.376	−0.096
养殖规模	0.089	0.068	1.701	0.192	−0.045	0.223
养殖场距水源	0.125**	0.058	4.684	0.030	0.012	0.238
养殖污染治理培训	0.294**	0.094	9.878	0.002	0.111	0.477
自有耕地面积	−0.133	0.083	2.585	0.108	−0.295	0.029

(续)

变量类型	回归系数	标准误差	Wald	P值	95％置信区间	
					下限	上限
环保罚款	−0.041	0.727	0.003	0.955	−1.466	1.384
周边环境的污染程度认知	0.165*	0.087	3.543	0.060	−0.007	0.336
个体健康的影响认知	0.136*	0.070	3.730	0.053	−0.002	0.274
畜禽健康的影响认知	0.089	0.070	1.630	0.202	−0.048	0.225
污染控制程度认知	−0.079	0.110	0.514	0.473	−0.296	0.137
污染治理责任	0.031	0.065	0.236	0.627	−0.095	0.158
管理规章制度制定情况	−0.190	0.132	2.078	0.149	−0.448	0.068
养殖户政策法规的认知	0.093*	0.116	0.650	0.060	−0.133	0.320
获得政策补贴情况	−0.220	0.230	0.918	0.338	−0.670	0.230
获得补贴额度	−0.082	0.258	0.102	0.749	−0.588	0.424
政府给予补贴自行治理意愿	0.033	0.157	0.045	0.832	−0.274	0.341

注：*、**、***分别表示在10％、5％和1％水平上显著。

8.2.5　结论与建议

8.2.5.1　结论

（1）现有的养殖污染治理补贴政策效果较差，未能惠及多数养殖户，只有少部分养殖户享受到了污染治理补贴。养殖户在对政策补贴类型的选择上多倾向于选择传统治污技术类型的补贴，且能享受的补贴额度较低，政府在污染治理补贴政策的实施和补贴力度上仍存在不足之处。

（2）基层组织未制定和完善相关的污染治理制度，养殖户缺少相应的制度约束，且养殖户对现有的污染治理法规政策认知程度较低，只有少部分养殖户熟悉部分政策法规；由于缺乏技术指导和治理成本高的原因大部分养殖户不愿意自行处理养殖废弃物，养殖户更愿意引进专业的污染处理企业进行治理。在愿意自行处理养殖废弃物的养殖户中，多数养殖户希望在建材上获得补贴，以减少修建治污场所的成本。

（3）养殖户的文化程度、养殖场所距水源、养殖污染治理培训、周边环境的污染程度认知、人体健康的影响认知、政策法规认知变量对补贴政策效果具有正向显著影响，能有效促进污染治理补贴政策的实施效果；畜禽养殖收入占比对污染治理补贴政策负向显著影响，养殖业专业程度越高的养殖户受污染治理补贴政策的影响越小。

8.2.5.2 建议

（1）根据当地养殖户的实际情况适当降低污染治理政策的申领门槛，提高政策的补贴额度，尤其是污染物处理场所建设的补贴额度，如沼气池等，使更多的畜禽养殖户享受到污染治理补贴政策，减少养殖户的污染治理成本，提高养殖污染治理的意愿，增强养殖政策的影响效果。

（2）政府需要帮助和引导基层组织建立相应污染治理排放规章制度，提高养殖户的政策认知水平，约束养殖户的违法违规行为；组织专业技术人员对养殖户进行技术指导，提高和更新养殖户的污染治理技术水平，同时引进专业的污染物处理企业，增加养殖户畜禽养殖污染物的处理渠道。

（3）制定差异化的补贴政策，加强对中小规模养殖户的补贴力度，创新大规模（专业化）养殖户对补贴政策的实际需求和供给，如引导畜禽养殖户建立地方品牌、加强官媒电视网络宣传报道、颁发绿色产品证书、增加地方特色产品标识等形式促进大规模养殖户提高环保意识。

第9章　贵州畜禽养殖污染治理典型案例分析

9.1　生猪养殖案例

9.1.1　公司简介

A集团是铜仁市重点招商引资企业。自落户铜仁以来，立足铜仁市资源禀赋和企业自身优势，探索形成"龙头企业＋政府＋合作社＋致富带头人"的生猪代养扶贫方式，创新采取"1211"生猪代养模式（一个家庭农场，规模2 000头，一年2批，收入100万元左右），目前，在铜仁发展生猪代养户165户，存栏规模22万头，在建代养户87户，建成后规模可达30多万头。既实现了产业发展壮大，又带动了群众就业增收。并且在粪污处理上采用国家先进环保设施工艺，污水处理达到国家排放标准，供上万亩经济作物灌溉使用，干粪通过科学发酵免费用于周边农作物施肥，真正达到种养循环利用，实现水肥一体化发展。

9.1.2　生猪粪尿处理技术简介

9.1.2.1　猪粪处理

（1）机械干湿分离。粪便干湿分离机是一种能够对畜禽粪便进行环保处理的设备，在避免环境污染的同时，也能够对畜禽粪便的经济价值进行挖掘（图9-1）。粪便干湿分离机的优点表现在3方面：一是先进性。粪便干湿分离机具备极强的去污能力，在运行中不会发生堵塞问题，清洗也十分方便，而且经过其处理后的粪尿水含固率较低，化学耗氧量和N、P的去除率能够达到70%～95%，基本闻不到臭味，而分离出的固态部分含干物质可以达到60%以上。二是实用性。粪便干湿分离机能够实现对粪水的快速分离，而分离后粪渣含水量在15%～40%，同时无论是除渣量还是含水量，都可以通过相应的调节头进行调整，因此该粪便干湿分离机适用于猪、牛、鸡、鸭等不同类型的养殖场，经过处理后的干粪不仅运输方便，其固粒物也可以作为有机肥原料或者鱼饲料使用。三是经济性。粪便干湿分离机的结构相对简单，自动化程度高，自身体积小，成本相对较低，而且在运行过程中耗电量小，具备良好的经济性。

图9-1　机械干湿分离

　　（2）储粪池建设。养殖场应建储粪池（图9-2），其为矩形，三面有墙，一面开口，长、宽、高为3～4米、2.5～3米、1.2～1.5米，储粪池实际数量为养殖场30天的产粪量除以标准储粪池体积。储粪池为水泥砖混结构，地面应硬化、不渗漏。粪池装满粪后用塑料薄膜覆盖发酵，储粪发酵时间不少于20天。

　　（3）机械翻堆发酵。畜禽粪便堆肥制备有机肥过程中，人工翻堆劳动强度大且生产效率低，有机肥生产设备的研制可降低生产成本和劳动强度。随着畜禽粪便堆肥技术的发展，已研制出了一批适合我国畜禽粪便处理的专用翻抛设备。翻抛机是一种基于动态堆肥而研制的设备，其作用是定期翻抛畜禽粪便，增加堆体内的间隙，使物料与空气接触提供的氧气进行连续好氧发酵，使畜禽粪便快速腐熟（图9-3）。

　　（4）非接触式零排放饲养。非接触式发酵床养猪优点如下（图9-4）：

图 9-2　储粪池

图 9-3　堆积发酵、机械翻堆

图 9-4　非接触式零排放饲养

　　一是栏舍面积使用率高。"非接触式发酵床养猪"零排放模式栏舍面积使用率高达 90%，传统模式使用率仅为 75% 左右。

二是饲养周期缩短。"非接触式发酵床养猪"零排放模式每批猪的出栏时间要比传统模式出栏时间缩短约 15 天左右。

三是发病减少，存活率高。"非接触式发酵床养猪"零排放模式饲养环境干燥、空气质量大幅改善，呼吸道疾病大幅减少；而且猪群与排泄物不直接接触，阻断了排泄物中病原菌的入侵，传统养殖模式中的常见疾病的发病率也大幅减少。

四是饲养成本降低。一，节省饲料成本。由于饲养周期缩短（可提前出栏 15 天左右），饲料转化率高，饲料成本相对减少；二，减少人工成本；三，节省兽药成本；四，节省水电费用。

五是可提供优质有机肥。"非接触式发酵床养猪"零排放模式中，经发酵菌充分发酵后的垫料与排泄物的混合物是优质的有机肥，可直接用于果树、农作物。

六是达到生猪排泄物"零排放"。"非接触式发酵床养猪"零排放模式完全不产生外排的污水和臭气，真正意义上达到了排泄物零排放和资源化生态循环利用（图 9 - 5）。

图 9 - 5　机械干清粪

9.1.2.2　污水处理

（1）从源头做起。半漏缝地板，配合超高压冲洗系统，出水压力 185 千克，比高压冲洗机提高冲栏工效 8 倍，与水泡粪工艺相比，总节水 70％，而且，所排出的污水浓度较水泡粪大大降低（图 9-6）。

图 9-6　超高压冲洗系统

（2）达标排放。采用水泡粪工艺处理粪便，粪尿经漏粪地板至集粪沟，通过刮粪板刮至储粪池，然后进入用聚氯乙烯囊膜覆盖的四级沉淀发酵池进行沼气发酵，沼气经纯化后场内自用，污水经净化后达标排放（图 9-7、图 9-8、图 9-9）。

图 9-7　一体化净水设备

9.1.2.3　臭气处理

畜禽养殖产生的粪污常散发恶臭污染空气，同时引起温室气体排放增加，也对大气环境造成了污染。畜禽养殖场粪污的恶臭来自排泄物腐败分解而产生的各类有毒有害物质，数量超过 100 种，包括粪臭素、硫化氢、挥发性有机酸、乙醇、胺、乙酸、吲哚、苯酚、硫醇等。

图 9-8　一体化净水设备　　　　　图 9-9　一体化净水设备

通风换气是畜禽舍内环境控制的第一要素，其目的是在高温季节通过加大气流促进畜禽散热，使其感觉舒适，并排除舍内污浊空气、尘埃、微生物和有毒有害气体，防止舍内潮湿，保障舍内空气清新（图 9-10）。畜禽舍通风方式包括自然通风（开放式的畜禽舍可采用自然通风）和机械通风（封闭式的必须采用机械通风），合理的通风设计应保证舍内的通风量和风速，

图 9-10　增加通风，减少猪舍内的臭气程度

使舍内气流均匀，畜禽舍的建设应设计好排水沟和出气口，根据畜禽舍的大小和养殖畜禽数量安装合适的通风换气设备，能大大减少舍内氨和硫化氢等有害气体的产生，并能及时将舍内产生的有害气体排出舍外，从而避免有害气体对畜禽和人的伤害，保障畜禽和人的健康。

9.1.2.4 病死猪无害化处理

（1）高温生物降解复合技术。无害化高温生物降解处理是一种全新的病死动物无害化处理形式，主要利用相关设备、分解细菌对濒死动物进行发酵处理，通过发酵过程中产生的热量消灭病死动物体内的致病菌和病毒，通过试验前后对比发现，试验后病料未检测到致病菌残留，检测结果呈阴性。同时，通过对成本进行分析发现，采用无害化高温生物降解处理成本要明显低于焚烧和掩埋的处理措施，值得在病死动物无害化处理中推广应用。

高温生物降解无害化处理设备使用操作便捷，自动化程度高。运行时应注意把握好 4 个步骤：第一步是将处理物进行计重，然后放到设备罐内并按死亡动物总重量的 25% 添加辅料，后关闭罐盖；第二步是选择手动加温按钮，设备开始对处理物进行加温；第三步是当被处理物温度达到 160℃时，操作 2 小时后进行降温，降温至 60℃时再加入降解菌，开始生物降解；第四步是降解 6～8 小时后，将处理后产物卸出。

（2）生物堆肥技术。足够的碳水化合物质，适宜的菌种，尽量大的接触面。发酵设备主要由纵向行走大车、横向移动小车、前后错位布置的双螺旋绞龙强化搅动、液压系统和控制柜等部分组成。性能特点是：一是适用面广。它不仅可用于城市垃圾的堆肥化处理，还可用于市政污泥、畜禽粪便、作物秸秆、食品厂糟渣等大多数有机废弃物的堆肥发酵处理，并把它们转化成有机肥料。二是发酵温度高，处理时间短，无害化程度高。发酵温度最高可达 70℃左右，可完全满足消毒、灭菌和无害化生产的要求，高温还提高了发酵效率，缩短了处理时间，夏季环境温度较高时，只需 2 周时间发酵即可完成。三是干燥效果好，堆肥含水率低（25%～30%），便于后续处理。利用堆肥过程中产生的发酵热对物料进行自热干燥，能耗低，干燥效果好；不受时间和气候条件的限制，可实现一年四季连续生产（图9-11）。

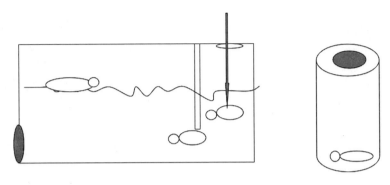

图9-11　技术处理图

9.1.3　生猪粪尿废弃物资源利用概况

（1）沼液利用情况（图9-12）。沼液富含氮磷钾、微量元素以及氨基酸、腐殖酸、生物活性物质等，可以替代或部分替代化肥施用，能够改善土壤环境效应、提升农产品品质、抑制病虫害等。

图9-12　大中型沼气池

生态循环农业是利用现代科学技术和管理方法，构建种植业、畜牧业、林业、渔业等生产环境之间的良性循环生态链，将农林牧副渔等第一产业与二、三产业有机联合的综合经营方式（图9-13、图9-14、图9-15、图9-16）。

图 9 - 13　沼液还田，循环生态农业

图 9 - 14　沼液还田，循环生态农业

图 9 - 15　沼液还田，循环生态农业

图 9 - 16　沼液还田，循环生态农业

（2）猪场废弃物资源化利用情况（图 9 - 17）。在饲养黑水虻的过程中，科学家们发现黑水虻体内的蛋白质和脂肪酸的含量非常高，它的粗蛋白质的含量与蚕豆、葵花籽等植物性蛋白饲料十分相近，但它其中所蕴含的脂肪的含量较高于它们，氨基酸含量与鱼粉相似，却又高于普通的豆粉。同时，经过研究表明，经黑水虻处理过的粪便可以成为优质有机肥。最主要的是，与其他的蛋白质饲料相比，黑水虻虫体中几乎检测不出沙门氏菌等有害菌，因此，将黑水虻添加到饲料中可以有效地提高饲料的质量。黑水虻喜欢取食禽类的粪便和生活中的垃圾，喜欢比较潮湿的环境，所以可以利用黑水虻来处理有机物垃圾。同时，有研究表明，经过黑水虻处理过的畜禽留下的粪便，其存在有害菌的含量和种类明显下降，并且污染物中存在的有机质的含量与黑水虻减少废弃物的指数成正比。而且，经过黑水虻处理过的粪便质地会变得松软，没有臭味，可以当有机肥使用。所以，黑水虻能够处理有机物垃圾，同时使它们变废为宝，再

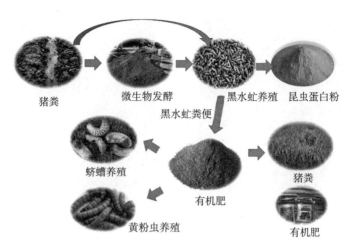

猪粪　　微生物发酵　　黑水虻养殖　　昆虫蛋白粉

黑水虻粪便

蛴螬养殖

黄粉虫养殖

有机肥

猪粪

有机肥

图 9-17　猪场废弃物资源化利用原理

次被利用，实现了资源的可循环利用，为生态环境的保护提供了一条途径。黑水虻除了可以作为饲料，处理有机物垃圾，还在医学上有广泛的应用，黑水虻的幼虫可以用于治疗烧伤和用于创后的伤口愈合，同时，黑水虻还具有抗炎和镇痛作用，是一种医疗资源和药用昆虫。最有用的是，黑水虻的体内含有丰富的脂肪，是生产生物柴油的优质原料。我国是能源使用的大国，如果用黑水虻来生产生物柴油，那么就可以有效地解决我国能源紧张的问题，为我国的能源开发提供可靠的方法（图 9-18、图 9-19、图 9-20、图 9-21）。

图 9-18　黑水虻的饲养

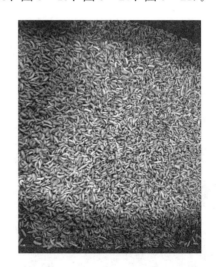

图 9-19　黑水虻的饲养

图 9-20　黑水虻产品　　　　　　　　图 9-21　黑水虻产品

　　黄粉虫传统的应用主要是用于特种养殖（图 9-22、图 9-23、图 9-24）。作为鲜活饲料用于饲养蛤蚧、蝎子、金钱龟、观赏鱼类、鸟类、蛙类等一些经济价值较高的特种经济动物，也可作为一般畜禽的饲料添加剂使用，从而提高产品的产量以及质量。黄粉虫富含蛋白质、维生素、矿物质等营养成分，蛋白质的含量大大高于鸡蛋、牛肉、羊肉等常规动物性食品，且有易于消化吸收的特点，是优良的蛋白食品。黄粉虫口感好，具有独特风味，容易被消费者接受，可进行煎炸、烘烤、精制成蛋白粉和酒精饮品、加工成含有果仁味道的蛋白饮品等各种形式的食品。除了营养价值，黄粉虫还有环保价值。利用黄粉虫过腹转化的能力，把各种蔬菜尾菜及瓜果废弃物转化为虫体蛋白质，同时将其粪便用作有机肥用于水耕蔬菜种植。黄粉虫还可以吞食和完全降解塑料。100 只黄粉虫每天能够吃掉 34～39 毫克的泡沫塑料，黄粉虫利用体内的肠道菌群将吃下去的塑料一半转化为二氧化碳，另一半转化为类似兔粪便的生物降解颗粒被排泄出体外（图 9-25）。

图 9-22　黄粉虫养殖　　　　　　　　图 9-23　黄粉虫养殖

图 9 - 24　黄粉虫饲养　　　　　　　　图 9 - 25　黄粉虫产品

9.2　蛋鸡养殖案例

9.2.1　合作社所在村简介

青山村位于贵州省松桃苗族自治县迓驾镇，与重庆秀山县雅江镇江西村相邻，渝湘高速穿境而过，气候条件良好，四面环山，空气清新，雨水充足，植被良好，交通发达，辐射面广。近年来，在镇党委、政府的坚强领导下，以党支部为统领，以推动党员创业带富工程为载体，按照支部引领，民主决策，群众积极参与的工作思路，反复研究，采取"村集体＋合作社＋基地＋市场＋农户"的模式发展生态种养殖产业，践行绿水青山就是金山银山的发展理念。发展了规模蛋鸡养殖合作社 7 个，龙洞山泉水厂 1 个，村集体经济万羽蛋鸡养殖场 1 个。建成了村办企业松桃苗家人生物有机肥加工厂和村办自来水厂。发展无籽石榴 300 亩，在片区党总支的引领下，与十里、青山、坝德集中连片种植白皮蜜柚 3 000 亩。通过种养产业的发展，带动农户312 户，受益人口 1 467 人，实现了 2016 年青山村精准扶贫户 60 户、197人脱贫，整村脱贫出列。

9.2.2　青山村集体经济模式

（1）"民心党建＋专业合作社"融合。以党支部为引领，利用合作社成熟的养殖技术和稳定的销售渠道，鼓励农户入股，先后建成了规模蛋鸡养殖场 4 个，发展养殖大户 20 户，蛋鸡存栏达 15 万羽，其中集体经济蛋鸡存栏

3.7 万羽，年底可实现收益 100 万元以上（图 9-26、图 9-27、图 9-28）。

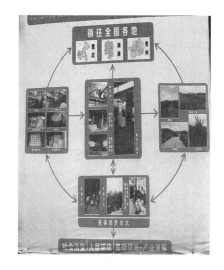

图 9-26　合作社经销图

图 9-27　合作社经营展示

图 9-28　合作社化肥厂

（2）"基础设施＋产业融合"。加快基础设施道路建设，已完成产业路近 13 千米，机耕道 28 千米，高效农田基本整治，旱改水等项目逐步推进，进一步做好产业转型升级和融合。在建设过程中，通过"村支'两委'＋专业合作社"带动低收入农户参与务工，可实现户均增收 4 000 元以上，年底户均分红 2 000 元以上。

（3）"村集体经济家＋低收入农户"融合。青山村共有低收入户 67 户，292 人。发展了村集体经济蛋鸡养殖 3.7 万羽、1 500 余亩经果林种植、有机肥加工厂等多种产业，助推了村级集体经济的稳步发展，使青山村集体经济不断发展壮大，同时通过务工、土地流转、产业分红等方式成功带动了全村 67 户低收入农户 292 人投入资金、土地入股村集体经济，人均年增收 4 000 余元。

（4）"边区和谐＋边区协作"融合。青山村地处湘黔渝边区接合部，过去打架斗殴时常发生，社会治安极其混乱，2014 年以来，青山村与相邻的重庆市秀山县江西村、桐木村，按照共同参与、共同监督、共同管理的原则，调动各方面力量，凝聚各方共识，整合各方资源，创新综合治理新模式和新机制，实行社会维稳联防、联打、联调、联治、联保、联谊机制，形成了坚强有力的边区共联、共创、共建、共管的大党建格局，共同联合开展党建、经济、维稳、信访、调处、矛盾纠纷等工作。

（5）"支部联建＋抱团发展"。按照党建引领，地域相近，产业相连和以强带弱、以大带小的原则，青山村联合相邻的十里村、坝德村，建立了迓驾镇农业产业园区党总支，抱团连片发展经果林 3 000 亩。其中青山村发展种植 1 300 亩白皮蜜柚，200 余亩无籽石榴，又在原种植基础上套种了 800 余亩辣椒。充分利用土地实现效益最大化，村民通过参与劳动，每天还可以获得劳务费 70 元，全村年产值高达 1 000 万元，村民人均纯收入达到 8 000 元以上，还有效地辐射和带动了周边村寨的经济发展，2018 年仅上半年就带动周边村寨 300 多人就业，通过发展村集体经济，村民实现了稳收土地流转金、劳务收入金，实现了家门口就业。

9.2.3　合作社简介

合作社位于松桃县迓驾镇青山村，由青山村、村支"两委"3 人带头组建而成。于 2014 年 6 月启动。其中有外出农民工回乡创业人员 4 人，残疾人入股创业人员 5 人，安置残疾就业人员 8 人，辐射带动残疾人 40 人以上，在 2016 年的基础上带动低收入农户 25 户，覆盖受益人口 95 人。该社实行股份有限制，采用"公司＋农户＋基地"的模式（图 9-29）。

（1）组织机构。成员大会、设理事长、实行独立的财务管理和会计核算。

（2）明晰产权制度。合作社社员以最低 5 万元为 1 股投资，多则不限，时间为 2014 年 6 月—2014 年 12 月。获利后，利润按股分成，厂内所有财产也按股所有。合作社建成投产后，必须优先本村残疾人员就业上班，解决其就业，并保证为残疾股民及员工交纳社保养老金、合作医疗等（图 9-30、图 9-31、图 9-32）。

图 9-29　合作社社长办公室

图 9-30　规章制度

图 9-31　规章制度

图 9-32 规章制度

（3）进行产业结构调整。按照"党建引领、地域相近、产业相连"和"以强带弱、以大带小"的原则，青山村联合相邻的十里村、坝德村建立了"迓驾镇农业产业园区党总支"，抱团连片发展经果林 3 000 余亩，是省委、省政府批复的"500 亩大坝"之一。

（4）探索合理的分配制度。以"6∶2∶2"分红模式实现来年收益分红，60％的收益分红给低收入农户，20％分红给村集体经济，20％作为合作社管理费用。有低保的村民分红 2 000 元，没有低保的村民分红 3 000 元，仅2017 年、2018 年两年就已实现为低收入农户分红共计 40 余万元。

9.2.4 鸡粪废弃物处理技术

利用集体资金建设生物有机肥加工厂。2018 年底建成投入生产，有效解决了鸡粪污染和废弃问题，使鸡粪变废为宝，进一步推动蛋鸡产业可持续健康发展，推进青山村农业生态循环持续优化（图 9-33、图 9-34、图 9-35）。

图 9-33 有机肥厂

图 9 - 34　有机肥厂

图 9 - 35　有机肥厂

9.2.5　蛋鸡粪尿废弃物资源利用概况

发展循环生态农业。利用鸡粪加工成的有机肥，通过土地流转，大力发展规模化种植，共发展种植白皮柚 1 350 亩、无籽石榴 250 亩、春见（柑橘）100 亩。充分利用土地在原种植基础上套种 800 余亩辣椒、1 000 余亩南瓜，实现长短结合。整合扶贫项目资金，建成 12 000 万立方米的生态养鱼池 1 个。全村年产值高达 1 000 万元，村民人均纯收入达到 8 000 元以上，带动 300 多人务工就业（图 9 - 36、图 9 - 37）。

图9-36　种养结合示范基地

图9-37　农田

9.3　黄牛养殖案例

9.3.1　合作社简介

黄牛养殖合作社位于长兴堡镇灯阳村，与凤花村、麻塘村、长兴村毗邻，物产丰富，天蓝水清，英才辈出，山清水秀。辖5个村民组，共981人，行政区域面积3.1平方千米，耕地面积593.6亩。

村支书石国兴于2014年成立长兴堡镇灯阳村黄牛养殖合作社，从事肉牛养殖；长兴堡镇自2018年起，共使用东西部扶贫协作资金400万元入股灯阳村肉牛养殖项目，县畜牧中心资助该合作社建设设施费用30万元。以项目促进村集体经济发展，带动低收入人口增收致富。总体采用"政府监管＋

村委参与＋公司实施＋低收入农户受益"的模式，项目资金用于项目实施流动资金、牛种培育和规模引进、完善配套设施等，并由业主组织经营。村级合作社通过土地流转参与项目合作，并根据投入项目资金的10％参与保底分红和经营效益5％的利润分红，分红所得按土地面积等方式分配给土地流转农户以及低收入农户参与入股。资金使用、经营运作和分红方式受政府监督和指导（图9-38、图9-39、图9-40）。

图9-38 公示公告牌

图 9-39 与合作社负责人交谈

图 9-40 调研养牛基地

9.3.2 肉牛粪尿处理技术简介

（1）建立沼气池。建设沼气池是中小型养牛场粪尿处理的最佳方法，利用牛粪、牛尿等作为原料，投资几千元，可以降低牛场周边环境的污染压力，同时还能提供燃气。

（2）牛粪做有机肥。牛粪有机肥是利用生物菌发酵，去除臭味，减少热量的产生，肥效高。首先选择宽敞的地方，地面用水泥浇筑，清理后的牛粪随之放在水泥地晾晒，周边用遮阳网封闭，处理晒干，使用有机肥处理设备可把牛粪处理成颗粒状，适于播种、运输等。

9.3.3 粪尿废弃物资源化利用概况

"牛粪发酵产沼＋沼液沼渣还田＋规模种草养牛"的生态循环种养模式。通过建沼气池，让牛粪、牛尿变废为宝，不仅解决肉牛粪尿带来的污染问题，还能解决村民生活所需要的沼气。同时沼液沼渣还能加工成肥料还施农田，种草养牛，实现能量高效转化和物资高效利用（图9-41、图9-42、图9-43、图9-44）。

图9-41 沼气池

图9-42 沼液沼渣还田种草

图 9 - 43　规模种草养牛

图 9 - 44　规模种草养牛

参考文献 REFERENCES

安林丽，王素霞，金春，2018. 农业规模养殖与面源污染：基于 EKC 的检验 [J]. 生态经济，34（1）：176-179.

宾幕容，邓晨，高智勇，2020. 畜禽养殖污染防治补贴效果及其影响因素研究：基于养殖户满意度的视角 [J]. 湖南农业科学（5）：17-18.

宾幕容，覃一枝，周发明，2016. 湘江流域农户生猪养殖污染治理意愿分析 [J]. 经济地理，36（11）：154-160.

宾幕容，周发明，2015. 农户畜禽养殖污染治理的投入意愿及其影响因素：基于湖南省388家养殖户的调查 [J]. 湖南农业大学学报（社会科学版），16（3）：87-92.

宾幕容，周发明，2017. 畜禽养殖污染控制中的政府行为分析 [J]. 黑龙江畜牧兽医（20）：1-7.

蔡安娟，边博，常闻捷，等，2011. 太湖流域重污染区畜禽养殖污染特征及治理效果分析 [C] //Intelligent Information Technology Application Association. Environmental Systems Science and Engineering（ICESSE 2011 V1）. Intelligent Information Technology Application Association：智能信息技术应用学会：6.

蔡颖萍，岳佳，杜志雄，2020. 家庭农场畜禽粪污处理方式及其影响因素分析：基于全国养殖型与种养结合型家庭农场监测数据 [J]. 生态经济，36（1）：178-185.

车晓翠，郭聃，张春燕，等，2023. 吉林省畜禽粪便耕地负荷量估算及预警分析 [J]. 吉林农业大学学报，45（2）：204-212.

陈春霞，2008. 行为经济学和行为决策分析：一个综述 [J]. 经济问题探索（1）：124-128.

陈菲菲，张崇尚，王艺诺，等，2017. 规模化生猪养殖粪便处理与成本收益分析 [J]. 中国环境科学，37（9）：3455-3463.

陈卉，2007. 我国公共政策执行研究 [D]. 成都：西南财经大学.

陈继宁，1998. 农民采用新技术影响因素分析 [J]. 社会科学研究（2）：39-42.

陈丽虹，李晔，程全国，等，2018. 葫芦岛市畜禽粪便排放量与农田负荷量分析 [J]. 沈阳大学学报（自然科学版），30（2）：93-99.

陈蓉，傅新红，王雨林，2012. 价格波动中养殖户生猪产量调整行为分析：基于四川省资中县 386 个养殖户的调查 [J]. 中国畜牧杂志，48（6）：18-22.

陈天宝，万昭军，付茂忠，2012. 基于氮素循环的耕地畜禽承载能力评估模型建立与应用 [J]. 农业工程学报，28（2）：191-195.

陈卫平，王笑丛，2018. 制度环境对农户生产绿色转型意愿的影响：新制度理论的视角 [J]. 东岳论丛，39（6）：114-123，192.

仇焕广，蔡亚庆，白军飞，等，2013. 我国农村户用沼气补贴政策的实施效果研究 [J]. 农业经济问题，34（2）：85-92，112.

仇焕广，廖绍攀，井月，等，2013. 我国畜禽粪便污染的区域差异与发展趋势分析 [J]. 环境科学，34（7）：2766-2774.

仇焕广，莫海霞，白军飞，等，2012. 中国农村畜禽粪便处理方式及其影响因素：基于五省调查数据的实证分析 [J]. 中国农村经济（3）：78-87.

储成兵，李平，2014. 农户病虫害综合防治技术采纳意愿实证分析：以安徽省 402 个农户的调查数据为例 [J]. 财贸研究，25（3）：57-65.

崔春玲，2017. 农村畜禽养殖污染防治中不同利益主体互动问题探究 [D]. 郑州：河南大学.

狄继芳，张玉，何江，等，2009. 呼和浩特地区农田畜禽粪便负荷量调查研究 [J]. 农业环境与发展，26（2）：88-90.

丁翔，李世平，南灵，等，2021. 社会学习、环境认知对农户亲环境行为影响研究 [J]. 干旱区资源与环境，35（2）：34-40.

董红敏，左玲玲，魏莎，等，2019. 建立畜禽废弃物养分管理制度促进种养结合绿色发展 [J]. 中国科学院院刊，34（2）：180-189.

董金朋，张园园，孙世民，2021. 蛋鸡养殖场户清洁生产行为实施意愿及影响因素分 [J]. 中国农业资源与区划，42（1）：145-152.

董晓霞，李孟娇，于乐荣，2014. 北京市畜禽粪便农田负荷量估算及预警分析 [J]. 中国畜牧杂志，50（18）：32-36.

方杏村，陈浩，2015. 经济增长和环境污染的动态关系及其区域差异：基于资源枯竭型城市面板数据的实证分析 [J]. 生态经济，31（6）：49-52.

冯爱萍，王雪蕾，刘忠，等，2015. 东北三省畜禽养殖环境风险时空特征 [J]. 环境科学研究，28（6）：967-974.

冯淑怡，罗小娟，张丽军，等，2013. 养殖企业畜禽粪尿处理方式选择、影响因素与适用政策工具分析：以太湖流域上游为例 [J]. 华中农业大学学报（社会科学版）（1）：

12-18.

符伟民,邢志厚,2014. 农村畜禽养殖污染治理现状及对策研究 [J]. 当代畜牧(14):
　　14-15.

高启杰,2000. 农业技术推广中的农民行为研究 [J]. 农业科技管理(1):28-30.

高岩,陈季琴,谢梦春,2020. 规模化畜禽养殖污染防治研究 [J]. 资源节约与环保
　　(6):78.

郜兴亮,刘福元,翟中葳,等,2022. 新疆生产建设兵团畜禽粪便耕地负荷及土地承载
　　力研究 [J]. 家畜生态学报,43(7):70-74,93.

耿维,孙义祥,袁嫚嫚,等,2018. 安徽省畜牧业环境承载力及粪便替代化肥潜力评估
　　[J]. 农业工程学报,34(18):252-260+315.

耿言虎,2017. 农村规模化养殖业污染及其治理困境:基于巢湖流域贝镇生猪养殖的田
　　野调查 [J]. 中国矿业大学学报(社会科学版),19(1):50-59.

龚世飞,丁武汉,居学海,等,2021. 典型农业小流域面源污染源解析与控制策略:以
　　丹江口水源涵养区为例 [J]. 中国农业科学,54(18):3919-3931.

龚文娟,2008. 当代城市居民环境友好行为之性别差异分析 [J]. 中国地质大学学报
　　(社会科学版),4(6):37-42.

关海玲,王玉,张华玮,2022. 政府、企业、公众三者间的演化博弈:基于环境规制视
　　角 [J]. 商业研究(1):133-143.

郭海红,李树超,2022. 环境规制、空间效应与农业绿色发展 [J]. 研究与发展管理,
　　34(2):54-67.

郭利京,赵瑾,2014. 农户亲环境行为的影响机制及政策干预:以秸秆处理行为为例
　　[J]. 农业经济问题,35(12):78-84,112.

郭清卉,2020. 基于社会规范和个人规范的农户亲环境行为研究 [D]. 杨凌:西北农林
　　科技大学.

郭珊珊,张涵,杨汝馨,2019. 基于耕地承载力的畜禽养殖污染负荷及环境风险研
　　究——以四川省为例 [J]. 水土保持通报,39(1):226-232+325.

郭悦楠,2019. 信息获取对农户亲环境行为的影响研究 [D]. 杨凌:西北农林科技大学.

国家环境保护总局自然生态保护司,2002. 全国规模化畜禽养殖业污染情况调查及防治
　　对策 [M]. 北京:中国环境科学出版社:23-25.

国家质量监督检验检疫总局,国家标准化管理委员会,2017. 土地利用现状分类(GB/T
　　21010—2017)[S]. 北京:中国标准出版社.

韩枫,朱立志,2016. 西部生态脆弱区秸秆焚烧或饲料化利用选择分析:基于 Bivariate-

Probit 模型 [J]. 农村经济 (12)：74 - 81.

郝守宁，普布次仁，董飞，2019. 林芝畜禽养殖粪便排放时空演变及耕地污染负荷分析 [J]. 农业工程学报，35 (16)：225 - 232.

何如海，聂雷，何方，2013. 生态涵养型土地整治综合效益评价——以安徽省池州市贵 池区项目为例 [J]. 中国农业大学学报，18 (4)：232 - 237.

侯国庆，马骥，2017. 我国环境规制对畜禽养殖规模的影响效应：基于面板分位数回归 方法的实证研究 [J]. 华南理工大学学报（社会科学版），19 (1)：37 - 48.

黄炳凯，耿献辉，胡浩，2021. 中国生猪养殖规模结构变动是产业政策造成的吗?：基于 马尔可夫链的实证分析 [J]. 中国农村观察 (4)：123 - 144.

黄美玲，夏颖，范先鹏，等，2017. 湖北省畜禽养殖污染现状及总量控制 [J]. 长江流 域资源与环境，26 (2)：209 - 219.

黄文明，2019. 畜禽养殖污染防治工作存在的问题与对策分析 [J]. 中国畜禽种业 (8)： 23 - 25.

黄鑫，赵兴敏，苏伟，等，2022. 基于种养平衡的吉林省辽河流域农田畜禽粪便负荷研 究 [J]. 农业环境科学学报，41 (1)：193 - 201.

贾亚娟，赵敏娟，2019. 环境关心和制度信任对农户参与农村生活垃圾治理意愿的影响 [J]. 资源科学，41 (8)：1500 - 1512.

贾玉川，黄大鹏，2019. 黑龙江垦区畜禽粪污土地承载力分析 [J]. 家畜生态学报，40 (8)：77 - 80.

姜彩红，王红，吴根义，等，2021. 我国畜禽养殖排污许可制度及实施现状 [J]. 农业 环境科学学报，40 (11)：2292 - 2295.

姜海，雷昊，白璐，等，2018. 我国畜禽养殖污染多中心治理典型案例与优化路径 [J]. 江苏农业科学，46 (2)：235 - 239.

姜亚松，2019. 畜禽养殖环境污染及治理研究进展分析 [J]. 节能与环保 (12)：93 - 94.

焦隽，2008. 江苏省农村主要污染源氮磷污染负荷区域评价及控制对策 [D]. 南京：南 京农业大学.

金书秦，2018. 推进农业绿色发展要技术和制度双管齐下 [J]. 经济研究参考 (33)： 3 - 6.

金书秦，韩冬梅，吴娜伟，2018. 中国畜禽养殖污染防治政策评估 [J]. 农业经济问题 (3)：119 - 126.

景栋林，陈希萍，于辉，等，2012. 佛山市畜禽粪便排放量与农田负荷量分析 [J]. 生 态与农村环境学报，28 (1)：108 - 111.

孔凡斌，张维平，潘丹，2016. 养殖户畜禽粪便无害化处理意愿及影响因素研究：基于 5 省 754 户生猪养殖户的调查数据［J］. 农林经济管理学报，15（4）：454 - 463.

孔凡斌，张维平，潘丹，2018. 农户畜禽养殖污染无害化处理意愿与行为一致性分析：以 5 省 754 户生猪养殖户为例［J］. 现代经济探讨（4）：125 - 132.

孔祥才，2017. 畜禽养殖污染的经济分析及防控政策研究［D］. 长春：吉林农业大学.

孔祥才，王桂霞，2017. 我国畜牧业污染治理政策及实施效果评价［J］. 西北农林科技大学学报（社会科学版），17（6）：75 - 80.

兰勇，刘舜佳，向平安，2015. 畜禽养殖家庭农场粪便污染负荷研究——以湖南省县域样本为例［J］. 经济地理，35（10）：187 - 193.

黎运红，谭鹤群，2015. 湖北省畜禽粪便资源分布及其环境负荷研究［J］. 广东农业科学，42（18）：136 - 141.

李兵水，祝明银，2012. 农民参加新型农村社会养老保险动因刍议［J］. 江苏大学学报（社会科学版），14（1）：14 - 19.

李波，梅倩，2017. 农业生产碳行为方式及其影响因素研究：基于湖北省典型农村的农户调查［J］. 华中农业大学学报（社会科学版）（6）：51 - 58，150.

李丹阳，孙少泽，马若男，等，2019. 山西省畜禽粪污年产生量估算及环境效应［J］. 农业资源与环境学报，36（4）：480 - 486.

李莉. 赫伯特·西蒙，2007.“有限理性”理论探析［D］. 苏州：苏州大学.

李鸟鸟，闫振宇，王超，2021. 政策认知对生猪养殖户补栏行为的影响研究：基于 884 份调研数据分析［J］. 中国农业资源与区划，42（11）：233 - 242.

李鹏程，韩成吉，石自忠，等，2020. 基于种养平衡的中国耕地畜禽粪尿负荷预警与治理模式效果研究［J］. 农业环境科学学报，39（3）：628 - 637.

李乾，王玉斌，2018. 畜禽养殖废弃物资源化利用中政府行为选择——激励抑或惩罚［J］. 农村经济，4（9）：55 - 61.

李冉，沈贵银，王莉，2015. 我国畜禽良种补贴政策实施情况：基于山东、青海的调研［J］. 中国畜牧业（5）：30 - 32.

李小刚，熊涛，2019. 中国规模生猪养殖效率测度及其补贴政策效益评价研究［J］. 浙江农业学报，31（7）：1184 - 1192.

李玉卡，2020. 试谈我国畜禽粪便污染现状与治理对策［J］. 畜牧业环境（12）：13.

梁友德，宁善信，2014. 桂平市大力推广清洁养殖，生猪养殖污染治理成效显著［J］. 广西畜牧兽医，30（3）：135 - 137.

林丽梅，韩雅清，2019. 规模化生猪养殖户环境友好行为的影响因素及规制策略：基于扎根理论的探索性研究 [J]. 生态与农村环境学报, 35 (10): 1259-1267.

林武阳, 任笔, 冉瑞平, 2014. 生猪养殖户污染无害化处理意愿研究: 基于四川 5 市的调查 [J]. 广东农业科学, 41 (13): 167-171.

刘刚, 张春义, 赵福平, 等, 2017. 黄土高原畜禽养殖结构及土地承载力分析——以甘肃省庆阳市为例 [J]. 家畜生态学报, 38 (12): 73-77, 96.

刘洪银, 刘烨南, 2017. 农村居民区规模化养殖污染问题与治理对策 [J]. 黑龙江畜牧兽医 (20): 23-26.

刘静, 高静, 张应良, 2016. 产业链视角下农民合作经济组织亲环境行为研究 [J]. 农村经济, 4 (8): 72-77.

刘乐, 张娇, 张崇尚, 等, 2017. 经营规模的扩大有助于农户采取环境友好型生产行为吗: 以秸秆还田为例 [J]. 农业技术经济 (5): 17-26.

刘实, 李伟玮, 张永勇, 等, 2017. 大庆市畜禽粪便排放量与环境负荷量分析研究 [J]. 环境科学与管理, 42 (7): 71-74.

刘晓敏, 冯凤玲, 2019. 白洋淀流域农户参与水污染治理意愿及影响因素分析 [J]. 江苏农业科学, 47 (22): 326-330.

刘晓永, 王秀斌, 李书田, 2018. 中国农田畜禽粪尿氮负荷量及其还田潜力 [J]. 环境科学, 39 (12): 5723-5739.

刘艳丰, 玛依拉·艾尼, 唐淑珍, 等, 2010. 畜禽粪便污染现状及其治理 [J]. 草食家畜 (4): 47-49.

刘忆兰, 2018. 补贴政策对养殖户畜禽粪便处理方式选择的影响研究 [D]. 杨凌: 西北农林科技大学.

刘玉莹, 范静, 2018. 我国畜禽养殖环境污染现状、成因分析及其防治对策 [J]. 黑龙江畜牧兽医 (8): 19-21.

刘铮, 周静, 2018. 信息能力、环境风险感知与养殖户亲环境行为采纳: 基于辽宁省肉鸡养殖户的实证检验 [J]. 农业技术经济 (10): 135-144.

卢明娟, 2010. 畜禽养殖业对环境污染的危害及治理对策 [J]. 科学种养 (4): 51-52.

吕玲丽, 2000. 农户采用新技术的行为分析 [J]. 经济问题 (11): 27-29.

毛慧, 周力, 应瑞瑶, 2019. 契约农业能改善农户的要素投入吗?: 基于"龙头企业+农户"契约模式分析 [J]. 南京农业大学学报 (社会科学版), 19 (4): 147-155, 160.

孟祥海, 2014. 中国畜牧业环境污染防治问题研究 [D]. 武汉: 华中农业大学.

穆亚丽, 冯淑怡, 马力, 等, 2017. 农户沼肥还田决策行为及其经济效应评价 [J]. 自然资源学报, 32 (10): 1678-1690.

潘丹，2015. 规模养殖与畜禽污染关系研究——以生猪养殖为例 [J]. 资源科学，37 （11）：2279-2287.

潘丹，孔凡斌，2015. 鄱阳湖生态经济区畜禽养殖污染与产业发展的关系：基于脱钩和 LMDI 模型的实证分析 [J]. 江西社会科学，35（6）：49-55.

潘丹，孔凡斌，2015. 养殖户环境友好型畜禽粪便处理方式选择行为分析——以生猪养殖为例 [J]. 中国农村经济（9）：17-29.

潘磊，徐园红，2016. 河南省畜禽养殖业污染现状及治理对策 [J]. 科技视界（8）：200.

潘亚茹，2018. 洱海流域散养奶牛废弃物集中收集处理意愿及其补偿研究 [D]. 北京：中国农业科学院

潘瑜春，孙超，刘玉，等，2015. 基于土地消纳粪便能力的畜禽养殖承载力 [J]. 农业工程学报，31（4）：232-239.

饶静，张燕琴，2018. 从规模到类型：生猪养殖污染治理和资源化利用研究：以河北 LP 县为例 [J]. 农业经济问题（4）：121-130.

尚杰，尹晓宇，2016. 中国化肥面源污染现状及其减量化研究 [J]. 生态经济，32（5）：196-199.

沈根祥，汪雅谷，袁大伟，1994. 上海市郊农田畜禽粪便负荷量及其警报与分级 [J]. 上海农业学报（S1）：6-11.

沈鑫琪，乔娟，2019. 生猪养殖场户良种技术采纳行为的驱动因素分析：基于北方三省市的调研数据 [J]. 中国农业资源与区划，40（11）：95-102.

盛光华，戴佳彤，龚思羽，2020. 空气质量对中国居民亲环境行为的影响机制研究 [J]. 西安交通大学学报（社会科学版），40（2）：95-103.

舒畅，乔娟，2016. 养殖保险政策与病死畜禽无害化处理挂钩的实证研究：基于北京市的问卷数据 [J]. 保险研究（4）：109-119.

司瑞石，陆迁，张淑霞，2020. 环境规制对养殖户病死猪资源化处理行为的影响：基于河北、河南和湖北的调研数据 [J]. 农业技术经济（7）：47-60.

司瑞石，潘嗣同，袁雨馨，等，2019. 环境规制对养殖户废弃物资源化处理行为的影响研究——基于拓展决策实验分析法的实证 [J]. 干旱区资源与环境，33（9）：17-22.

宋嘉，2019. 陈仓区畜禽养殖环境污染整治研究 [D]. 杨凌：西北农林科技大学.

苏新莉，2003. 环境污染的经济学分析及其制度安排 [D]. 北京：中国地质大学.

孙平风，2010. 宁波市镇海区畜禽养殖污染及其生态防治研究 [D]. 上海：上海交通大学.

谭莹，胡洪涛，2021. 环境规制、生猪生产与区域转移效应 ［J］. 农业技术经济（1）：93-104.

谭永风，徐戈，陆迁，2022. "一揽子"补贴促进规模养殖户环境污染治理了吗？以畜禽粪污资源化利用为例 ［J］. 农村经济（2）：62-71.

谭永风，张淑霞，陆迁，2021. 环境规制、技术选择与养殖户绿色生产转型：基于内生转换回归模型的实证分析 ［J］. 干旱区资源与环境，35（10）：69-76.

唐永金，敬永周，侯大斌，等，2000. 农民自身因素对采用创新的影响 ［J］. 绵阳经济技术高等专科学校学报（2）：37-40.

滕玉华，刘长进，陈燕，等，2017. 基于结构方程模型的农户清洁能源应用行为决策研究 ［J］. 中国人口·资源与环境，27（9）：186-195.

田文勇，姚琦馥，2018. 技术水平对生猪养殖户适度规模养殖的影响研究：基于四川生猪养殖户的调查 ［J］. 黑龙江畜牧兽医（24）：12-16.

汪凤桂，林建峰，2015. 农业龙头企业对水产养殖户质量安全行为的影响 ［J］. 华中农业大学学报（社会科学版），4（6）：11-18.

汪秀芬，2019. 农户亲环境行为的影响因素研究 ［D］. 武汉：中南财经政法大学.

王方浩，马文奇，窦争霞，等，2006. 中国畜禽粪便产生量估算及环境效应 ［J］. 中国环境科学（5）：614-617.

王凤，2008. 公众参与环保行为影响因素的实证研究 ［J］. 中国人口·资源与环境，18（6）：30-35.

王桂霞，杨义风，2017. 生猪养殖户粪污资源化利用及其影响因素分析：基于吉林省的调查和养殖规模比较视角 ［J］. 湖南农业大学学报（社会科学版），18（3）：13-18.

王华，李兰，2018. 生态旅游涉入、群体规范对旅游者环境友好行为意愿的影响：以观鸟旅游者为例 ［J］. 旅游科学，32（1）：86-95.

王建华，刘苗，浦徐进，2016. 政策认知对生猪养殖户病死猪不当处理行为风险的影响分析 ［J］. 中国农村经济（5）：84-95.

王忙生，张双奇，杨继元，等，2018. 丹江上游商洛市畜禽粪便排放量与耕地污染负荷分析 ［J］. 中国生态农业学报，26（12）：1898-1907.

王平，2016. 南通市畜禽粪便排放量与农田负荷量分析 ［J］. 环境科学与管理，41（5）：134-137.

王善高，田旭，徐章星，2020. 中国生猪养殖的最优规模研究：基于不同效率指标的考察 ［J］. 统计与决策，36（17）：51-56.

王松霈，2013. 生态经济建设大辞典上册 ［M］. 南昌：江西科学技术出版社：377-378.

王晓莉，徐娜，朱秋鹰，等，2017. 破窗效应之"破"：基于小农户生猪粪污治理技术使用态度的考察 [J]. 黑龙江畜牧兽医（18）：7-12.

王晓燕，汪清平，2005. 北京市密云县耕地畜禽粪便负荷估算及风险评价 [J]. 农村生态环境（1）：30-34.

王滢，罗建美，宋海鸥，等，2017. 秦皇岛市畜禽粪便农田负荷量估算及环境风险评价 [J]. 家畜生态学报，38（6）：50-54.

王志伟，2019. 对病死猪无害化处理方式的研究：以湖南省洞口县为例 [J]. 农业灾害研究，9（1）：20-21，91.

邬兰娅，齐振宏，黄炜虹，2017. 环境感知、制度情境对生猪养殖户环境成本内部化行为的影响：以粪污无害化处理为例 [J]. 华中农业大学学报（社会科学版）（5）：28-35，145.

邬兰娅，齐振宏，李欣蕊，等，2014. 养猪农户环境风险感知与生态行为响应 [J]. 农村经济（7）：98-102.

吴青蔓，王芳，余平，等，2017. 农村养殖户畜禽粪便无害化处理意愿及其影响因素研究：以成都市为例 [J]. 农村经济与科技，28（19）：58-62.

吴琼，2018. 江苏畜牧业生态高效智能发展 [J]. 江苏农村经济（8）：25.

吴荣康，潘芳慧，常佳悦，等，2021. 河南省畜禽粪便的耕地污染及其未来风险预测 [J]. 浙江大学学报（农业与生命科学版），47（2）：233-242.

武深树，谭美英，黄璜，等，2009. 湖南洞庭湖区农地畜禽粪便承载量估算及其风险评价 [J]. 中国生态农业学报，17（6）：1245-1251.

西奥多·W. 舒尔茨，舒尔茨，Schultz，等，1987. 改造传统农业 [M]. 北京：商务印书馆.

夏佳奇，何可，张俊飚，2019. 环境规制与村规民约对农户绿色生产意愿的影响：以规模养猪户养殖废弃物资源化利用为例 [J]. 中国生态农业学报（中英文），27（12）：1925-1936.

肖建英，谭术魁，程明华，2012. 保护性耕作的农户响应意愿实证研究 [J]. 中国土地科学，26（12）：57-63.

肖杏芳，2017. 农户农业废弃物资源化利用行为及影响因素研究 [D]. 福州：福建农林大学.

谢美雅，2020. 环境规制对畜禽养殖污染防治的影响研究 [J]. 畜禽业，31（11）：45-4.

邢大伟，2001. 重视农民技术需求加强农业科技推广 [J]. 江西农业大学学报（5）：207-209.

徐立峰，金卫东，陈珂，2021. 养殖规模、外部约束与畜禽养殖者亲环境行为采纳研究 [J]. 干旱区资源与环境，35 (4)：46 - 53.

许荣，肖海峰，2017. 养殖户资源禀赋条件对养殖效益影响的实证研究：基于绒毛用羊农户调查数据 [J]. 农业经济与管理 (6)：88 - 96.

许增巍，姚顺波，苗珊珊，2016. 意愿与行为的悖离：农村生活垃圾集中处理农户支付意愿与支付行为影响因素研究 [J]. 干旱区资源与环境，30 (2)：1 - 6.

薛荦绮，2014. 基于垂直协作视角的农户清洁生产关键点研究 [D]. 南京：南京农业大学.

薛伟贤，刘静，2010. 环境规制及其在中国的评估 [J]. 中国人口·资源与环境，20 (9)：70 - 77.

杨皓天，马骥，2020. 环境规制下养殖户的环境投入行为研究：基于双栏模型的实证分析 [J]. 中国农业资源与区划，41 (3)：94 - 102.

杨洁辉，王笑，程秀娟，2022. 要素配置视角下农产品供应链组织模式选择 [J]. 商业经济研究 (6)：148 - 151.

杨世琦，韩瑞芸，刘晨峰，2016. 省域尺度下畜禽粪便的农田消纳量及承载负荷研究 [J]. 中国农业大学学报，21 (7)：142 - 151.

杨雯清，2018. 南安市畜禽规模化养殖污染治理研究 [D]. 景州：华侨大学.

杨晓佳，2018. 浅谈病死动物无害化处理问题及建议 [J]. 中国畜禽种业，14 (1)：52.

姚文捷，2016. 畜禽养殖污染治理的绿色补贴政策研究：以浙江生猪养殖为例 [D]. 杭州：浙江工商大学.

易秀，陈生婧，田浩，2016. 陕西省养殖业畜禽粪便氮磷耕地负荷的时空分布 [J]. 水土保持通报，36 (3)：235 - 240.

于娜，王晓茹，李婷婷，等，2021. 山东省畜禽粪便的环境污染现状及风险评价 [J]. 农业资源与环境学报，38 (5)：820 - 828.

于婷，于法稳，2019. 环境规制政策情境下畜禽养殖废弃物资源化利用认知对养殖户参与意愿的影响分析 [J]. 中国农村经济 (8)：91 - 108.

虞袆，张晖，胡浩，2012. 排污补贴视角下的养殖户环保投资影响因素研究：基于沪、苏、浙生猪养殖户的调查分析 [J]. 中国人口·资源与环境，22 (2)：159 - 163.

袁斌，2020. 规模化畜禽养殖场污染治理现状与对策 [J]. 中国畜禽种业，16 (2)：54.

曾昉，李大胜，谭莹，2021. 环境规制背景下生猪产业转移对农业结构调整的影响 [J]. 中国人口·资源与环境，31 (6)：158 - 166.

曾勇，2019. 农村畜禽养殖污染问题及防治对策 [J]. 中国畜禽种业 (4)：15 - 16.

张驰，2020. 我国县域农机购置补贴政策实施问题研究 [D]. 郑州：华北水利水电大学.

张从，2011. 中国农村面源污染的环境影响及其控制对策 [J]. 环境科学动态（4）：10-13.

张飞，禹业飞，王成磊，等，2016. 探究农村畜禽养殖废水处理技术现状与展望 [J]. 甘肃畜牧兽医，46（5）：106-107，109.

张晖，虞祎，胡浩，2011. 基于农户视角的畜牧业污染处理意愿研究：基于长三角生猪养殖户的调查 [J]. 农村经济（10）：92-94.

张娇，李世平，郭悦楠，2019. 基于保护动机理论的农户亲环境行为影响因素研究：以秸秆处理为例 [J]. 干旱区资源与环境，33（5）：8-13.

张康洁，于法稳，尹昌斌，2021. 产业组织模式对稻农绿色生产行为的影响机制分析 [J]. 农村经济（12）：72-80.

张丽军，2009. 补贴等政策工具对畜禽养殖污染防治的效果分析 [D]. 南京：南京农业大学.

张柳，2019. 规模化畜禽养殖对生态环境的污染及对策研究 [D]. 泰安：山东农业大学.

张陆彪，陈艳丽，2003. 我国畜禽养殖业环境管理立法亟待完善 [J]. 中国家禽（14）：4-7.

张庆国，2019. 畜禽养殖污染治理现状及发展趋势 [J]. 中国畜禽种业，15（1）：28.

张荣斌，2017. 多种补贴政策对我国生猪养殖规模化生产的影响研究 [J]. 黑龙江畜牧兽医（4）：11-13.

张淑霞，刘明月，张晨曦，2016. 疫情损失补偿政策对养殖户不安全销售行为抑制效应：基于宁夏中卫蛋鸡养殖户的分析 [J]. 农业现代化研究，37（3）：565-571.

张维平，2018. 农户畜禽养殖污染无害化处理行为研究 [D]. 南昌：江西财经大学.

张晓华，2018. 四川省畜禽养殖户环境污染防治意愿的影响因素研究 [D]. 成都：四川农业大学.

张绪美，董元华，2007. 江苏省农田畜禽粪便负荷时空变化 [J]. 地理科学（4）：597-601.

张绪美，董元华，王辉，等，2007. 中国畜禽养殖结构及其粪便 N 污染负荷特征分析 [J]. 环境科学（6）：1311-1318.

张宇，张沁岚，2019. 经济激励型环境政策对畜禽养殖废弃物减排影响机理分析 [J]. 山东农业大学学报（自然科学版），50（3）：531-536.

张玉梅，乔娟，2014. 生态农业视角下养猪场（户）环境治理行为分析：基于北京郊区养猪场（户）的调研数据 [J]. 技术经济，33（7）：75-81.

张郁，江易华，2016. 环境规制政策情境下环境风险感知对养猪户环境行为影响：基于湖北省 280 户规模养殖户的调查 [J]. 农业技术经济（11）：76 - 86.

张郁，齐振宏，孟祥海，等，2015. 生态补偿政策情境下家庭资源禀赋对养猪户环境行为影响：基于湖北省 248 个专业养殖户（场）的调查研究 [J]. 农业经济问题，36（6）：82 - 91，112.

张园园，李敏，于超，孙世民，2019. 经营特征、生态认知与清洁生产行为：基于山东省 509 家养猪场户的调查数据 [J]. 干旱区资源与环境，33（11）：49 - 54.

赵会杰，胡宛彬，2021. 环境规制下农户感知对参与农业废弃物资源化利用意愿的影响 [J]. 中国生态农业学报（中英文），29（3）：600 - 612.

赵丽莉，张成帅，朱远航，2011. 河南省耕地畜禽粪便负荷分析 [J]. 广东农业科学，38（24）：54 - 56.

赵连阁，蔡书凯，2012. 农户 IPM 技术采纳行为影响因素分析：基于安徽省芜湖市的实证 [J]. 农业经济问题，33（3）：50 - 57，111.

赵龙群，孙希琪，孙明贞，等，1997. 我国农民采用科技的行为特点及其对策的研究 [J]. 农业科技管理（2）：42 - 45.

赵亚飞，盛靓，彭海云，等，2022. 亲环境行为影响因素的系统整合模型及启示 [J]. 应用心理学，28（1）：49 - 58.

赵玉民，朱方明，贺立龙，2009. 环境规制的界定、分类与演进研究 [J]. 中国人口·资源与环境，19（6）：85 - 90.

周芳，琼达，金书秦，2021. 西藏畜禽养殖污染现状与环境风险预测 [J]. 干旱区资源与环境，35（9）：82 - 88.

周建军，谭莹，胡洪涛，2018. 环境规制对中国生猪养殖生产布局与产业转移的影响分析 [J]. 农业现代化研究，39（3）：440 - 450.

周力，2011. 产业集聚、环境规制与畜禽养殖半点源污染 [J]. 中国农村经济（2）：60 - 73.

周祖光，2012. 海南省畜禽粪便分布特征及耕地负荷研究 [J]. 环境科学与技术，35（5）：202 - 205.

朱建春，张增强，樊志民，等，2014. 中国畜禽粪便的能源潜力与氮磷耕地负荷及总量控制 [J]. 农业环境科学学报，33（3）：435 - 445.

朱润，何可，张俊飚，2021. 环境规制如何影响规模养猪户的生猪粪便资源化利用决策：基于规模养猪户感知视角 [J]. 中国农村观察（6）：85 - 107.

朱哲毅，应瑞瑶，周力，2016. 畜禽养殖末端污染治理政策对养殖户清洁生产行为的影响研究：基于环境库兹涅茨曲线视角的选择性试验 ［J］. 华中农业大学学报（社会科学版）(5)：55-62，145.

庄夕栋，陈明生，2018. 畜禽养殖用水污染的危害 ［J］. 中国畜牧兽医文摘，34 (5)：7.

《中国政策汇编2016》编写组，2017. 中国政策汇编 第五卷 ［M］. 北京：中国言实出版社.

Afroz R，Hanaki K，Hasegawa - Kurisu K，2009. Willingness to pay for waste management improvement in Dhaka City，Bangladesh ［J］. Journal of Environmental Management，90 (1)：492-503.

Browna P，Daigneaultb A，Dawsonc J，2019. Age，values，farming objectives，past management decisions，and future intentions in New Zealand agriculture ［J］. Journal of Environmental Management，231 (2)：110-120.

Evelyne K，Steven F，2019. Developing sustainable farmer - to - farmer extension：experiences from the volunteer farmer - trainer approach in Kenya ［J］. International Journal of Agricultural Sustainability (6)：401-412.

Han H，The norm activation model and theory - broadening：Individuals' decision - making on environmentally - responsible convention attendance ［J］. Journal of Environmental Psychology (40)：462-471.

Jody M. Hines，Harold R. Hungerford，Audrey N. et al.，2010. Analysis and Synthesis of Research on Responsible Environmental Behavior：A Meta - Analysis ［J］. The Journal of Environmental Education，18 (2)：460-470.

Julia M. L. Laforge，Charles Z. Levkoe，2018. Seeding agroecology through new farmer training in Canada：knowledge，practice，and relational identities ［J］. Local Environment，23 (10).

Li P J，2009. Exponential growth，animal welfare，environmental and food safety impact：The case of China's livestock production ［J］. Journal of agricultural and environmental ethics (3)：217-240.

MAFF，1991. Code of good agricultural practice for the protection of water ［R］. MAFF Environment Matters. Department of the Environment. London，UK：Food and Rural Affairs.

Marleen C. Onwezen，Gerrit Antonides，Jos Bartels，2013. The Norm Activation Model：An exploration of the functions of anticipated pride and guilt in pro - environmental behaviour [J]. Journal of Economic Psychology, 39 (5).

Michael A, Mallin R, Matthew R, et al., 2015. Industrial swine and poultry production causes chronic nutrient and fecal microbial stream pollution [J]. Water, Air, & Soil Pollution, 226 (12): 1 - 13.

Stefan B A, Anneberg I, 2014. Farmers under pressure. Analysis of the social conditions of cases of animal neglect [J]. Journal of Agricultural & Environmental Ethics, 27 (1): 103 - 126.

Stern P C, 1999. Information, Incentives, and Pro - environmental Consumer Behavior [J]. Journal of Consumer Policy (4): 461 - 478.

Vanslembrouck I, Huylenbroeck G, Verbeke W, 2002. Determinants of the willingness of belgian farmers to participate in Agr - environmental measures [J]. Journal of Agricultural Economics, 53 (3): 489 - 511.

Zainab Mbaga - Semgalawe, Henk Folmer, 2000. Household adoption behaviour of improved soil conservation: the case of the North Pare and West Usambara Mountains of Tanzania [J]. Land Use Policy, 17 (4).

附 录 APPENDIX _____

贵州畜禽养殖污染治理调查问卷

本问卷调查数据仅为课题研究所用，不会泄露您的个人信息。本问卷答案无所谓对错，调查信息，绝对保密，您只需要按照题目的要求做出选择即可。您的看法和意见将直接影响本次调查的结果，衷心感谢您的支持，祝您生活愉快！

第一部分：养殖户及畜禽养殖基本情况

1. 您的年龄：_____岁，性别是（   ）。

A. 男   B. 女

2. 您的文化程度（   ）。

A. 小学及以下   B. 初中   C. 高中（中专）

D. 大专   E. 本科及以上

3. 您是（   ）（可多选）

A. 普通个体养殖户   B. 合作社或协会成员   C. 公司加农户会员

D. 村干部   E. 其他

4. 您家饲养畜禽种类主要是哪种？（   ）（可多选）

A. 猪   B. 牛   C. 羊   D. 禽类   E. 其他

5. 您家从事畜禽养殖有（   ）年，您家从事畜禽养殖的有（   ）人。

6. 您最开始畜禽养殖的主要诱因是？（   ）

A. 畜禽市场行情好   B. 政策支持

C. 家里粮食多   D. 没有找到更合适的事业

E. 其他

7. 您家年均总收入约为（   ）万元。

A. 5 万元以下　　　　　B. 5 万～9 万元

C. 10 万～15 万元　　　　D. 16 万元以上

8. 您家畜禽养殖收入所占比重约为（　　）。

A. 30％及以下　　　　　B. 31％～50％

C. 51％～70％　　　　　D. 71％以上

9. 您家现有的畜禽饲养数量是（　　）。（单位：只或头）

A. 30 以下　　　　　B. 30～100　　　　　C. 101～500

D. 501～1 000　　　　E. 1 001 以上

10. 您家的畜禽养殖场（圈舍）距离水源或河道有多远？（　　）

A. 50 米以内　　　　　B. 50～100 米

C. 100～500 米　　　　D. 500 米以上

11. 您家是否参加过或了解猪（牛、羊、禽类）养殖污染治理培训？
（　　）

A. 经常参加　　　　　B. 偶尔参加　　　　　C. 没有参加过

12. 您家的自有耕地（果园、菜地、茶园）数量为_____亩，年均受
到环保部门检查畜禽养殖排污达标状况_____次，年缴纳排污费_____
元、环保罚款_____元。

第二部分：养殖户养殖污染治理认知

13. 养殖污染对周边环境的污染程度如何？（　　）

A. 较小　　B. 一般　　C. 较严重

14. 养殖污染会对人体健康产生影响吗？（　　）

A. 不知道　　　　　B. 无影响

C. 影响较小　　　　D. 影响较大

15. 养殖污染会对畜禽健康产生影响吗？（　　）

A. 不知道　　　　　B. 无影响

C. 影响较小　　　　D. 影响较大

16. 您认为畜禽养殖污染可以控制吗？（　　）

A. 无法控制　　　　　B. 只能部分控制　　　　　C. 可以完全控制

17. 您认为畜禽养殖污染治理是谁的责任？（　　）

A. 政府   B. 政府与养殖户   C. 养殖户

18. 您觉得畜禽养殖过程中的哪种排泄物对环境污染较严重？（   ）（可多选）

A. 粪便   B. 尿液   C. 废水   D. 臭气   E. 其他

19. 您觉得导致畜禽养殖污染的原因是什么？（   ）（可多选）

A. 畜禽圈舍建址不合理   B. 种养分离

C. 治污力度不够   D. 治污优惠政策缺失

E. 当地缺少治理设施与监督机构   F. 治理成本较高不愿治理

G. 产业发展政策与环境政策冲突   H. 其他

20. 您对畜禽养殖污染治理现状是否满意？（   ）

A. 满意   B. 不满意

若不满意，您愿意采用哪种方式来改善污染治理现状？（   ）

A. 种养结合   B. 增加治污设备   C. 缩减养殖规模

D. 提高养殖技术   E. 搬离禁限养区   F. 其他

21. 您是否清楚减少养殖污染物的方法？（   ）

A. 清楚   B. 不清楚

若清楚，您最希望采用哪种方法来减少污染物？（   ）

A. 科学选配饲料   B. 精确喂养   C. 科学清粪

D. 改善治理设施   E. 其他

22. 您最希望采用哪种方式治理畜禽养殖污染？（   ）

A. 不治理   B. 预处理后直排   C. 出售或赠送

D. 制沼气   E. 还田   F. 有机肥

G. 其他

第三部分：养殖户养殖污染生态治理行为

23. 您是否愿意治理畜禽养殖污染物？（   ）

A. 愿意   B. 不愿意

24. 您家采用哪些方法来减少废弃物产生量？（   ）可多选

A. 科学选配饲料   B. 精确喂食   C. 利用饲料添加剂

D. 科学清粪   E. 使用消毒剂   F. 改善猪舍设施

G. 其他

25. 您家是如何处理畜禽粪尿污染物的?（　　）（可多选）

A. 堆积发酵做肥料　　　B. 直接排到水沟里

C. 直接施于农田　　　　D. 建沼气池，作为沼气原料

E. 丢弃

若粪尿出售，则年出售收益是＿＿＿＿＿元/年（免费赠送则为0）；若有沼气系统，则容量为＿＿＿＿＿立方米（没有沼气则为0），建造时投入＿＿＿＿＿元，政府补贴＿＿＿＿＿元，后续需政府补＿＿＿＿＿元；若还田，则大约节约化肥费用＿＿＿＿＿元/年；若有废弃物技术服务人员上门服务则需支付服务费＿＿＿＿＿元/年。

26. 您家是如何处理畜禽污水污染物的?（　　）（可多选）

A. 直接排放　　　　　　B. 净化处理

27. 您家病死畜禽是怎么处理的? ＿＿＿＿＿

A. 深埋　　　　　　　B. 焚烧　　　　　　　C. 高温消毒

D. 丢弃　　　　　　　E. 其他

28. 您是否愿意对养殖废弃物生态治理?（　　）

A. 愿意　　B. 不愿意

29. 您家每年花费在处理畜禽养殖污染生态治理上的费用有多少元?（　　）（单位：元）

A. 500 以下　　　　　　B. 500~1 000 元

C. 1 001~3 000 元　　　D. 其他

30. 您家是否愿意为生态治理养殖污染增加投入?（　　）

A. 愿意　　B. 不愿意

31. 您认为您家畜禽养殖污染生态治理效果如何?（　　）

A. 效果很好　　　　　　B. 效果较好　　　　　　C. 效果一般

D. 效果较差　　　　　　E. 效果很差

第四部分：养殖户养殖污染治理政策

32. 您村有养殖污染物排泄管理规章制度吗?（　　）

A. 有　　　B. 没有

33. 您知道新《中华人民共和国环境保护法》《畜禽污染防治条例》等政策法规吗？（　　）

　　A. 不知道　　　　　　　B. 知道小部分　　　　　C. 很熟悉

34. 您了解政府关于畜禽养殖污染治理的哪些方面政策措施吗？（　　）（可多选）

　　A. 治理宣传教育　　　　　　　B. 放弃养殖重新谋生

　　C. 污染治理技术培训　　　　　D. 达标排放技术标准

　　E. 因环保关闭或拆迁的猪场数量　　F. 村或乡镇禁止粪污直排的规定

　　G. 排污费　　　　　　　　　　H. 沼气补贴

　　I. 粪肥交易市场　　　　　　　J. 其他

35. 您知道贵州实施的养殖污染处理补贴政策都有哪些吗？（　　）（可多选）

　　A. 沼气补贴　　　　　　　　　B. 排污费用补贴

　　C. 全面技术培训补贴　　　　　D. 粪肥交易补贴

　　E. 环境保护政策补贴　　　　　F. 绿色补贴

　　G. 其他

36. 您是否获得了有关畜禽污染治理相关方面的政府补贴？（　　）；

　　A. 是　　　B. 否

　　若获得，主要是哪些政策补贴，所获补贴额度为多少万元？（　　）

　　A. 沼气池构建补贴，_____元　　B. 污染治理补贴，_____元

　　C. 圈舍改建资金支持，_____元　　D. 粪肥交易补贴，_____元

　　E. 环境保护政策补贴，_____元　　F. 其他，_____元

37. 您觉得现有治理政策补贴对畜禽养殖污染治理产生的效果如何？（　　）

　　A. 无影响　　　　　　B. 影响一般　　　　　　C. 影响很大

38. 若政府给予部分补贴，您愿意自行治理养殖废弃物吗？（　　）

　　A. 愿意　　B. 不愿意

　　若愿意，您最希望的补贴形式及额度分别是？（　　）

　　A. 直接发放现金（_____元/年）

　　B. 免费提供技术指导（_____次/年）

C. 免费提供水泥等材料（_____元/年）

D. 补助贷款信息（_____元/年）

E. 税收优惠（_____%/年）

F. 其他

若不愿意，原因是？（　　　）

A. 缺乏治理技术指导　　　　　B. 治理费用高不划算

C. 不重要且不受益　　　　　　D. 对政府没信心

E. 其他

第五部分：环境规制对养殖户的影响

39. 环境规制识别

规制类型	无影响	影响较小	影响一般	影响较大	影响很大
政府对养殖户污染治理行为监管政策的影响	1	2	3	4	5
政府对养殖户污染治理行为处罚政策的影响	1	2	3	4	5
政府对养殖户污染治理行为补贴政策的影响	1	2	3	4	5
污染治理之后才能申请保险理赔政策的影响	1	2	3	4	5
政府对养殖户污染治理技术指导政策的影响	1	2	3	4	5
经济组织规章制度对养殖户污染治理的影响	1	2	3	4	5
与政府签订污染治理承诺书对养殖户的影响	1	2	3	4	5
与组织签订污染治理承诺书对养殖户的影响	1	2	3	4	5
与其他养殖户签订承诺书对养殖户行为的影响	1	2	3	4	5

40. 环境保护相关条例实施以来，养殖户发生的变化

养殖污染治理投入成本增加了吗？	A. 未增加　B. 增加较少　C. 增加较多
畜禽养殖规模发生变化了吗？	A. 扩大规模　B. 维持现状　C. 缩小规模　D. 退出行业
养殖户畜禽出栏数量变化了吗？	A. 未变化　B. 变化较小　C. 变化较大
养殖户畜禽销售价格变化了吗？	A. 未变化　B. 变化较小　C. 变化较大
养殖户生计发生变化了吗？	A. 未变化　B. 变化较小　C. 变化较大
养殖户退出畜禽养殖行业了吗？	A. 未变化　B. 变化较小　C. 变化较大
养殖户污染治理技术变化了吗？	A. 未变化　B. 变化较小　C. 变化较大
畜禽养殖场所位置变化了吗？	A. 未变化　B. 变化较小　C. 变化较大

41. 您对畜禽养殖污染治理问题，期望政府未来出台哪些方面政策措施？（　　）（可多选）

A. 引进粪尿处理企业，专业统一回收处理

B. 加大资金补贴力度，改扩建沼气池

C. 建立公共废弃物处理设施

D. 提高病死猪补偿标准

E. 其他

　　本著作是在田文勇主持的铜仁学院博士科研启动基金项目"环境规制约束下贵州畜禽养殖污染治理及政策优化研究（trxyDH1811）"研究报告基础上整理而成，受到贵州省2022年度哲学社会科学规划项目"贵州提升生猪生产标准化、规模化、品牌化水平研究（22GZYB62）"、国家民委人文社会科学项目"铜仁市蜂蜜产业发展研究（RWJDZB‐2022‐03）"、贵州省教育厅青年科技人才成长项目"贵州省畜禽养殖污染资源开发利用研究"（黔教合KY字〔2022〕073号）、贵州省教育厅高校人文社科青年项目"贵州畜禽养殖污染量估算与负荷预警研究（2019qn005）"、铜仁市科技计划项目"环梵净山区域畜禽养殖污染量估算及技术处理（铜仁市科研〔2019〕88号）"、贵州省教育厅人文社科青年项目"贵州生猪养殖恢复与污染治理协调机制研究（2021QN004）"、铜仁学院硕士点及学科建设研究项目"贵州省生猪产业高质量发展路径研究（Trxyxwdxm‐042）"、铜仁学院2023年度重点项目"探索构建铜仁市生态系统生产总值（GEP）核算应用体系"、中共铜仁市委2022年度重大决策问题研究课题"铜仁市生态产品价值实现机制研究"资助出版，特别感谢！

　　在本著作完成过程中，首先感谢铜仁市农业农村局、铜仁市供销社、开阳县农业农村局、遵义市播州区农业农村局、威宁县农业农村局、习水县农业农村局及相关部门的大力支持给项目的前期调研提供帮助；其次感激铜仁铁骑力士牧业科技有限公司、松桃县青山村蛋鸡养殖合作社、松桃县长兴堡镇灯阳村黄牛养殖合作社提供相关数据；再次感谢贵州大学农业硕士研究生朱晓凤、中国农业科学院农业信息研究所农业硕士研究生杨利洪、华中农业大学农业硕士研究生杨学淦、上海海洋大学农业硕士研究生唐红、贵州财经大学农业硕士研究生毛昆、田华、铜仁学院农业硕士研究生吴蔓、陈玉及农村区域发展专业本科生刘代敏、李林会、吴倩、郑林、刘显雪、田红盼、蒋雪、杨振煊、杨玉海、蔡敏、彭莎、朱显兰、潘晓阳等学生协助完成问卷设计、问卷实地调查、数据收集整理；最后，衷心感谢在百忙之中评阅本书的各位专家、教授，对其批评指正和提出宝贵修改意见表达诚挚的谢意。

　　谨以此致谢！

田文勇

2023 年 7 月 1 日